城市建设综合防灾丛书

丛书主编 李引擎

建筑工程灾害防御
理论与技术

孙旋 等 编著

朱立新 主审

上海科学技术出版社

图书在版编目（ＣＩＰ）数据

建筑工程灾害防御理论与技术 / 孙旋等编著. -- 上
海 : 上海科学技术出版社，2023.10
（城市建设综合防灾丛书）
ISBN 978-7-5478-6323-7

Ⅰ．①建… Ⅱ．①孙… Ⅲ．①建筑工程－防灾 Ⅳ.
①TU89

中国国家版本馆CIP数据核字(2023)第178270号

建筑工程灾害防御理论与技术

孙旋 等　编著

上海世纪出版(集团)有限公司
上 海 科 学 技 术 出 版 社　出版、发行
（上海市闵行区号景路 159 弄 A 座 9F - 10F）
邮政编码 201101　　www.sstp.cn
苏州工业园区美柯乐制版印务有限责任公司印刷
开本 787×1092　1/16　印张 21.25
字数 450 千字
2023 年 10 月第 1 版　2023 年 10 月第 1 次印刷
ISBN 978 - 7 - 5478 - 6323 - 7/TU·336
定价：145.00 元

本书如有缺页、错装或坏损等严重质量问题，请向印刷厂联系调换

编撰人员名单

丛书主编

李引擎

本书编撰人员

孙　旋　袁沙沙　王志伟　陈　凯

岳煜斐　唐曹明　聂　祺　王曙光

本书主审

朱立新

内容提要

　　在建筑设计阶段采用先进、可行的防灾减灾概念设计的思想和方法，针对不同灾种的作用进行理论研究，提出关键技术，才能对建筑工程的防灾减灾提供有力的技术支撑，减轻未来可能发生的灾害造成的损失。为了推广先进的防灾减灾设计理念和技术的实际的应用，本书介绍了特殊建筑的防火理论与技术、复杂建筑的抗风理论与技术、结构抗震改造与加固、地基基础工程灾害防治理论与技术，系统全面地阐述了火灾、风灾等灾种情况下灾害防御的基本理论及具体的技术方法，并结合案例介绍了相关技术理论的应用及评价，将为提升建筑工程灾害防御能力提供有效的理论支撑。

　　本书可供防灾减灾部门管理人员、工程建设技术人员、科研工作者和高校师生等参考。

丛书序

　　我国城市建设正处于规模扩大、建设提速的阶段，与此同时人口的高度集中、资源依赖的加重、城市系统的日趋庞大和复杂也带来了一系列社会问题。城市发生灾害的潜在风险日益加大，城市综合防灾能力建设面临着严峻的考验。如何加强主动防御能力，应对灾害威胁，减轻灾害影响，保障人民生命财产安全，维护城市功能的正常运行，是防灾减灾领域面临的新挑战。

　　中国建筑科学研究院有限公司多年来致力于地震、火灾、风灾等典型灾害的防御研究，解决建筑工程和城乡防灾中的关键技术问题；紧密围绕防灾科技发展战略需求，着力提高创新能力，增强核心竞争力，保持在全国建筑防灾减灾领域的领先地位；在国家科技支撑项目、863 项目、973 项目、国家自然科学基金项目、科研院所科技开发专项和标准规范项目、实验室建设等方面开展了一系列卓有成效的工作，成果斐然。

　　本丛书依托中国建筑科学研究院有限公司和合作单位的相关科研成果与推广应用经验，在持续性的科研成果积累基础上，以灾害管理和综合防灾理念为指引，对多年来的科研成果进行凝练和提升，强调新技术应用和新思路的探索。在防灾性能化设计、规划提引、决策分析、新技术应用等方面进行了深入、全面的阐述，给出了最新的灾害防御理论。许多研究成果已成功应用于我国防灾减灾建设实践，综合提升城市建设的防灾减灾能力。

　　本丛书将城市建设灾害防御中的技术问题进行广度和深度要求有机结合，提出新对策，贯彻新理念，分享先进的防灾技术，可供专业技术人员参考。

　　本丛书分为《建筑工程灾害防御理论与技术》《城市区域灾害防御理论与技术》《城市建设灾害防御技术应用》三个分册，从不同维度阐述了工程建设和城市建设综合防灾相关研究成果和技术的应用。

　　《建筑工程灾害防御理论与技术》主要介绍单体建筑防灾技术，包括建筑防火、抗风、抗震和地基基础防灾等多个方面，针对不同灾害的作用特点提出不同灾种下的防灾性能设计方法，并应用数字化分析手段进行模拟、仿真和计算，提高分析精度和效率，助力防灾性能化设计目标的实现。

　　《城市区域灾害防御理论与技术》主要介绍区域防灾技术，从确保城市长期、可持续发展角度针对火灾、洪灾和地震灾害等，开展城市灾害风险评估，并在此基础上编制城市防灾规划；从灾害监测预警、应急处置和韧性提升等方面提出防灾对策；应用信息化技术进行系统研发,提升灾害管理的整体水平和防灾应急效率。

《城市建设灾害防御技术应用》主要介绍工程应用案例,包括单体建筑和区域防灾相关实施案例的展示。

本丛书内容覆盖了城市建设面临的典型灾害防御关键技术,以深入、全面的研究成果为支撑,全方位构建城市建设综合防灾技术体系,将为持续加强城市综合防灾、减灾、抗灾、救灾能力,提升我国城市安全发展水平提供有力支撑。

城市综合防灾的核心价值就是进行灾害的关联升级研究。关联研究就是通过寻找事物间的关联点,探索关联间的互助与抵消的规律,将互利的部分整合与提升,实现最好的社会互补与时效。

建筑记录着人类发展的历史,推动着社会走向更美好的未来。城市应在综合防灾科学的基础上,通过现代科学技术去最终实现人与自然的和谐。

李引擎

前　言

　　建筑工程在各类灾害中的破坏是造成人民生命财产损失的直接原因。建筑设计的目的是为人们提供生活、工作、各类活动的场所，保障人们的生命和财产安全，在灾害作用下提供积极的防御能力是建筑防灾设计的首要目标。在建筑设计阶段采用先进、可行的防灾减灾概念设计的思想和方法，针对不同灾种的作用进行理论研究、提出关键技术，才能为建筑工程的防灾减灾提供有力的技术支撑，减轻未来可能发生的灾害造成的损失。

　　近年来，随着我国经济发展和基础设施建设步伐不断加快，出现了越来越多超常规的超高层建筑、复杂建筑，以及具有特殊使用功能的特殊建筑。以北京为例，近年内建成的包括办公建筑及奥体建筑在内的大型建筑达到数十栋，仅在朝阳 CBD 核心区，已建成和拟建的 200 m 以上的超高层建筑就有十多栋。此外，随着大众在体育、展览、文娱等方面需求的日益增长，一些采用新型复杂结构体系建成的大型公共建筑也已成为现代化都市的标志性建筑。这些建筑的出现，在满足功能要求的同时，对于防灾性能化设计也提出了更高的要求。

　　为了推广先进的防灾减灾设计理念和技术的实际应用，特组织建筑防灾领域的专家编写了《建筑工程灾害防御理论与技术》一书。

　　本书的主要内容和编写工作安排如下：

　　第 1 章特殊建筑的防火，由孙旋、袁沙沙、王志伟执笔。本章基于以性能要求为基础的消防安全设计理念，提出建筑物特殊消防设计这一全新的防火系统设计思路，对建立在更加理性条件上，备受消防界关注的最前沿、最活跃的研究领域的相关成果进行了介绍，包括火灾烟气模拟、人员疏散模拟、结构分析模拟等方面的先进理念和关键技术方法。

　　第 2 章复杂结构抗风，由陈凯、岳煜斐执笔。本章针对台风灾害这一发生最为频繁的自然灾害，从分析风荷载对复杂建筑风荷载的特点入手，通过风洞试验与流场数值仿真分析，基于抗风安全性和舒适性的研究，提出超高层建筑的抗风优化设计方法和风振控制技术，对大跨结构的抗风揭性能进行分析，对其风环境进行评估，针对冷塔、摩天轮、高铁站房等结构及使用环境对风荷载敏感的特殊结构提出抗风特性评估方法。

　　第 3 章结构抗震改造与加固，由唐曹明、聂祺执笔。面向量大面广的既有建筑，除更新重建外，建筑结构的抗震加固改造是提升建筑抗震性能的主要技术措施。面向钢筋混凝土结构房屋，提出结构检测、鉴定和改造、增层扩建的技术要求，归纳总结了主要的加固技术措施,并就加固方案的选择提出优化建议。

第4章地基基础工程灾害防治,由王曙光执笔。针对目前城市化进程加快、地下空间开发的力度加大,超大、超深、大跨、大底盘的高层建筑越来越多的现状,基础设计急需理论指导和关键技术的研究应用。通过对超深超大基础施工及支护结构施工对周边环境的影响进行深入研究,提出对周边环境的控制原则及控制技术。基于对大底盘高层建筑沉降后浇带浇筑前后的沉降及地基反力分布形态的研究,提出解决差异沉降的关键技术,为此类建筑基础的设计、施工提供技术支持。

本书为"城市建设综合防灾丛书"之一,在编写过程中得到中国建筑科学研究院有限公司、住房和城乡建设部防灾研究中心等单位的大力支持,在此表示诚挚的谢意。由于编者水平有限,书中难免会有一些疏漏及不当之处,敬请广大读者提出宝贵意见。

作　者

2023 年 7 月

目　录

第 1 章　特殊建筑的防火

1.1　概述

1.1.1　特殊建筑消防设计的定义

随着当前建筑技术、建筑艺术和建筑材料的飞速发展,建筑高度越来越高、空间越来越大,其结构形式、造型上的突破和创新以及在功能上越来越复杂化和综合化。与此同时,现代化建筑的发展对建筑防火产生了很大的影响,也对建筑的防火设计提出了新的要求。

传统建筑防火设计规范对建筑物的结构、材料和消防设施等内容都对应规定了具体的参数和指标,设计方法是根据建筑物的情况"照方抓药",从规范中直接选定设计参数和指标,但是这种设计方法存在着一定的局限性。随着科学技术的发展,大量的新材料、新结构、新工艺、新方法不断涌现,现代建筑向高层、大空间、共享空间、多功能集合、使用的可变性等方向发展,传统的防火设计方法有时会限制设计者的自由度,影响建筑师技术与艺术的发挥,甚至还影响到建筑物的使用功能,无法达到"安全可靠、技术先进、经济合理"的设计原则。

火灾科学和火灾模化技术的飞速发展,使得一门新兴的学科——消防安全工程学应运而生。消防安全工程学是研究火灾理论及其在工程中应用的一门工程学科,它的原理和方法在建筑防火设计中的应用,催生了一种崭新的建筑防火设计方法——以性能要求为基础的消防安全设计方法。

建筑物特殊消防设计是建立在消防安全工程学基础上的一种全新的防火系统设计思路,是建立在更加理性条件上的一种新的设计方法,是当前消防界备受关注的最前沿、最活跃的研究领域之一。建筑物特殊消防设计运用消防安全工程学的原理和方法,综合考虑投资方对建筑物的使用功能要求和安全要求、建筑物内部的结构、用途和火灾荷载、建筑物所处的环境条件以及其他相关条件等,提出一系列建筑物防火系统的具体设计方案,并对设计方案进行火灾危险性和危害性评估比较,从中选出最佳的实施方案并完成相应的设计文件等,这个过程统称为建筑物特殊消防设计。

1.1.2 特殊建筑消防设计的内容

特殊消防设计方法具有很大的灵活性,只要能达到进行工程设计之前事先确定的消防安全目标,设计师就可以不拘泥于规范的规定,而采用他认为合理的任何工程方法进行设计。但是依据该方法设计出来的工程必须按照一定的评估标准进行评估,以确定该工程是否达到了可接受的安全水平。评估既是为了验证其设计方法及其结果是否与现行规范的规定等效或者是否能达到与该建筑相适应的消防安全水平,也是为了进一步修改和完善现有设计方案。

消防安全工程就是指应用工程原理来评估所要求的消防安全等级,通过设计和计算而据此采取必要安全措施的方法。关于建筑工程的消防安全,可应用以下几种消防安全工程的方法。

(1) 确定火灾在建筑工程中蔓延和传播的基础信息。如:火势在房间中的蔓延的计算;火源所在建筑物外火势扩展的估计;建筑物和类似工程中火势发展的评价。

(2) 关于作用的评估。如:对人和建筑工程的热辐射和火焰直接灼烧;对建筑结构和/或工程的力学作用。

(3) 对暴露在火灾中的建筑各组成部分性能的估计。如:发生火灾时,诸如可燃性、火焰扩展、热释放速率以及产生烟雾和毒气等特性;由于承载力和分隔功能,火对结构抗力的影响。

(4) 对探测、行动、灭火的评估。如:控制系统、灭火系统、消防队、疏散人群的行动时间;火和烟雾控制系统的效力(包括灭火剂);探测时间(取决于火/烟雾探测器的性能和位置)的评估;灭火和其他安全装置的相互作用。

(5) 对疏散和营救措施的评估和设计。

目前,只研究开发了防火工程方法的某些方面,而开发一个完整的、综合的方法,还需要更大的研究投入。工程方法要求提供建筑的有关特性,计算和设计程序也需要协调一致才能有效地发挥作用。

英国建筑物消防安全工程设计的主要参考资料为《建筑消防安全工程》(BS DD240)。有关消防安全工程设计可区分为四个阶段:定性设计、定量分析、基准比对评估、报告与结果。定性设计用以探讨建筑设计有何危害、会造成什么后果,或设定防火安全目标及分析方法。此阶段可使设计师了解整体的防火策略。定量分析则对防火建议方案的有效性加以计算验证,定量分析有两种:① 确定性程序。从理论分析、经验关系式推导、建立数学方程及火灾模拟方法方面,对火灾发生、发展、烟气运动及对疏散人群的影响予以定量化。② 概率性程序。利用火灾发生频率的统计数据、系统可靠度、建筑背景资料及确定性程序所获得的资料,估计发生某种预想火灾的可能性。

定量分析系统包含以下六个子系统:① SS1,起火房间内火灾的发生和发展;② SS2,烟雾及有毒气体的蔓延;③ SS3,火灾蔓延出起火房间;④ SS4,火灾探测和消防系统启动；⑤ SS5，消防扑救；⑥ SS6，疏散。

基准比对评估是将从确定性或概率性程序所获得的基准值与实际结果（绝对限界值或相对限界值）进行比较。报告与结果的内容应包括研究目标、建筑物基本资料描述、结果分析（假设条件、计算过程、灵敏度分析）、结果与合格基准比较、管理要求、结论、参考资料等。

在英国、美国、澳大利亚三个国家的特殊消防设计中都分别考虑了上述六个子系统。各国在子系统的顺序安排上虽有不同，但是内容差异很小，具体名称归纳在表 1 - 1 中。在进行特殊消防设计时，除了考虑各子系统的完整性外，同时也必须考虑子系统间相互协调的问题。

表 1 - 1　定量分析系统中的子系统

国家	SS1	SS2	SS3	SS4	SS5	SS6
英国	区域内火灾的发生与发展	烟雾及有毒气体的扩散	起火区域内的火势蔓延	探测与动作	消防队的联系与反应	人员疏散
澳大利亚	火灾发生及发展	烟气的发展及处理	火灾延烧与管理	探测与控制火灾	人员避难	消防队的联系与反应
美国	火灾发生及发展	烟气的发展及处理	火灾探测	火灾控制	人员行为与逃生	被动式防火系统

1.1.3　特殊建筑消防设计的特点

1.1.3.1　特殊建筑消防设计的优点

特殊消防设计方法与规格式设计方法相比，有如下优点：

（1）特殊消防设计思想强调建筑物消防设计的整体性，综合考虑消防设计的各个技术要素，有助于建筑消防设计实现科学化、合理化和成本效益最优化。

（2）有利于发挥设计人员的主观创造性。因为特殊消防设计注重安全目标的达到，至于采用什么手段则完全由设计人员自己掌握。

（3）有利于新产品和新材料的开发研制以及新技术的推广，适应现代建筑的高科技化和艺术化的要求。

（4）为建筑设计及消防监督部门和使用者提供了一个较好的交流渠道，因为特殊消防设计必须要预设可能发生的火灾场景，因此便于管理部门制定防火预案。

（5）有利于保险部门参与建筑的消防工作。

1.1.3.2　特殊建筑消防设计的缺点

特殊消防设计同样存在一些不足。首先，特殊消防设计要求使用者经过专门的严格训练。特殊消防是一门新兴的技术，涵盖了火灾科学、数理统计、计算机等多门学科的知识，加之特殊消防设计的要求又具有很大的弹性，因此需要从业者具备扎实的基础理论知识和丰富的实际工程经验。目前我国尚未对特殊消防设计和评估人员的资质作出规定，这可能导致从业人员素质参差不齐，工程质量无法保证。其次，特殊消防设计需要有大量实验数据以及专门的设计和评估工具等作为支撑。目前，我国的基础试验数据比较零散，数量也不丰富，而且还没有发展出完整的大型工程应用程序，加之已开发出的软件尚未经过大量实际工程的检验，还存在不完善的地方，因此这些情况均限制了特殊消防的实施和应用。

1.1.4　特殊建筑消防设计的应用

随着我国城市建设的飞速发展，各种造型优美、功能完善、结构复杂的大型建筑物如雨后春笋般涌现。高层、地下和具有内部大空间等结构形式的建筑越来越多，建筑内部装修形式和材料越来越多样化；建筑用途朝着多功能、综合化发展，集商贸、办公、娱乐、住宿等多种用途于一体。这些建筑体现了建筑艺术和现代科学技术的新水平，为我国城市建设增添了光彩，具有重要的政治意义和经济意义，如国家大剧院、中央电视台新台、国家主体育场、国家游泳中心、北京地铁复八线天安门东站和八王坟站、上海金贸大厦、上海大剧院、上海环球金融中心等。

然而，这些建筑的防火设计对设计方法和相应的技术法规提出了很高的要求。由于传统的建筑防火设计方法和规范是建立在总结过去经验的基础之上，对于采用新技术、新材料和新产品的设计方案，往往难以依据现有的规范条文来客观评价方案所达到的消防安全水平。在目前的建筑防火设计和审核工作中，对于这一类的设计方案，主要采取专家论证的形式，依靠专家们的经验来判断方案是否达到了规范所要求的消防安全水平。这一做法虽然在过去的工作中取得了较好的效果，但毕竟具有较强的"人治"色彩，难以满足现代科学技术飞速发展的需要。

近十几年来，国内外在消防安全工程学和火灾科学的研究方面取得了不少具有实用价值的科研成果，并大力发展特殊消防的建筑防火设计方法和规范，为大型、复杂建筑物的消防安全设计提供了科学的技术手段。

2001 年以来，我国及国外有关机构结合研究在我国开展了一些特殊建筑工程的特殊消防设计和评估应用工作，这些工程涉及的建筑类型包括会议展览建筑、大型商业建筑、大型体育建筑、带中庭的大型多功能复杂建筑、高火灾荷载仓库、大型生产厂房、地铁与隧道工程等。据不完全统计，我国至今约有 1 000 项大型建筑采用了特殊消防设计方法进行设计和建造，占总数的 1% 左右。

1.2　特殊建筑火灾烟气模拟方法

火灾烟气的控制是建筑防火特殊消防设计的重要内容，与人员安全疏散设计密切相关。开展火灾烟气控制系统的特殊消防设计必须了解火灾烟气特性、流动规律、分析模型和工具。

1.2.1　特殊建筑火灾烟气流动特性

烟气流动特性描述了火灾烟气运动的基本规律,是进行特殊消防防排烟设计的基础。本节主要介绍烟气本身的特性及其危害、几种常见羽流和射流的流动特性以及建筑物内火灾烟气蔓延的几种方式。

1.2.1.1　烟气特性及危害

烟气是火灾中的主要产物之一,它对火灾蔓延、人员伤亡和财产损失有着重要影响,对火灾烟气特性进行深入的认识是火灾防治的重要基础之一。

1) 烟气的特征

(1) 烟颗粒的产生　烟雾在形态和构成上有着很大的差异,在燃料阴燃和热解过程中经常产生微小的液相颗粒,这时其烟雾为浅色;而在有焰燃烧过程中产生的微小液相颗粒,其烟雾为黑色。微小的烟雾颗粒,尤其是液相颗粒,在运动中会不断变化。

可燃物的化学性质对烟气的产生有着重要的影响,燃料的化学组成是决定烟气产量的主要因素。一般来讲,经过部分氧化的燃料(如乙醇、丙酮等)发烟量比生成这些物质的碳氢化合物要少,固体可燃物亦是如此。少数纯燃料燃烧的火焰基本不发光也只产生极少量的烟,而在相同条件下,大分子燃料燃烧时就会明显发烟。

烟颗粒的尺寸分布及数目决定着烟的特性,描述颗粒分布最主要的特征量是颗粒的平均直径和颗粒尺寸分布范围的宽度,如颗粒质量几何平均直径 d_{gm} (μm) 及对应的标准差 σ_g 可按式(1-1)和式(1-2)定义:

$$\lg d_{gm} = \sum_{i=1}^{n} \frac{M_i \lg d_i}{M} \tag{1-1}$$

$$\lg \sigma_g = \left[\sum_{i=1}^{n} \frac{M_i (\lg d_i - \lg d_{gm})^2}{M} \right]^{\frac{1}{2}} \tag{1-2}$$

式中　M——颗粒的总质量(μg);

M_i——第 i 个颗粒的质量(μg);

d_i——第 i 个颗粒的直径。

除了采用颗粒质量外,还可采用颗粒数目、浓度来描述颗粒的尺寸分布,其定义与式(1-1)类似。表1-2给出了一些木材和塑料在不同燃烧状况下的烟颗粒质量几何平均直径和标准差。

表1-2　部分木材和塑料发烟的颗粒尺寸

可　燃　物	$d_{gm}/\mu m$	$d_{32}^*/\mu m$	σ_g	燃烧状况
杉木	0.5~0.9	0.75~0.8	2.0	热解
杉木	0.43	0.47~0.52	2.4	有焰燃烧

(续表)

可 燃 物	$d_{gm}/\mu m$	$d_{32}^*/\mu m$	σ_g	燃烧状况
聚氯乙烯(PVC)	0.9～1.4	0.8～1.1	1.8	热解
聚氯乙烯(PVC)	0.4	0.3～0.6	2.2	有焰燃烧
软质聚氨酯塑料(PU)	0.8～1.8	0.8～1.0	1.8	热解
软质聚氨酯塑料(PU)	—	0.5～0.7	—	有焰燃烧
硬质聚氨酯塑料(PU)	0.3～1.2	1.0	2.3	热解
硬质聚氨酯塑料(PU)	0.5	0.6	1.9	有焰燃烧
聚苯乙烯(PS)	—	1.4	—	热解
聚苯乙烯(PS)	—	1.3	—	有焰燃烧
聚丙烯(PP)	—	1.6	1.9	热解
聚丙烯(PP)	—	1.2	1.9	有焰燃烧
有机玻璃(PMMA)	—	0.6	—	热解
有机玻璃(PMMA)	—	1.2	—	有焰燃烧
绝热纤维	2～3	—	2.4	阴燃

注: * 来自颗粒的光学测量,其定义为 $d_{32}=\dfrac{\sum\limits_{i=1}^{n}(N_id_i^3)}{\sum\limits_{i=1}^{n}(N_id_i^2)}$,$N_i$ 表示第 i 个颗粒直径间隔范围内颗粒的数目浓度。

(2) 烟气浓度　烟气浓度是火灾防治最为关心的烟气特性之一。烟气对光具有吸收和散射作用,使得只有一部分光能够穿过烟气,从而降低了火灾环境的能见度,能见度的降低将不利于人员的疏散及火灾扑救。

烟气的浓度由烟气中所含固体颗粒或液滴的数目及性质来决定,对烟气颗粒数目进行测量的方法主要有以下几种: ① 将单位体积的烟气过滤,确定其中颗粒物的质量,此法只适用于小尺寸实验。② 测量单位体积烟气中颗粒的数目,此法适用于烟浓度很小的情况,如空气的净化过程。③ 将烟收集在已知容积的容器内,确定其遮光性(一般用光学密度表示),此法只适用于小尺寸和中等尺寸的实验。④ 在烟气从燃烧室或失火房间流出的过程中测量其遮光性,并在测量时间内积分以得到烟气的平均光学浓度。⑤ 烟气浓度常用减光率和光学浓度来衡量,如入射光强度用 I_0 表示,透射光强度用 I 表示,则根据Beer - Lambert 定律,入射光穿过烟气时,二者间的关系可表示为:

$$I = I_0 \exp(-K_c L) \qquad (1-3)$$

式中　K_c——烟气的减光系数；

　　　L——平均射线行程长度(m)，表1-3给出了不同几何状态下气体的平均射线行程长度。

表1-3　不同几何形态下气体平均射线行程长度

气体容积的几何形态	特征长度	受到气体辐射的位置	平均射线行程长度
球	直径 d	整个包壁或壁上的任何地方	$0.6d$
立方体	边长 b	整个包壁	$0.6b$
高度等于直径的圆柱体	直径 d	底面圆心 整个包壁	$0.77d$ $0.6d$
高度等于底圆直径两倍的圆柱体	直径 d	上下底面 侧面 整个包壁	$0.6d$ $0.76d$ $0.73d$
两无限大平行平板之间	平板间距 H	平板	$0.8H$
无限长圆柱体	直径 d	整个包壁	$0.9d$
$1\times1\times4$ 的正方体柱	短边 b	1×4 表面 1×1 表面 整个包壁	$0.82b$ $0.78b$ $0.81b$

烟气的减光率 B 可用百分遮光度来进行描述，其定义式为：

$$B = \frac{I_0 - I}{I_0} \times 100\% \qquad (1-4)$$

烟气的光学密度 D 定义为：

$$D = \lg\left(\frac{I_0}{I}\right) \qquad (1-5)$$

从而得到：

$$K_c = 2.303D \qquad (1-6)$$

（3）能见度　能见度是指人员在一定环境下刚好看到某个物体的最远距离，火灾环境下的能见度及疏散指示标志对人员逃生非常重要。由于烟气的减光作用，人员在有烟场合下的能见度必然有所下降，这对火场中人员的安全疏散有着严重的影响，当然，能见度也与烟气的颜色、物体的亮度、背景亮度都有关，还依赖于逃生者的视力及其眼睛对光线的敏感程度等。

能见度与减光系数和光学密度的关系可表示为：

$$K_c \cdot S = 2.303D \cdot S = R \qquad (1-7)$$

式中 R ——比例系数。通过大量的实验测试和研究,得到：

$R = 8$,对于发光物体；

$R = 3$,对于反光物体。

这表明,能见度与烟气的减光系数大致成反比,且相同情况下发光物体的能见度是反光物体的 $2\sim4$ 倍,因此在火场中提高疏散指示标志发光度,有利于提高能见度帮助人员逃生。

在实际火场中,由于烟气对人员肉眼的刺激性,会对能见度产生影响,Jin 对暴露于刺激性烟气中人员的能见度与移动速度、减光系数之间的关系进行了一系列的实验,并提出能见度的经验公式：

$$S = (0.133 - 1.47 \lg K_c) \times R/K_c \quad (K_c \geqslant 0.25 \text{ m}^{-1}) \qquad (1-8)$$

（4）烟气温度　火灾烟气的温度在起火点附近可达到 800 ℃以上,随着与起火点距离的增加,烟气的温度会逐渐降低,但通常在许多区域仍能维持较高的温度并可对人员构成灼伤的危险,同时高温烟气亦会对结构的稳定造成影响。

人员暴露在高温环境下的忍受时间极限将根据烟气的温度有所不同。有关实验表明,身着衣服、静止不动的成年男子在温度为 100 ℃的环境中停留 30 min 后便觉得无法忍受；而在 75 ℃的环境中可以坚持 60 min。Zapp 指出,在空气温度高达 100 ℃的特殊条件下（如静止的空气）,一般人只能忍受几分钟；一些人可能无法呼吸温度高于 65 ℃的空气。

2）烟气的危害

许多调查研究表明,烟气对人员造成的伤害呈上升的趋势,烟气毒性已被认为是火灾中导致人员死亡的主要因素。

火灾烟气的危害主要有三种：

（1）高温辐射热　尽管大部分火灾伤亡源于吸入有毒有害气体,但火灾中产生的大量热量仍然是很显著的危害。高温烟气携带有火灾产生的一部分热量,火焰也会辐射出大量的热量。人体皮肤温度约为 45 ℃时就有痛感,吸入 150 ℃或者更高温度的热烟气将引起人体内部的灼伤。

（2）形成缺氧环境　人体组织供氧量下降会导致神经、肌肉活动能力下降,呼吸困难,人脑缺氧 3 分钟以上就会受到损害。火场的缺氧程度主要取决于火灾的物理特性及其环境,如火灾尺度和通风状况。一般情况下缺氧并不是主要问题,然而轰燃即使只是在某一个房间内发生情况下,其他大片区域内的氧气也可能会被很快耗尽。

（3）烟气毒性　研究表明,火灾中死亡的人员中约有一半是由 CO 中毒引起的,另外一半则是由直接烧伤、爆炸压力以及其他有毒气体引起的。火灾烟气中含有多种有毒有害物质,烟气毒性对人体的危害程度与这些组分有直接关系。

1.2.1.2 火羽流

1) 火羽流的形成

在火灾燃烧中,火源上方的火焰及燃烧生成的烟气通常称为火羽流。实际上,所有的火灾都要经历这样一个重要的初始阶段:即在火焰上方由浮力驱动的热气流持续地上升进入新鲜空气占据的环境空间,这一阶段从着火(包括连续的阴燃)然后经历明火燃烧过程直至轰燃前结束。图 1-1 给出了包括中心线上温度和流速分布在内的火羽流示意图,可燃挥发成分与环境空气混合形成扩散火焰,平均火焰高度为 L,火焰两边向上伸展的虚线表示羽流边界,即由燃烧产物和卷吸空气构成的整个浮力羽流的边界。图 1-1(b) 为理想化的轴对称火羽流模型,z_0 表示虚点源高度。

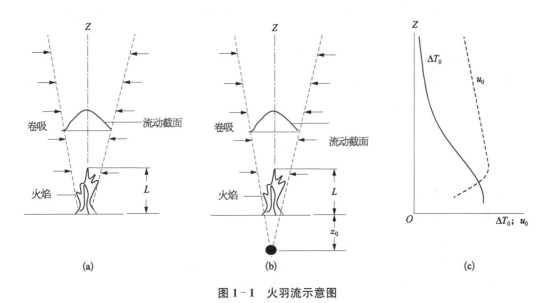

图 1-1 火羽流示意图

图 1-1 中定性地给出了实验观测得到的火羽流中心线上温度和纵向流速分布,其中温度以相对于环境的温差表示。从图中可以看到,火焰的下部为持续火焰区,因而温度较高且几乎维持不变;而火焰的上部为间歇火焰区,从此温度开始降低,这是由于燃烧反应逐渐减弱并消逝,同时环境冷空气被大量卷入的缘故;火焰区的上方为燃烧产物(烟气)的羽流区,其流动完全由浮力效应控制,一般称其为浮力羽流,或称烟气羽流。火羽流中心线上的速度在平均火焰高度以下逐渐趋于最大值,然后随高度的增加而下降。

火源的总释热速率包括对流热和辐射热两部分。燃烧放出的热量除一部分被可燃物吸收外,其余部分以对流和辐射的形式进入环境,其中这部分对流热则被火焰上方的烟气羽流带走。

可燃物表面上可见的火焰即为燃烧化学反应区。典型情况下,火焰下部的层流非常

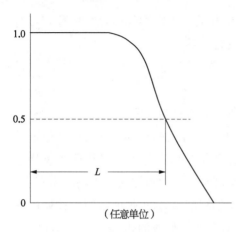

图 1-2 火焰间歇性随高度变化示意图

稳定,而火焰上部则呈现出间歇性,这与气流涡团结构的耗散有关。图 1-2 中定性地给出了火焰间歇性随可燃物表面以上高度的变化。火焰间歇性的定义为在某一高度位置上存在火焰的时间分数,在持续火焰区内其值为 1,随着高度增加进入间歇火焰区,其值逐渐减小,最终为零。平均火焰高度 L 即定义为火焰间歇性降至 50% 的高度。

2) 质量流量及火焰高度的计算

烟气质量流量的计算是烟控系统设计的基础条件,火焰高度是一个非常重要的参数,可用以区分化学反应区和烟气羽流区。目前已有多种关于平均火焰高度及质量流量的表达式:

(1) 英国烟气质量流量及火焰高度的计算

① 轴对称烟气羽流——小直径火源。远离墙面的地面火源,其烟气羽流会呈对称发展,此火源具有一个假想火源点,空气会从周遭流入并且沿着烟气羽流的高度方向流动,直到烟流在天花板下方形成烟层。

火源上方的火焰高度为:

$$L = C_0 \dot{Q}^{\frac{2}{5}} \quad (\dot{Q}^{\frac{2}{5}} > 14.0d_s) \tag{1-9}$$

式中　L——间歇火焰高度(m);

　　　$\dot{Q}$——热释放速率(kW);

　　　d_s——火源平均直径(m);

　　　C_0——在 0.17~0.23 变化,英国取其为 0.2。

对于 $z > L$ 的情况,入口的质量流量可表示成:

$$M = 0.071 \dot{Q}_c^{\frac{1}{3}} (z - z_0)^{\frac{5}{3}} \tag{1-10}$$

式中　M——入口的质量流量(kg/s);

　　　z——火源上方的羽流高度(m);

　　　z_0——虚拟火源高度,对于非池火类型的火源,z_0 非常接近于 0(m);

　　　$\dot{Q}_c$——热释放速率的对流部分(kW),$\dot{Q}_c = \dot{Q}/1.5$。

当火源距墙面较近时,其入口的质量流量,可以假设大约是对称点火源烟气羽流的一半,可表示成:

$$M = 0.044 \dot{Q}_c^{\frac{1}{3}} z^{\frac{5}{3}} \tag{1-11}$$

对于火源点位于墙角处时,其入口的质量流量,可以假设大约是对称点火源烟气羽流

的四分之一,可表示成:

$$M = 0.028 \dot{Q_c}^{\frac{1}{3}} z^{\frac{5}{3}} \qquad (1-12)$$

② 轴对称烟气羽流——大直径火源。对于直径为 d_s 的圆形火源或是边长为 d_s 的正方形火源,发生在远离墙面的地面火源上方的火焰高度为:

$$L = \frac{0.035 \dot{Q}^{\frac{2}{3}}}{(d_s + 0.074 \dot{Q}^{\frac{2}{5}})^{\frac{2}{3}}} \qquad (\dot{Q}^{\frac{2}{5}} < 14.0 d_s) \qquad (1-13)$$

当 d_s 较 L 小很多时,式(1-13)可简化成式(1-14),成为轴对称型的烟流。

对于 $z > L$ 的情况下,入口的质量流量可表示成:

$$M = 0.071 \dot{Q_c}^{\frac{1}{3}} z^{\frac{5}{3}} \qquad (1-14)$$

当 $z < 2.5 p$ 并且 $200 < (\dot{Q_c}/A_s) < 750$:

$$M = 0.096 p \cdot \rho_\infty y^{\frac{3}{2}} \left(g \frac{T_\infty}{T} \right)^{\frac{1}{2}} \qquad (1-15)$$

式中　p ——火源的周长(m);

ρ_∞ ——环境空气的密度(kg/m³);

T_∞ ——环境空气的温度(K);

T ——烟气羽流的绝对温度(K);

y ——地板到天花板下方热烟气层底部的距离(m);

g ——重力加速度,$g = 9.8$ m/s²;

M ——烟气羽流的质量流量(kg/s)。

如果考虑环境空气温度为 290 K,相对密度为 1.22 kg/m³,烟气羽流的温度为 1100 K,式(1-15)可简化为:

$$M = 0.188 p \cdot z^{\frac{3}{2}} \qquad (1-16)$$

③ 长条形火源。长条形火源的长边 d_s 一般大于它的短边 3 倍以上。对于远离墙边的长方形地面火源其上方的火焰高度为:

$$L = \frac{0.035 \dot{Q}^{\frac{2}{3}}}{(d_s + 0.074 \dot{Q}^{\frac{2}{5}})^{\frac{2}{3}}} \qquad (1-17)$$

对于 $L < z < 5 d_s$:

$$M = 0.21 \dot{Q_c}^{\frac{1}{3}} d_s^{\frac{2}{3}} z \qquad (1-18)$$

对于 $z > 5d_s$：

$$M = 0.071 \dot{Q}_c^{\frac{1}{3}} z^{\frac{5}{3}} \qquad (1-19)$$

（2）美国 NFPA92B 的烟气质量流量及火焰高度公式

① 虚拟火源质量流量。

$$M = C_1 \dot{Q}_c^{\frac{1}{3}} (z - z_0)^{\frac{5}{3}} \cdot \left[1 + C_2 \dot{Q}_c^{\frac{2}{3}} (z - z_0)^{-\frac{5}{3}}\right] \qquad (1-20)$$

式中　M——烟流在高度 z 处的质量流量（kg/s）；

　　　$\dot{Q}_c$——热释放速率的对流部分（kW）；

　　　C_1——取 0.07；

　　　C_2——取 0.026。

虚拟火源高度关系式为：

$$z_0 = C_3 \dot{Q}^{\frac{2}{5}} - 1.02 d_s \qquad (1-21)$$

式中　$\dot{Q}$——火源的热释放速率（kW）；

　　　d_s——火源的直径（m）；

　　　C_3——取 0.083。

虚拟火源的高度在燃料顶端的上方，但也可能在燃料顶端下方。对于对流的情形而言，在燃料顶端上方火源的假想高度 z_0 为正值，在燃料顶端下方时 z_0 为负值。

而热释放速率的对流部分可表示为：

$$\dot{Q}_c = \dot{Q}/1.5 \qquad (1-22)$$

② 烟气羽流直径。烟气羽流直径的近似解为：

$$D_p = \frac{z}{2} \qquad (1-23)$$

式中　D_p——烟气羽流的直径（m）；

　　　z——燃料上端的高度（m）。

式（1-23）并不适用于高度大于 2 倍最小宽度的建筑物，若高于 2 倍最小宽度，烟气羽流便会在到达最高点之前接触到墙壁，烟气羽流并会在此截面开始填充。

③ 火源高度。火源高度取决于火的几何形状、周围条件、燃烧产生的热和化学量的比。其关系式适用于大多数的燃料，可表示成：

$$L = C_4 \dot{Q}^{\frac{2}{5}} - 1.02 d_s \qquad (1-24)$$

式中　d_s——火源平均直径或非圆形火源的折算直径 $\left(\dfrac{\pi d_s^2}{4} = 火源燃烧表面积\right)$（m）；

C_4——在 $0.226\sim0.240$，可设定 $C_4=0.235$，一般情况下这一取值是合适的，除非环境条件较大地偏离标准状态或消耗单位质量空气所放出的热量较大地偏离 $2\,900\sim3\,200$ kJ/kg 范围时。然而，有少许很常见的燃料其 C_4 值较大地偏离 $0.226\sim0.240$ 的范围，如乙炔、氢(0.21)和汽油(0.2)。

④ 简化的质量流量和火焰高度方程式。若 $z>L$，式($1-20$)可改写成：

$$M=C_1\dot{Q}_{c}^{\frac{1}{3}}z^{\frac{5}{3}}+C_5\dot{Q}_{c} \tag{1-25}$$

式中，$C_1=0.071$，$C_5=0.001\,8$。

对于 $z\leqslant L$

$$M=0.032\dot{Q}_{c}^{\frac{3}{5}}z \tag{1-26}$$

此简化的方程式不必考虑 Z_0 及 d_s，可应用于未知燃料的设计，近似的火焰高度关系式为：

$$L=C_6\dot{Q}_{c}^{\frac{2}{5}} \tag{1-27}$$

式中　L——平均火源高度(m)，系数 $C_6=0.166$。

(3) 日本烟气质量流量的计算　火源空间下部流入的空气质量流量等于火源所产生的烟流率，可表示为：

$$M=C_m\left(\frac{\rho_{\infty}^2 g}{C_p T_{\infty}}\right)^{\frac{1}{3}}\dot{Q}^{\frac{1}{3}}(z+z_0)^{\frac{1}{3}} \tag{1-28}$$

式中　z——烟气羽流高度(m)；

z_0——虚拟热源高度(m)；

ρ_{∞}——空间内下部空气的密度($\mathrm{kg/m^3}$)；

T_{∞}——空间内下部空气层的温度(K)；

g——重力加速度，$g=9.8\ \mathrm{m/s^2}$；

C_m——气流环境系数(紊流 $C_m>0.21$)；

$\dot{Q}$——热释放速率(kW)；

C_p——烟流气体比热容[kJ/(kg · ℃)]。

3) 烟气温度

英国认为烟气羽流的平均温度可由热力学第一定律分析得出，在图 $1-3$ 中将烟气羽流考虑成一等容的稳流过程，其中燃烧引起的烟气羽流质量增加相当小，可忽略不计。

第一定律可将羽流表示成：

$$\dot{Q}_g+\dot{Q}_t=M(h_e-h_i+\Delta K_E+\Delta P_E)+w \tag{1-29}$$

式中 $\dot{Q}_{\mathrm{g}}$——控制体积的热生成量（kW）；

    $\dot{Q}_{\mathrm{t}}$——由周边传入控制体积的热量（kW）；

    h_i——进入控制体积的焓（kJ/kg）；

    h_e——离开控制体积的焓（kJ/kg）；

    ΔK_{E}——动能增量（kJ/kg）；

    ΔP_{E}——位能增量（kJ/kg）；

    w——周边所做的功（kW）；

    M——烟气在高度 z 处的质量流量（kg/s）。

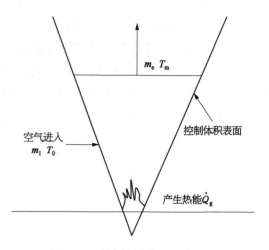

图 1-3 烟气羽流的理想化稳流

对稳定烟气羽流，$w=0$，动能、位能可忽略，热量生成等于火焰的热释放率，热释放速率的对流部分被火焰上方的烟气羽流带走并通过传导及辐射传至系统，$\dot{Q}_{\mathrm{c}}=\dot{Q}_{\mathrm{g}}+\dot{Q}_{\mathrm{t}}$，比热可视为常数，$h=C_{\mathrm{p}}T$，则第一定律可简化为：

$$T_{\mathrm{m}}=T_{\infty}+\frac{\dot{Q}_{\mathrm{c}}}{MC_{\mathrm{p}}} \qquad (1-30)$$

式中 T_{m}——烟气羽流在高度 z 处的平均温度（K）；

    T_{∞}——环境空气的温度（K）；

    C_{p}——烟气羽流的比热容[kJ/(kg·K)]。

4）体积流率

烟气羽流的体积流率为按下式计算：

$$\dot{V}=\frac{M}{\rho_{\mathrm{m}}}=\frac{\bar{m}T_{\mathrm{m}}}{\rho_{\infty}T_{\infty}}=\frac{M}{\rho_{\infty}}+\frac{\dot{Q}_{\mathrm{c}}}{\rho_{\infty}T_{\infty}C_{\mathrm{p}}} \qquad (1-31)$$

式中 T_{m}——烟气羽流的平均温度（K）；

    $\dot{V}$——烟气羽流在高度 z 处的体积流率（m³/s）；

    ρ_{m}——高度 z 处的烟气羽流密度（kg/m³）；

    M——烟气羽流的质量流量（kg/s）；

    ρ_{∞}——环境空气密度（kg/m³）；

    $\dot{Q}_{\mathrm{c}}$——为总热释放速率的对流部分（kW），对流部分的热释放速率可取为 $\dot{Q}_{\mathrm{c}}=\dot{Q}/1.5$。

1.2.1.3 顶棚、窗口射流

烟生成后将随着建筑内、外空间状态的改变，而形成水平和垂直状的流动。如果竖直扩展的火羽流受到顶棚的阻挡，热烟气将形成水平流动的顶棚射流。顶棚射流烟气沉降到一定高度遇到门窗洞口时，烟气将溢出着火房间进入其他区域并形成窗口射流。

1）顶棚射流

顶棚射流是一种半无限的重力分层流，当烟气在水平顶棚下积累到一定厚度时，它便发生水平流动，图 1-4 表示了这种射流的发展过程。

羽流在顶棚上的撞击区大体为圆形，刚离开撞击区边缘的烟气层不太厚，顶棚射流由此向四周扩散。顶棚的存在将表现出固壁边界对流动的黏性影响，因此在十分贴近顶棚的薄层内，烟气的流速较低。随着垂直向下离开顶棚距离的增加，其速度不断增大，而超过一定距离后，速

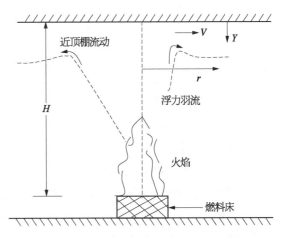

图 1-4　浮力羽流与顶棚的相互作用

度便逐步降低为零。这种速度分布使得射流前锋的烟气转向下流，然而热烟气仍具有一定的浮力，还会很快上浮。于是顶棚射流中便形成一连串的旋涡，它们可将烟气层下方的空气卷吸进来，因此顶棚射流的厚度逐渐增加而速度逐渐降低。

研究表明，许多情况下顶棚射流的厚度为顶棚高度的 5%～12%，而在顶棚射流内最大温度和速度出现在顶棚以下顶棚高度的 1% 处。这对于火灾探测器和水喷淋头等的安置有特殊意义，如果它们被安置在上述区域以外，则其实际感受到的烟气温度和速度将会低于预期值。

烟气顶棚射流中的最大温度和速度是估算火灾探测器和水喷淋头响应的重要基础。对于稳态火，为了确定不同位置上顶棚射流的最大温度和速度，通过大量的实验数据拟合可得到不同区域内的关系式，应该指出的是，这些实验是在不同可燃物（木垛、塑料、纸板箱等）、不同大小火源（668 kW～98 MW）和不同高度顶棚（4.6～15.5 m）情况下进行的，得到的关系式仅适用于刚着火后的一段时期，这一时期内热烟气层尚未形成，顶棚射流可以被认为是非受限的。

在撞击顶棚点附近烟气羽流转向的区域，最大温度和速度与以撞击点为中心的径向距离无关，此时最大温度和速度可按式（1-32）、式（1-33）计算：

$$T - T_\infty = \frac{16.9 \dot{Q}^{\frac{2}{3}}}{H^{\frac{5}{3}}} \quad \frac{r}{H} \leqslant 0.18 \tag{1-32}$$

$$U = 0.96 \left(\frac{\dot{Q}}{H} \right)^{\frac{1}{3}} \quad \frac{r}{H} \leqslant 0.15 \tag{1-33}$$

烟气流转向后水平流动区域内的最大温度和速度可按式（1-34）、式（1-35）计算：

$$T - T_\infty = \frac{5.38 \left(\frac{\dot{Q}}{r} \right)^{\frac{2}{3}}}{H} \quad \frac{r}{H} > 0.18 \tag{1-34}$$

$$U = \frac{0.195\dot{Q}^{\frac{1}{3}}H^{\frac{1}{2}}}{r^{\frac{5}{6}}} \quad \frac{r}{H} > 0.15 \tag{1-35}$$

式中　T——最大温度（℃）；

　　　　U——最大速度（m/s）；

　　　　H——顶棚高度（m）；

　　　　r——羽流撞击点为中心的径向距离（m）；

　　　　$\dot{Q}$——火源热释放速率（kW）。

火源附近的墙壁对烟气顶棚射流中的温度和速度有明显影响，式（1-32）～式（1-35）仅适用于火源与周围墙壁的距离为顶棚高度1.8倍以上的情况。如果根据对称性来考虑墙壁对空气卷吸的阻挡作用，这对于墙边火和墙角火可分别用$2\dot{Q}$和$4\dot{Q}$来代替方程中的$\dot{Q}$。实际应用中需注意燃料床与周边墙壁的接触情况，如圆形燃料床的墙边火（实际只有一点紧贴墙壁），其空气卷吸量并没受到大的影响，仅下降3%，相应地在式（1-32）～式（1-35）中只需用$1.05\dot{Q}$来代替，而不是用$2\dot{Q}$。

对非稳态火，只需将随时间变化的$\dot{Q}(t)$替换式（1-32）～式（1-35）中的$\dot{Q}$即可，并假设相对于$\dot{Q}$的变化，整个系统的响应非常快。在较小房间内火势增长较慢的情况下这种处理是比较恰当的，但在大型工业厂房内烟气从火源到达顶棚的时间往往较长，这种处理可能导致计算结果与实际情况有大的出入。

在实际建筑顶棚上由于梁或墙会干扰和限制烟气流动，此时的顶棚射流并不是完全非受限的，这种情况下，羽流撞击点附近烟气保持自由的径向顶棚射流，而受到梁或墙后，烟气的流动将转变为受限流。对于顶棚下建筑横梁之间和走廊中烟气的受限流动，其最大温度可用式（1-36）进行描述：

$$\frac{\Delta T}{\Delta T_{\text{imp}}} = 0.29\left(\frac{H}{l_{\text{b}}}\right)^{\frac{1}{3}} \exp\left[0.20 \cdot \frac{Y}{H} \cdot \left(\frac{l_{\text{b}}}{H}\right)^{\frac{1}{3}}\right] \quad (Y > l_{\text{b}}) \tag{1-36}$$

式中　ΔT_{imp}——火焰正上方顶棚附近气体温度；

　　　　Y——距羽流撞击点的距离；

　　　　l_{b}——走廊宽度或两梁间距的一半。

对走廊情况，该表达式的适用条件为$\frac{l_{\text{b}}}{H} > 2$；对建筑横梁的情况，该表达式的适用条件为整个烟气均需在横梁之间，要求烟气在横梁之间无"溢出"，建筑横梁凸出顶棚部分的深度h_{b}必须大于$\frac{H}{10} \cdot \left(\frac{l_{\text{b}}}{H}\right)^{-\frac{1}{3}}$，即$\frac{h_{\text{b}}}{H} > 0.1\left(\frac{l_{\text{b}}}{H}\right)^{-\frac{1}{3}}$。

2）窗口射流

从墙壁上的开口（如门、窗等）流出而进入其他开放空间中的烟流通常被称为"窗口射流"。一般情况下,在房间起火之后,火灾全面发展的性状(包括可燃物的燃烧速度、热释放速率等)是受墙壁上的门窗等通风开口的空气流速控制的,也就是说,火灾是由通风控制的。热释放速率与通风口的特性有关,根据木材及聚氨酯等实验数据可得到,平均热释放率的计算如下:

$$\dot{Q} = 1\,260 A_{\mathrm{w}} H_{\mathrm{w}}^{\frac{1}{2}} \tag{1-37}$$

式中　A_{w}——开口的面积(m^2);

　　　H_{w}——开口的平均高度(m)。

空气经过开口流入的流率可以按与轴对称类似的推算方法来决定。这个情况可以通过测定由开口溢出的烟流顶端的依附率与测定引起相同的依附量的轴对称烟流的高度来实现。由这个推算方法所得到的能处理真实火源高度与同等轴对称烟流高度之间差异的修正因子,可根据下列的关系式进行计算,进而可应用于轴对称烟流方程式中。

$$\alpha = 2.40 A_{\mathrm{w}}^{\frac{2}{5}} \cdot H_{\mathrm{w}}^{\frac{1}{5}} - 2.1 H_{\mathrm{w}} \tag{1-38}$$

而窗口射流的质量流量可计算如下:

$$M = 0.071 Q_{\mathrm{c}}^{\frac{1}{3}} (Z_{\mathrm{w}} + \alpha)^{\frac{5}{3}} + 0.001\,8 \dot{Q}_{\mathrm{c}} \tag{1-39}$$

式中　Z_{w}——距离窗口顶端之上的高度(m);

　　　α——烟流高度修正系数。

将式(1-38)与 $\dot{Q}_{\mathrm{c}} = \dot{Q}/1.5$ 代入得:

$$M = 0.68 (A_{\mathrm{w}} H_{\mathrm{w}}^{\frac{1}{2}})^{\frac{1}{3}} (Z_{\mathrm{w}} + \alpha)^{\frac{5}{3}} + 1.59 A_{\mathrm{w}} H_{\mathrm{w}}^{\frac{1}{2}} \tag{1-40}$$

在实际确定火源高度时,可以假定火源处于开放空间中,并具有与窗口射流火焰顶端处的窗口射流相同卷吸量的火源高度。而且,位于火焰顶端处的空气卷吸被假设与开放空间中的火灾相同。虽然这个演化为窗口射流空气卷吸状况的公式化模型看起来比较合理,但由于没有实验数据支持,模型的精确性是无法保证的。

3) 烟层高度及烟气沉降时间

烟层高度对人员疏散是一个重要的影响因素,人员在到达安全位置之前,应希望疏散过程中不会在建筑烟气中穿过。

(1) 美国 NFPA　在美国 NFPA92B 里最主要是对特殊大空间建筑进行烟控,其设计的目标是使人员在火灾中能够及时疏散,确保人员安全。而其烟气填充时间的计算又可分为稳定火源的填充及非稳定火源的填充。

① 稳态火源的填充。NFPA92B(1991)所提出的稳定火源充填方程式,是根据实验来得到的,其关系式如下:

$$\frac{z}{H} = C_7 - 0.28\ln\left(\frac{t \cdot \dot{Q}^{\frac{1}{3}} \cdot H^{-\frac{4}{3}}}{\frac{A}{H^2}}\right) \tag{1-41}$$

式中　H——天花板的高度(m)；

　　　t——时间(s)；

　　　$\dot{Q}$——稳定火源的热释放速率(kW)；

　　　A——空间的截面积(m^2)；

　　　C_7——取 1.11；

　　　z——火源上方开始产生热烟气层的高度(m)。

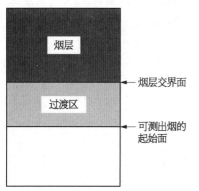

图 1-5　热烟气层的界面扩散

烟层高度的定义是根据开始产生热烟气层的高度而不是烟气层界面高度。在理想的区域模式中,热烟气层界面的高度被设定成一个热空气层高度。也就是说烟完全都在热烟气层界面之上,但是实际上由于烟气的扩散,会有一个过渡区,热烟气层的界面扩散如图 1-5 所示。事实上,式(1-41)的计算结果是比较保守的,其原因之一是将火源上方开始产生热烟气层的高度设定在过渡区之上,其二是假设烟气不会与墙壁接触,因为烟气与墙壁接触将会降低空气的流动。

式(1-41)中的空间截面积对高度而言视为定值,对于其他类型的大空间,可以使用物理模型和计算流体力学(CFD)分析,这两种方法可以对复杂形状的特殊大型空间因用定量方程式无法解决的充填时间进行精确的分析。

z/H 的值不应大于天花板下方热烟气层尚未开始下降的高度,在使用式(1-42)时需考虑以下几点限制：

大型空间的截面积不随高度的变化而改变：

$$0.2 \leqslant \frac{z}{H} < 1.0$$

$$0.9 \leqslant \frac{A}{H^2} \leqslant 14$$

当式(1-41)所解出的 z/H 值超过 1 时,表示在天花板下的热烟气层还没开始下降。使用稳定的充填方程式求得的时间可表示如下：

$$t = \frac{AH^{\frac{4}{3}}}{H^2\dot{Q}^{\frac{1}{3}}}\exp\left[\frac{1}{0.28}\left(C_7 - \frac{z}{H}\right)\right] \tag{1-42}$$

② 非稳态火源的充填。对一个 t 平方火灾,热烟气层界面的位置可由 NFPA92B (1991)非稳定的充填方式来进行估测:

$$\frac{z}{H} = C_8 \left[t \cdot t_g^{-\frac{2}{5}} \cdot H^{-\frac{4}{5}} \left(\frac{A}{H^2} \right)^{-\frac{3}{5}} \right]^{-1.45} \tag{1-43}$$

式中　z ——火源上方开始产生热烟气层的高度(m);

$\quad\quad H$ ——天花板的高度(m);

$\quad\quad t$ ——时间(s);

$\quad\quad t_g$ ——成长时间(s);

$\quad\quad A$ ——大型空间的截面积(m^2);

$\quad\quad C_8$——取 0.91。

式(1-43)也是根据实验数据所得到。同样假设火源上方开始产生热烟气层的高度在过渡区之上并且烟气不会与墙壁接触,其计算结果也是保守的。使用时须考虑以下几点:

大型空间的截面积不随高度的变化而改变:

$$0.2 \leqslant \frac{z}{H} < 1.0$$

$$1 \leqslant \frac{A}{H^2} \leqslant 23$$

如计算得到的 z/H 值大于1时,表示在天花板下方的热烟气层尚未开始下降。

如同稳定的充填计算式一样,使用非稳定充填计算式求解时间时,如下所示:

$$t = C_9 t_g^{\frac{2}{5}} H^{\frac{4}{5}} \left(\frac{A}{H^2} \right)^{\frac{3}{5}} \left(\frac{z}{H} \right)^{-0.69} \tag{1-44}$$

式中,$C_9 = 0.937$。

(2) 日本　日本也提供了热烟气层下降时间的计算公式,考虑 t 平方火,热释放速率随时间变化的关系式为 $\dot{Q} = \alpha \cdot t^n$,则:

$$t^{\frac{3+n}{3}} = \left[\frac{(z+z_0)^{-\frac{2}{3}} - (H+z_0)^{-\frac{2}{3}}}{\left(\frac{2}{3+n} \right) \left(\frac{K}{A} \right) \cdot \alpha^{\frac{1}{3}}} \right] \tag{1-45}$$

$$z = \left[\frac{k}{A} \alpha^{\frac{1}{3}} \left(\frac{2}{n+3} \right) \cdot t^{1+\frac{n}{3}} + \frac{1}{(H+z_0)^{\frac{2}{3}}} \right]^{-\frac{3}{2}} - z_0 \tag{1-46}$$

式中　k ——综合系数，$k = \dfrac{C_m}{\rho_m}\left(\dfrac{\rho_\infty^2 g}{C_p T_\infty}\right)^{\frac{1}{3}}$；

ρ_∞ ——空间内下部空气的密度（kg/m^3）；

T_∞ ——空间内下部空气层的温度（K）；

g ——重力加速度，$g = 9.8\ m/s^2$；

C_m ——气流环境系数（紊流 $C_m > 0.21$）；

ρ_m ——烟流的密度（kg/m^3）；

C_p ——烟流气体比热容［$kJ/(kg \cdot ℃)$］。

由式(1-46)可解得烟气沉降时间与高度的关系公式：

$$t = \left[\dfrac{\left(\dfrac{1}{z+z_0}\right)^{\frac{2}{3}} - \dfrac{1}{(H+z_0)^{\frac{2}{3}}}}{\left(\dfrac{2}{n+3}\right)\left(\dfrac{k}{A}\right)\alpha^{\frac{1}{3}}}\right]^{\frac{3}{n+3}} \tag{1-47}$$

从式(1-47)，可根据不同燃烧特性的物质或商品计算烟气下降的速率，再从此烟气下降速率配合建筑物的避难方案，即可估算出适当的排烟量。

(3) 英国　英国也同样规定了烟气沉降时间的计算问题，计算分两种情况。

① 单一区划的烟填充计算。排烟设备的最基本作用是在计划的避难时间内维持火场附近区域热烟气层在一定的高度，因此研究区划空间内烟气流动的基础物理模型为预测热烟气层累积最准确的方法。而在典型的单一防烟区划的烟气流动示意图如图 1-6 所示。

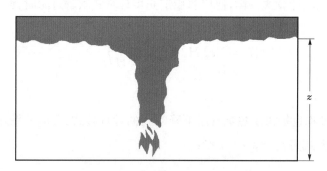

图 1-6　单一防烟区划的烟流示意图

其守恒方程式可表示为：

$$\rho_\infty A_f \dfrac{dz}{dt} + M + \dfrac{\dot{Q}_c}{T_\infty C_p} = 0 \tag{1-48}$$

式中　A_f ——地板面积（m^2）；

ρ_∞ ——环境空气密度(kg/s)；

M ——空气卷吸量(kg/s)；

$\dot{Q}_c$ ——热释放速率的对流部分(kW)；

T_∞ ——环境空气温度(K)；

C_p ——空气比热容[kJ/(kg·K)]。

可将式(1-48)改写成无因次化,得到下式:

$$\frac{\mathrm{d}Z}{\mathrm{d}t^*} + \frac{M}{\rho_\infty (gH)^{\frac{1}{2}} H^2} + Q^* = 0 \tag{1-49}$$

式中, $Z = \dfrac{z}{H}$, H 为天花板高度。

如取 $\rho_\infty = 1.2\ \mathrm{kg/m^3}$, $T_\infty = 290\ \mathrm{K}$, $C_p = 1.005\ \mathrm{kJ/(kg·K)}$, $g = 9.8\ \mathrm{m/s^2}$, 则有:

$$Q^* = \frac{\dot{Q}_c}{\rho_\infty T_\infty C_p (gH)^{\frac{1}{2}} H^2} = \frac{\dot{Q}_c}{1\ 100 H^{\frac{5}{2}}}$$

$$t^* = t \left(\frac{g}{H}\right)^{\frac{1}{2}} \left(\frac{H^2}{A_f}\right) = \frac{3.13 t H^{\frac{3}{2}}}{A_f}$$

如果考虑对称发展的烟气羽流其质量流量 M 为

$$M = 0.071 \dot{Q}_c^{\frac{1}{3}} (z - z_0)^{\frac{5}{3}} \tag{1-50}$$

将式(1-50)代入式(1-48)中求解 z 与 t, 利用此结果则很容易估计区划中热烟气层的下降速度是否会威胁人员之避难与逃生安全。

② 有开口空间的烟填充计算。在实际的使用空间中,如果存在有各种不同对外开口时(如门、窗等),则烟气扩散及累积的情况则会有明显的不同。如图1-7所示,当新鲜空气经由着火房间的开口流入,其水平方向的质量流量可表示成:

$$M = 0.09 (\dot{Q}_c w_0^2)^{\frac{1}{3}} h_0 \tag{1-51}$$

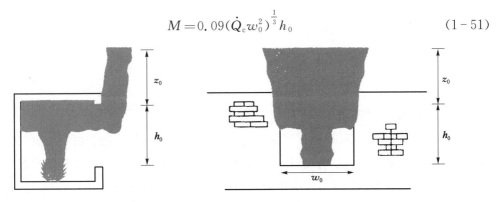

图 1-7　从火源房间开口流出的垂直烟流

可代入式(1-48)中求有开口空间的烟沉降时间。

假如开口位于天花板上方的垂直烟流,则其空气的进入量为:

$$M = 0.23\dot{Q}_c^{\frac{1}{3}} w_0^{\frac{2}{3}} (z + h_0) \qquad (1-52)$$

式中　w_0——开口的宽度(m);

　　　h_0——开口的高度(m);

　　　z——开口顶端上方烟气的高度(m)。

对此种情况,假如烟气接触到墙面顶端,则进入的空气量大约减少1/3,可代入式(1-48)中求出烟沉降时间。

如果有一个阳台位在开口处的上方,沿着阳台垂直流动的烟气如图1-8所示。

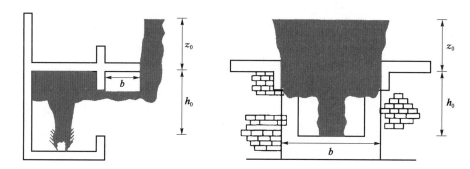

图 1-8　从着火房间开口流出沿着阳台垂直流动的烟气

则位于阳台上方垂直流动的烟气其空气的进入量可表示成:

$$M = 0.36\dot{Q}_c^{\frac{1}{3}} l_c^{\frac{2}{3}} (z_0 + 0.25h_0) \qquad (1-53)$$

式中　l_c——挡烟垂壁的深度(m);

　　　h_0——开口上方阳台的高度(m);

　　　z_0——阳台上方烟气的高度(m)。

可代入式(1-48)中求在开口上方有阳台时的烟气沉降时间。当阳台下方没有挡烟墙壁,其垂直流动烟气的空气进入量可表示成:

$$M = 0.36\dot{Q}_c^{\frac{1}{3}} (w_0 + b)^{\frac{2}{3}} (z_0 + 0.25h_0) \qquad (1-54)$$

式中　b——阳台宽度(m)。

1.2.1.4　烟气的蔓延

在建筑火灾中,烟气可由起火区向非起火区进行蔓延,那些与起火区相连的走廊、楼梯及电梯井等处都会充入烟气,这将严重危害人员的逃生并妨碍灭火工作的开展。如果人员不能在火灾对他们构成严重威胁前到达安全区域就可能受到伤害并致死。为了减少烟气的危害,应当对建筑烟气的运动特性、蔓延机理和规律进行了解,以便对火势发展做出正确的判断并在建筑设计中做好烟气控制系统的设计。

1) 烟囱效应

当外界温度较低时,在诸如楼梯井、电梯井、垃圾井、机械管道、邮件滑运槽等建筑物中的竖井内,与外界空气相比,由于温度较高使内部空气的密度比外界小,便产生了使气体向上运动的浮力,造成气体自然向上运动,这一现象就是烟囱效应。当外界温度较高时,则在建筑物中的竖井内存在向下的空气流动,这也是烟囱效应,可称之为逆向烟囱效应。在标准大气压下,由正、逆向烟囱效应所产生的压差为:

$$\Delta P = K_s \left(\frac{1}{T_o} - \frac{1}{T_i} \right) h \tag{1-55}$$

式中　ΔP——压差(Pa);

K_s——修正系数[(Pa·K)/m]取 3 460;

T_o——外界空气温度(K);

T_i——竖井内空气温度(K);

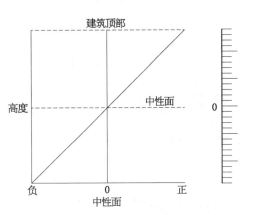

图 1-9　烟囱效应所产生的竖井内外压差示意图

h——距中性面的距离(m),此处的中性面指内外静压相等的建筑横截面,高于中性面为正,低于中性面为负。图 1-9 给出了烟囱效应所产生的竖井内外压差沿竖井高度的分布,其中正压差表示竖井压力高于外界压力,负压差则相反。

烟囱效应通常被认为是发生在建筑内部和外界环境之间,图 1-10 分别给出了正、逆向烟囱效应引起的建筑物内部空气流动示意图,此时式(1-55)表示的压差实际上是建筑物中竖井内部与外界环境之间的压差。

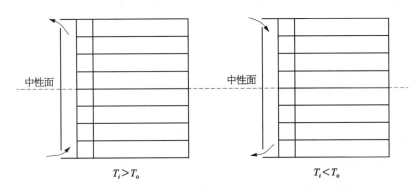

图 1-10　正、逆向烟囱效应引起的建筑内部空气流动示意图

在考虑烟囱效应时,如果建筑与外界之间空气交换的通道沿高度分布较为均匀,则中性面位于建筑物高度的一半附近,否则,中性面的位置将有较大偏离。

实际建筑物烟气的垂直流动并非完全都发生在竖井内，有一些烟气将穿过楼层地板间的缝隙向上流动，不过就普通建筑而言，流过楼板的气体量要比通过竖井的量少得多，在计算通过某一层的有效流动面积时，仍可假定建筑物楼层间是没有缝隙的理想建筑。

$$A_e = \left(\frac{1}{A_i^2} + \frac{1}{A_{io}^2} \right)^{-\frac{1}{2}} \tag{1-56}$$

式中　A_e——竖井与外界间的有效流通面积（m²）；

　　　A_i——竖井与建筑物间某层的流通面积（m²）；

　　　A_{io}——建筑物某层与外界间的流通面积（m²）。

则通过该层的质量流量 $\dot{m}$ 可表示为：

$$\dot{m} = CA_c(2\rho \cdot \Delta P)^{\frac{1}{2}} \tag{1-57}$$

式中　C——无量纲流通系数，其值为 0.6～0.7；

　　　ρ——气体密度（kg/m³）。

烟囱效应是建筑火灾中烟气流动的主要因素，烟气蔓延在一定程度上依赖于烟囱效应，在正向烟囱效应的影响下，空气流动能够促使烟气从火区上升很大高度。如果火灾发生在中性面以下区域，则烟气与建筑内部空气一道窜入竖井并迅速上升，由于烟气温度较高，其浮力大大强化了上升流动，一旦超过中性面，烟气将窜出竖井进入楼道。若相对于这一过程，楼层间的烟气蔓延可以忽略，则除起火楼层外，在中性面以下的所有楼层中相对无烟，直到火区的发烟量超过烟囱效应流动所能排放的烟量。

如果火灾发生在中性面以上的楼层，则烟气将由建筑内的空气气流携带从建筑外表的开口流出。若楼层之间的烟气蔓延可以忽略，则除着火楼层以外的其他楼层均保持相对无烟，直到火区的烟生成量超过烟囱效应流动所能排放的烟量。若楼层之间的烟气蔓延非常严重，则烟气会从着火楼层向上蔓延。

逆向烟囱效应对冷却后的烟气蔓延的影响与正向烟囱效应相反，但在烟气未完全冷却时，其浮力还会很大，以至于在理想烟囱效应的条件下烟气仍向上运动。

2）浮力作用

着火区产生的高温烟气由于其密度降低而具有浮力，着火房间与环境之间的压差可用与式（1-40）非常类似的形式来进行表示：

$$\Delta P = K_s \left(\frac{1}{T_o} - \frac{1}{T_F} \right) h \tag{1-58}$$

式中　ΔP——压差（Pa）；

　　　K_s——修正系数［(Pa·K)/m］，取 3 460；

　　　T_o——周围环境的温度（K）；

　　　T_F——着火房间的温度（K）；

　　　h——中性面以上距离（m）。

　　Fung 进行了一系列的全尺寸室内火灾实验测定压力的变化,结果表明对于高度约 3.5 m 的着火房间,其顶部壁面内外的最大压差为 16 Pa。对于高度较大的着火房间,由于中性面以上的高度 h 较大,因此可能产生很大的压差。如果着火房间温度为 700 ℃,则中性面以上 10.7 m 高度上的压差约为 88 Pa,这对应于强度很高的火,其形成的压力已超出了目前的烟气控制水平。图 1-11 给出了由烟气浮力所引起的压差曲线。

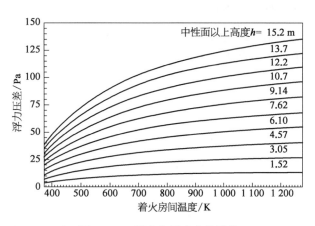

图 1-11　浮力作用产生的压差

　　若着火房间顶棚上有开口,则浮力作用产生的压力会使烟气经此开口向上面的楼层蔓延。同时浮力作用产生的压力还会使烟气从墙壁上的任何开口及缝隙,或是门缝中泄露。当烟气离开火区后,由于热损失及与冷空气掺混,其温度会有所降低,因而,浮力的作用及其影响会随着与火区之间距离的增大而逐渐减小。

　　3) 气体热膨胀作用

　　燃料燃烧释放的热量会使燃气明显膨胀并引起气体运动。若考虑着火房间只有一个墙壁开口与建筑物其他部分相连,则在火灾过程中,建筑内部的空气会从开口下半部流入该着火房间,而热烟气也会经开口的上半部从着火房间流出。因燃料热解、燃烧过程所增加的质量与流入的空气相比很小,可将其忽略,则着火房间流入与流出的体积流量之比可简单地表示为温度之比:

$$\frac{\dot{Q}_{\text{out}}}{\dot{Q}_{\text{in}}} = \frac{T_{\text{out}}}{T_{\text{in}}} \tag{1-59}$$

式中　$\dot{Q}_{\text{out}}$——着火房间流出烟气的体积流量(m^3/s);

　　　$\dot{Q}_{\text{in}}$——流入着火房间空气的体积流量(m^3/s);

　　　T_{out}——流出烟气的平均温度(K);

　　　T_{in}——流入空气的平均温度(K)。

　　若建筑内部空气温度为 20 ℃,当燃气温度达到 600 ℃时,其体积约膨胀到原来的 3 倍。对有多个门或窗敞开的着火房间,由于流动面积较大,因燃气膨胀在开口处引起的压差较小而可以忽略,但对于密闭性较好或开口很小的着火房间,如燃烧能够持续较长时间,则因燃气膨胀作用产生的压差将会非常重要。

　　4) 外部风向作用

　　在许多情况下,外部风可在建筑的周围产生压力分布,这种压力分布可能对建筑物内的烟气运动及其蔓延产生明显影响。一般说来,风朝着建筑物吹过来会在建筑物的迎风侧产生较高的滞止压力,这可增加建筑物内的烟气向下风方向流动。风作用于某一表面上的压力可表示为:

$$P_w = \frac{C_w \rho_\infty V^2}{2} \qquad (1-60)$$

式中　P_w——风作用于建筑物表面的压力(Pa);

　　　C_w——无量纲压力系数;

　　　ρ_∞——环境空气密度(kg/m³);

　　　V——风速(m/s)。

若采用空气温度 T_o(K)来表示,式(1-60)可改写为:

$$P_w = \frac{0.048 C_w V^2}{T_o} \qquad (1-61)$$

在式(1-60)、(1-61)中,无量纲压力系数 C_w 的取值范围为 $-0.8 \sim 0.8$,对于迎风墙面其值为正,而对背风墙面则为负,C_w 的取值大小与建筑的几何形状有关并随墙表面上的位置不同而变化。表1-4 给出了附近无障碍物时,矩形建筑物墙面上压力系数的平均值。

表1-4　矩形建筑物各墙面上的平均压力系数

建筑物的高宽比	建筑物的长宽比	风向角 α	不同墙面上的风压系数			
			正面	背面	侧面	侧面
$H/W \leqslant 0.5$	$1 < L/W \leqslant 1.5$	0°	+0.7	-0.2	-0.5	-0.5
		90°	-0.5	-0.5	+0.7	-0.2
	$1.5 < L/W \leqslant 4$	0°	+0.7	-0.25	-0.6	-0.6
		90°	-0.5	-0.5	+0.7	-0.1
$0.5 < H/W \leqslant 1.5$	$1 < L/W \leqslant 1.5$	0°	+0.7	-0.25	-0.6	-0.6
		90°	-0.6	-0.5	+0.7	-0.25
	$1.5 < L/W \leqslant 4$	0°	+0.7	-0.3	-0.7	-0.7
		90°	-0.5	-0.5	+0.7	-0.1
$1.5 < H/W \leqslant 6$	$1 < L/W \leqslant 1.5$	0°	+0.8	-0.25	-0.8	-0.8
		90°	-0.8	-0.8	+0.8	-0.25
	$1.5 < L/W \leqslant 4$	0°	+0.7	-0.4	-0.7	-0.7
		90°	-0.5	-0.5	+0.8	-0.1

注:H—屋顶高度;L—建筑物的长边;W—建筑物的短边。

按以上两式计算,风速为 7 m/s、压力系数 C_w 为 0.8 时产生的风压约为 52 Pa。在门窗关闭、密封性较好的建筑中,风压对空气流动的影响很小,但对密闭性较差或门窗均敞开的建筑,风压对其中空气流动的影响则很大。

一般而言,在距地表面最近的大气边界层内,风速随高度增加而增大,而在垂直离开地面一定高度的空中,风速基本上不再随高度增加,可以看作等速风。在大气边界层内,地势或障碍物(如建筑物、树木等)都会影响边界层的均匀性,通常风速和高度的关系可用指数关系来进行描述:

$$V = V_0 \cdot (Z/Z_0)^n \tag{1-62}$$

式中 V——实际风速(m/s);

　　V_0——参考高度的风速(m/s);

　　Z——测量风速 V 时的所在高度(m);

　　Z_0——参考高度(m);

　　n——无量纲风速指数。

图 1-12 表示了不同地形条件下的风速分布,从中可看出,在不同地区的大气边界层厚度差别较大,应使用不同的风速指数。在平坦地带(如湖泊),风速指数可取 0.16 左右;在不平坦的地带(如周围有树木的村镇),风速指数可取 0.28 左右;在很不平坦的地带(如市区),风速指数可取 0.40 左右。

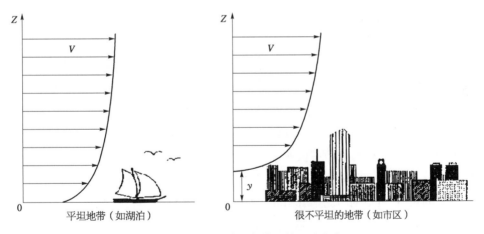

图 1-12　不同地形条件下的风速分布

在发生建筑火灾时,经常出现着火房间窗玻璃破碎的情况。如果破碎的窗户处于建筑的背风侧,则外部风作用产生的负压会将烟气从着火房间中抽出,这可以大大缓解烟气在建筑内部的蔓延;而如果破碎的窗户处于建筑的迎风侧,则外部风将驱动烟气在着火楼层内迅速蔓延,甚至蔓延至其他楼层,这种情况下外部风作用产生的压力可能会很大,而且可以轻易地驱动整个建筑内的气体流动。

5) 供暖、通风和空调系统

许多现代建筑都安装有供暖、通风和空调(Heating, Ventilation and Air Conditioning,

HVAC)系统,火灾过程中,供暖、通风和空调系统能够迅速传送烟气。在火灾的开始阶段,处于工作状态的 HVAC 系统有助于火灾探测,当火情发生在建筑中的无人区内,HVAC 系统能够将烟气迅速传送到有人的地方,使人们能够很快发现火情,及时报警和采取补救措施。然而,随着火势的增大,HVAC 系统也会将烟气传送到它能到达的任何地方,加速了烟气的蔓延,同时,它还可将大量新鲜空气输入火区,促进火势发展。

为了降低 HVAC 系统在火灾过程中的不利作用,延缓火灾的蔓延,应当在 HVAC 系统中采取保护措施。例如在空气控制系统的管道中安装一些可由某种烟气探测器控制的阀门,一旦某个区域发生火灾,它们便迅速关闭,切断着火区域其他部分的联系;或者根据对火灾的探测信号,设计可迅速关闭 HVAC 系统的装置,不过即使及时关闭了 HVAC 系统可避免其向火区输入大量新鲜空气,然而却无法避免烟气的烟囱效应、浮力或外部风力的作用下通过其通风管道和建筑中其他开门向四处蔓延。

1.2.2　特殊建筑火灾烟气流动的分析模型

烟气流动的分析模型是进行特殊消防防排烟设计的主要工具或手段。本节介绍了当前国内外常见的烟气流动分析模型的基本原理和应用特性。

1.2.2.1　模型研究概述

在火灾科学的研究方法中,采用计算机实现火灾过程或某火灾分过程阶段的模拟研究是一个飞跃,具有成本低、模拟工况灵活、可重复性强等优点。并且随着计算机技术的不断发展,流体力学物理模型进一步完善,将成为未来研究火灾问题的主要手段。计算机模拟方法的核心是火灾模型,其是由火灾各分过程子模型在特定的模拟平台上集成而成的。

运用数学模型模拟计算火灾的发展过程是认识火灾特点和开展有关消防安全水平分析的重要手段,对建筑物的特殊消防分析和设计来说尤为重要。经过最近二三十年的研究,在火灾烟气流动研究领域已经发展出了多种分析火灾的数学模型。据统计,现在有60~70 种比较完善的火灾模型可供使用。综合实际计算要求和客观条件限制,对火灾过程的同一个分过程进行模拟时,各火灾模型采用的子模型形式往往是不同的。各子模型形式从不同的角度、程度对分过程采用合理的简化形式进行模化。同一分过程采用不同的子模型形式时,其适用范围内的模拟结果可能都是合理的。有的模型适用于模拟计算火灾产生的环境,主要可以反映出建筑在火灾时室内温度随时间的变化、火灾中烟气的流动、烟气中有毒气体浓度、火灾中人员可耐受时间等;有的模型适用于计算建筑、装修材料的耐火性能,以及火灾探测器和自动灭火设施的响应时间等。

火灾过程是可燃物在热作用下发生的复杂物理化学过程,与周围的环境有着密切的相互作用。任何一种火灾模型都是以对实际火灾过程的分析为依据,各种火灾模型的有效性取决于对实际过程分析的合理性。火灾数值研究的困难主要表现在几个方面:第一,火灾事件具有随机性特点,现实生活中可能出现的火灾场景数不胜数;第二,对于大多数火灾过程很难进行深入的机理方面的分析,火灾研究涉及空气动力学、多相流、湍流的混合与燃烧、辐射以及导热等多学科知识,许多相关内容在各个学科领域还都是研究的热点,其中某些现象至今仍无法建立成熟的理论对其进行解释;第三,火灾过程中可能发生燃烧的物质多种多样,因此无法应用单一的数学模型及经验数据描述物质由聚合状态热解为可燃气体并发生燃烧的过程。

建筑火灾的计算机模型有随机性模型和确定性模型两类。随机性模型把火灾的发展看成一系列连续的事件或状态,由一个事件转变到另一个事件,如由引燃到稳定燃烧等。而由一种状态转变到另一种状态有一定的概率,在分析有关的实验数据和火灾事故数据的基础上,通过这种事件概率的分析计算,可以得到出现某种结果状态的概率分布,建立概率与时间的函数关系。而确定性模型是以物理和化学定律(如质量守恒定律、动量守恒定律和能量守恒定律等基本物理定律)为基础的,用相互关联的数学公式来表示建筑物的火灾发展过程。如果给定有关空间的几何尺寸、物性参数、相应的边界条件和初始条件,利用这种模型可以得到相当准确的计算结果。

在开展火灾危险性分析时,应当综合考虑火灾发展的确定性和随机性的特点,单纯依据任何一种模型都难以全面放映火灾的真实过程。出于火灾研究的定量分析和定性分析需要,大家更关心的是火灾过程的确定性数学模型,所以本节主要介绍火灾发展的确定性火灾模型,主要包括有经验模型、区域模型、场模型和场区网模型。

1.2.2.2　经验模型

多年来人们在与火灾作斗争的过程中,收集了很多实际火场的资料,也开展过大量的火灾实验,测得了很多数据,通过分析,整理出了不少关于火灾过程的经验公式。

经验模型则是指以实验测定的数据和经验为基础,通过将实验研究的一些经验性模型或是将一些经过简化处理的半经验模型加上重要的热物性数据编制成的数学模型。它是对火灾过程的较浅层次的经验模拟,应用这些经验模型,可以对火灾的主要分过程有较清楚的了解。经验模型不同于其他理论模型能够对火源空间以及关联空间的火灾发展过程进行估计,现有的经验模型通常局限于描述火源空间的一些特征物理参数,如烟气温度、浓度、热流密度等随时间的变化,因此经常被称为"局部模型",常用的经验模型有美国标准与技术研究院(NIST)开发的 FPETOOL 模型、计算烟羽流温度的 Alpert 模型和计算火焰长度的 Hasemi 模型,下面将予以简单介绍。

1) FPETOOL 模型

FPETOOL 是美国 NIST 建筑与火灾研究所开发的一种经验模型。该模型是一种用经验公式和简化模型描述火灾过程的计算机程序,包括建筑火灾中多个分过程的计算方法。如可以计算起火室内羽流的温度和速度、顶棚射流的温度、通过开口的质量流量、火灾探测器和洒水喷头的响应时间等。尽管这种计算结果还比较粗糙,但是由于方便易行,因此适宜在火灾安全检查和火灾危险评估时使用。

FPETOOL 模型软件是采用多级菜单驱动,在显示有关选项的同时给出该部分的功能说明。它包括退出(QUIT)、系统设置(SYSTEM SETUP)、火灾形式(FIREFORM)、设定火灾(MAKEFIRE)、火灾模拟(FIRE SIMULATOR)、走廊流动(CORRIDOR)和备用(RESERVED)等部分。屏幕下部的窗口对每项的功能作了简要的说明,在后续显示的各个子菜单中亦设有这种注释窗口。

系统设置功能可以提供算例的储存信息,这种文字储存信息告诉 FPETOOL 在何处寻找输入文件,或在何处储存计算生成的输出数据文件。

火灾形式功能是按交互式输入数据并立即进行计算的软件包,其中包括 17 个子程序,包括有计算中庭内烟气温度、浮力压头、顶棚羽流温度、逃生时间、喷淋器与探测器的响应等子程序。

设定火灾功能是用于设定所模拟火灾的释热速率规律,它包括 FORMNLA、FREEBURN、MYFIRE、LOOK - EDIT 和 RATES 等部分,这些部分均用于编辑供其他计算程序使用的火灾数据文件。

火灾模拟功能是 FPETOOL 的最主要组成部分,它可独立进行计算,计算的项目有:燃烧产生烟气的温度和体积;有房间开口流出的气体和产物;喷头、感温探测器和感烟探测器的响应;烟气中 O_2、CO、CO_2 的浓度;提供的 O_2 对燃烧的影响等。

2) Alpert 模型

Alpert 模型是工厂联合实验中心(Factory Mutual Test Center)以其创建人 Alpert 命名的用以估计顶棚射流温度随时间变化的经验模型。

在室内火灾发展过程中,燃烧过程生成的烟气羽流到达顶棚后成为水平方向传播的顶棚射流,并逐步蔓延至整个顶棚面,然后烟气向下充填,在室内上层空间形成热烟气层,如图 1 - 13 所示。Alpert 基于烟气羽流的相关特性,总结出如下经验公式:

$$T_{max} - T_{\infty} = 5.38 \frac{(\dot{Q}_c/r)^{\frac{2}{3}}}{H}, \ r > 0.18H \tag{1-63}$$

$$T_{max} - T_{\infty} = 16.9 \frac{\dot{Q}_c^{\frac{2}{3}}}{H^{\frac{5}{3}}}, \ r \leqslant 0.18H \tag{1-64}$$

式中　T_{max}——顶棚处的烟气温度(K);

T_{∞}——环境温度(K);

$\dot{Q}_c$——释热速率(kW);

r——距离烟羽流中心轴的径向距离(m);

H——火源表面距离顶棚的垂直高度(m)。

Alpert 模型适用于热烟气层尚未在受限空间上部形成的火灾发展的早期阶

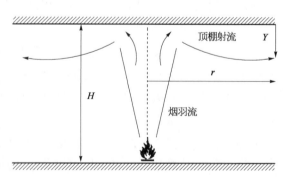

图 1 - 13　Alpert 顶棚射流示意图

段,对于热烟气层已经形成的情况,Davis 与 Notarianni 拓展了 Alpert 模型。在 Alpert 模型的发展过程中,基于顶棚射流的速度、浓度等分布与温度分布的近似性,Yamauchi 改进了 Alpert 模型,使之能够计算顶棚射流的烟气浓度分布随时间的变化,扩大了模型的应用范围。

3) Hasemi 模型

Hasemi 模型主要用来计算竖直或者水平火焰长度,与 Alpert 模型一样,也是一个以其建立人命名的局部经验模型,如图 1-14 所示。

$$L_{f} = 3.5 \dot{Q}^{n*} D \tag{1-65}$$

式中 L_{f} ——火焰高度,指火焰到达顶棚之前,开放式燃烧状态下的火焰顶端距离燃料表面的垂直距离(m);

$\dot{Q}$ ——无量纲热流密度;

D ——火源直径(m);

n^{*} —— $\dot{Q} > 1.0$ 时取 2/5,$\dot{Q} < 1.0$ 时取 2/3。

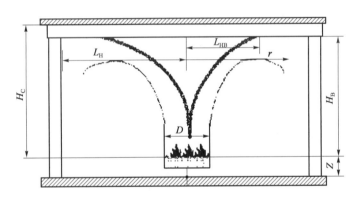

图 1-14 Hasemi 火焰示意图

在火焰增长直至到达顶棚后,火焰将沿顶棚面水平传播,该阶段的水平火焰长度(自竖直火焰轴线位置起的火焰峰面径向距离)的计算公式如下:

$$L_{HB} = H_{B} \times (2.3 \times \dot{Q}_{HB}^{*0.3} - 1) \tag{1-66}$$

$$L_{HC} = H_{C} \times (2.9 \times \dot{Q}_{HC}^{*0.4} - 1) \tag{1-67}$$

$$\dot{Q}^{*} = \frac{\dot{Q}}{\rho c_{p} T g^{\frac{1}{2}} H_{C}^{\frac{5}{2}}} \tag{1-68}$$

式中 L_{BH} ——顶棚突起如横梁底部的火焰长度(m);

L_{HC} ——是顶棚面下水平火焰长度(m);

H_{B} ——为顶棚突起底部距离火源表面的垂直距离(m);

H_{C} ——顶棚距离火源表面的垂直距离(m);

$\dot{Q}_{HC}^*$ 和 $\dot{Q}_{HB}^*$——分别是相应高度的热流密度(kW/m^2)。

1.2.2.3 区域模型

20 世纪 70 年代,美国哈佛大学的 Emmons 教授提出了区域模型概念。区域模型是指把所研究的受限空间划分为不同的区域,并假设每个区域内的状态参数是均匀一致的,而质量、能量的交换只发生在区域与区域之间、区域与边界之间及它们与火源之间。从这一思想出发,根据质量、能量守恒原理可以推导出一组常微分方程;而区域、边界及火源之间的质量、能量交换则是通过方程中所出现的各源项体现出来。

区域模型一般还有如下的假设:① 各个控制体内的气体被认为是理想气体,并且气体的相对分子质量与比热视为常数。② 受限空间内部压力均匀分布。③ 不同控制体之间的质量交换主要由羽流传递作用与出口处卷吸作用造成。④ 能量传递除部分由质量交换造成外,还包括辐射与导热。⑤ 受限空间内部物质的质量与热容相对墙壁、顶棚与地板可以忽略。⑥ 忽略烟气运动的时间,认为一切运动过程在瞬间完成。⑦ 忽略壁面对流体运动的摩擦阻碍作用。

区域模型通常把房间分为两个控制体,如图 1 - 15 所示,即上部热烟气层与下部冷空气层。随着燃烧的进行,高温燃烧产物在浮力驱动下流向顶棚。于是,在火源上方形成烟气羽流。沿着羽流轴线,周围的冷空气受到横向卷吸,冷空气与羽流中的烟气发生掺混,因而随着高度的增加,羽流总的质量流量不断增加;同时羽流的平均温度和燃烧产物的平均浓度不断降低。羽流撞到顶棚后将会横向散开,形成上部热烟气层,由于羽流烟气不断向上充填,热烟气层的厚度逐渐增加。在上部烟气层和下部空气层间出现比较明显的分界面,并且它将慢慢下降。在火源所在的房间,有时还增加一些控制体来描述烟气羽流与顶棚射流。

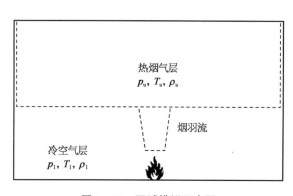

图 1 - 15 区域模拟示意图

因此,人们普遍认为区域模型模拟给出的近似与实际相当接近。区域模拟是一种半物理模拟,在一定程度上兼顾了计算机模拟的可靠性和经济性,以适当的工程近似描述各个物理过程,简化了方程组。大幅度地减小了计算的复杂程度和计算时间,是工程设计主要采用的计算方法,在消防工程界具有广泛的应用。应用区域模型既可以在一定程度上了解火灾的成长过程,也可以分析火灾烟气的扩散过程以及防排烟系统设置对火灾发展的影响。目前,区域模型在建筑室内火灾的计算机模拟中具有重要地位。如果无须了解各种物理量在空间上的详细分布以及随时间的演化过程,模型中的假设十分趋近于火灾过程的实际情况,可以满足工程需要。但是区域模拟忽略了区域内部的运动过程,不能反映湍流等输运过程以及流场参数的变化,只抓住了火灾的宏观特征,因而其近似结果也是较粗糙的。

目前,世界各国的研究者建立了许多室内火灾区域模拟的模型,以 CFAST、ASET、BR12、CCFM - VENTS、CFIRE - X、COMPBRN、HAVARD MARD4 以及中国科学技术大学的 FAC3 等为典型代表。常用的区域模型有 ASET 和 ASET - B、HARVARD - V 和 FIRST、CFAST 和 HAZARD 1 模型。

1) ASET 和 ASET - B 模型

(1) ASET 模型　ASET 是由"Available Safe Egress Time"等英文单词的首字母组成,其含义是有效安全疏散时间计算程序。它是由美国 NIST 开发的一种单室火灾区域模拟程序,适用于计算门窗关闭的单个房间内热烟气层湿度和高度的模型。经过若干年的发展,ASET 程序已经发展了用 FORTRAN 语言、BASIC 语言和 C 语言编写的不同版本。

(2) ASET 程序计算要点　① 在所讨论的火灾场景下,对室内可燃物的燃烧特性及建筑物的空间状况作出物理描述。② 使用室内火灾发展模型分析建筑物内部的火灾动力学环境。③ 给出探测到火灾及其达到危险状态的临界条件(判据),这些判据应分别与现行的火灾探测元件的特性和建筑物内的人员特性相一致。④ 使用③给出的判据来计算②的环境,并由此估计受到火灾威胁区域的时间,并进一步计算出有效安全疏散时间。

(3) ASET 程序的编制方式　ASET 程序的编制方式是把描述火灾发展过程、释热速率、燃烧产物的生成速率、房间大小(高度和面积)等输入数据,与用户指定的探测及危险判据等结合起来,即可计算得到有效安全疏散时间。

① 探测和危险判据一般是指定某一可探测到的上部烟气层温度、温升速率或燃烧产物浓度。当烟气层界面高于人眼特征高度时,若来自上部烟气层的热辐射达到可危害人的程度,就认为室内达到了危险状态。如果界面低于人眼的特征高度时,则应使用另一个临界上层温度表示是否达到了危险状态,即对人的危害是由直接烧伤或吸入热气体引起的。当界面低于人眼特征高度时,还可根据指定的某些危险燃烧产物的临界浓度值来判定室内是否达到了危险状态。

② 释热速率可按两种方式模拟。一种方法是根据多段连续的指数曲线计算,指数增长因子由用户设定;另一种方法是按用户指定的一组释热速率与相应时间的数据计算,并可以在这些数据点中进行线性插值。

③ 模拟燃烧产物的生成速率设定也有两种方法。一种方法是把燃烧产生的生成速率与释热速率用一个比例常数联系起来;另一种方法是使用用户设定的一组数据点(产物生成速率及其相应的时间)来确定,在这些数据点之间可进行线性插值。计算程序可模拟给出燃烧产物中某些组成的两种生成量,它们都可确定该组分在烟气层中的浓度。第一种量作为探测到火灾的判据,第二种量作为火灾燃烧产物构成危害的判据。

④ 通过求解模拟火灾发展的数学方程,程序计算出烟气层厚度和温度、烟气层中燃烧产物浓度的变化。在计算的每一时间步长内,程序都将房间的控制状况与指定的探测

和危险判据进行比较。直到出现危险状态或到达用户指定的最长时间为止。

（4）ASET 模型的使用限制

① 本模型不能用于长宽比大于 10∶1 或高度与最小水平尺寸（宽度）之比大于 1 的房间。

② 假设所有的门、窗及其他的与毗邻空间相通的通道都被关闭；不过又假定在达到危险状况之前室内有足够的氧气以维持自由燃烧。

③ 假定房间分成水平两层，其间有明显界面，上部为温度较高的烟气层，下部为冷的环境空气，并假设上层内各种气体混合均匀。当上层温度超过 350～450 ℃时，烟层反馈到燃料的热辐射变强，这将显著改变火灾的自由燃烧特性，因此以后计算结果便不可靠了。

④ 实际房间不可避免地存在细小的缝隙，现假设这种缝隙紧靠地板，于是在烟层界面接近地板时，只在房间较低的部位可泄露出冷空气，而顶棚附近的高温燃烧产物不会泄露。

（5）ASET－B 模型　ASET－B 模型是 ASET 模型的简化版本，它具有与 ASET 基本相同的功能。该模型可以用来预测起火房间内人员生命和财产开始受到伤害的时间。运行该模型时，要求输入的参数为热损失系数、地面的燃料高度、火灾危险性和探测的标准、房间顶棚的高度、房间地面的面积、火灾燃烧的热释放速率和火灾发生的概率。模型的输出为热烟气层的温度、高度和代表组分的浓度随时间的变化值，以及火灾事故发生和被探测到的时间。

2）HARVARD－V 和 FIRST 模型

HARVARD－V 模型是由美国哈佛大学埃蒙斯（Emmons）和密特勒（Mitler）等开发的单室区域模型。FIRST 模型则是美国 NIST 在 HARVARD－V 的基础上发展而成的。它可以计算在用户设定的引燃条件或设定的火源条件下，单个房间内火灾的发展情况，可以预测多达 3 个物体被火源加热和引燃的过程。使用该模型时用户首先需要输入房间的几何尺寸、火灾和开口条件、壁面结构和房间内可燃物的热物性参数，同时还要输入炭黑和毒性气体成分的生成速率。设定火源时，用户可以输入质量燃烧速率，也可以只输入燃料燃烧性能的基础数据，由程序计算火灾的增长。模型的预测结果包括烟气层的温度和厚度、烟气的成分和浓度、壁面的温度以及通过开口的烟气质量流量。

3）CFAST 与 HAZARD 1 模型

CFAST 模型是美国 NIST 开发的区域式计算多室火灾与烟气蔓延的程序。该模型主要由早期的 FAST 模型发展而来，它还融合了 NIST 开发的另一个火灾模型 CCFM 中先进的数值计算方法，从而使程序运行更加快速、稳定。经过多年的修改和完善，CFAST 形成若干版本，并具备完整的技术文件，分别阐述该程序的物理基础、计算方法、程序结构、使用说明、性能分析等。前些年，在美国 NFPA 的支持下，NIST 将 CFAST 模型的火灾探测模型 DETECT、人员承受极限模型 TENEB 及人员疏散模型（EXITT）组合起来，形成功能更健全的 HAZARD 1 模型。这一模型曾一度受到人们的普遍关注。CFAST

是 HAZARD 1 模型的核心程序,其他几个子模型都以 CFAST 的计算结果为基础,进行一些专门的计算。此后,CFAST 本身仍在继续发展和完善,并形成一批新版本,因此人们经常单独使用该程序进行火灾过程的模拟计算。

CFAST 可以用来预测用户设定火源条件下建筑内的火灾环境。用户需要输入建筑内多个房间的几何尺寸和连接各房间的门窗等开口情况、壁面结构的热物性参数、火源的热释放速率或质量燃烧速率以及燃烧产物的生成速率。该模型可以预测各有关房间内上部烟气层和下部空气层的温度、烟气层界面位置以及代表性气体浓度随时间的变化。

图 1-16 给出了利用 CFAST 计算得到的某单元住宅内各房间中火灾烟气层界面的发展过程。它同时还可以计算房间壁面的温度、通过壁面的传热以及通过开口的质量流量,还能处理机械排烟和存在多个火源的情况。但该程序内部没有描述火灾中燃烧反应的模型,需要用户输入可燃物的热释放速率或质量损失率和物质的燃烧热;在处理辐射增强的缺氧燃烧和燃烧产物的生成速率等方面也还存在一定缺陷。

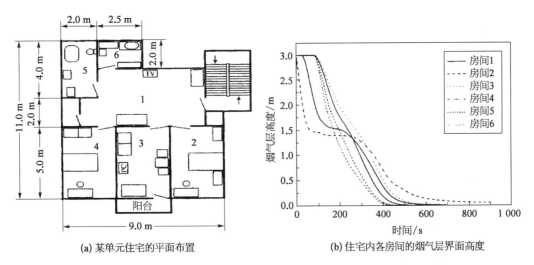

(a) 某单元住宅的平面布置　　　　　(b) 住宅内各房间的烟气层界面高度

图 1-16　利用 CFAST 计算的某住宅内各房间中烟气层界面的发展过程

4) 其他区域模型

对于面积较大、长度较长的空间,传统的分层模型将存在较大误差,有学者在一般的区域模型方法基础之上,提出多单元区域模拟的思想,结果表明,在大尺度空间中这种方法比传统的区域模拟方法更符合实际。表 1-5 列出了 32 种模拟火灾烟气运动过程的区域模型。

表 1-5　区域模型

序号	模型名称	来源	编程语言	说明
1	ARGOS	丹麦	—	多室
2	ASET*	美国	FORTRAN	单室

（续表）

序号	模型名称	来源	编程语言	说明
3	ASET - B*	美国	BASIC	单室
4	BRANZFRE*	新西兰	VB6.0	多室
5	BRI - 2	日本	—	多室
6	CCBM. VENTS*	美国	FORTRAN77	多室
7	CFAST*	美国	FORTRAN/C	多室
8	CFIRE - X	德国/挪威	FORTRAN77	单室
9	CiFi&	法国	FORTRAN	多室
10	COMPBRN - Ⅲ*	美国	FORTRAN77	单室
11	COMPF2*	美国	FORTRAN66	轰燃后
12	DACFIR - 3* &	美国	—	飞机舱
13	DSLAYV*	瑞典	Pascal	单室
14	FAST*	美国	FORTRAN	多室
15	FASTLite*	美国	FORTRAN	多室
16	FIRAC&	美国	—	FIRN 核心
17	FIRM_QB/VB	美国	QBasic/VB	单室
18	Firewind	澳大利亚	C	多室
19	FIRN&	美国	—	多室
20	FIRST*	美国	FORTRAN77	单室
21	FISBA&	法国	—	单室
22	FPETOOL*	美国	FORTRAN	单室
23	HarvardMark VI*	美国	FORTRAN77	多室
24	Hazard I*	美国	FORTRAN77	FAST 核心
25	MFE	波兰	—	单室多风口
26	MAGIC	法国	FORTRAN/C	多室
27	NRCC1	加拿大	FORTRAN77	单室
28	NRCC2	加拿大	FORTRAN77	大型办公

（续表）

序号	模型名称	来源	编程语言	说明
29	OSU	美国	—	单室
30	Ozone*	比利时	FORTRAN/VB	单室
31	R - VENT	挪威	Pascal	单室
32	SFIRE - 4*	瑞典	FORTRAN77	轰燃后

1.2.2.4 场模型

场模型是指利用计算机求解火灾过程中各参数（如速度、温度、组分浓度等）的空间分布及其随时间的变化，是一种物理模拟。场是多种状态参数（如速度、温度与组分浓度）的空间分布，是通过计算这些状态参数的空间分布随着时间的变化来描述火灾发展过程的数学方程集合。随着计算流体动力学（Computational Fluid Dynamics，CFD）技术的不断成熟以及计算机性能的提升，场模型越来越广泛地应用到火灾研究领域。火灾的孕育、发生、发展和蔓延过程包含了流体流动、传热传质、化学反应和相变，涉及质量、动量、能量和化学成分在复杂多变的环境条件下相互作用，其形式是三维、多相、多尺度、非定常、非线性、非稳态的动力学过程。场模型由于引入的简化条件少，因而是目前为止最为精确的受限空间火灾数学模型。计算所得数据较细致，可以详细了解空间中温度场、速度场、组分浓度场等数据分布情况及其随时间变化的详细信息。但实际计算结果的正确与否还取决于适当的输入假设。

自从 1983 年 Kumar 首先建立火灾场模型以来，出现了许多场模拟的大型通用商业软件和火灾专用软件。通用商业软件以 PHOENICS、FLUENT、CFX、STAR - CD 等为代表，都具有非常好的用户界面形式和方便的前后处理系统。用于火灾数值模拟的专用软件有瑞典 Lund 大学的 SOFIE、美国 NIST 开发的 FDS 和英国的 JASMINE 等，它们的特点是针对性较强，场模拟可以得到比较详细的物理量的时空分布，能精细地体现火灾现象，并能运用该模型定量的判断在设定的火灾场景中各种消防设施对火灾发展的影响。

但由于场模型是通过把一个房间划分为几千甚至上万个控制体，计算得出室内各局部空间的有关参数的变化。计算时通常所使用的场模拟方法有有限差分法、有限元法、边界元法等。导致这种模型的计算量很大，当用三维不定常方式计算多室火灾时，需要占用很长的机时，一般只在需要了解某些参数的详细分布时才使用这种模型，要用于咨询和评估过程的计算模拟。

1）场模型的理论基础

场模型本质上是一种复杂的湍流力学模型，其理论基础是质量守恒定律（连续方程）、动量守恒定律（Navier - Stokes 方程）、能量守恒定律（能量方程）以及化学反应定律等。利用数值计算方法将计算区域划分为大量的、互相关联的小单元，根据上述定律在每个单元中构造各个单元内部及单元之间相互关联的方程组,求解质量方程、动量方程和能量方程,包括热浮升力、热辐射和扰动等。方程的通用形式如式(1-69):

$$\frac{\partial}{\partial t}(\rho\phi) + \frac{\partial}{\partial x_j}(\rho U, \phi) = \frac{\partial}{\partial x_j}\left(\Gamma_\phi \frac{\partial \phi}{\partial x_j}\right) + S_\phi \qquad (1-69)$$

式中　j ——可取值为 1、2、3,表示三个空间坐标;

　　ϕ ——通用变量;

　　Γ_ϕ ——为变量 ϕ 的扩散系数;

　　S_ϕ ——为变量 ϕ 的源项。

变量 ϕ 表示不同的物理量时,对扩散系数及源项作相应的调整,式(1-69)就转化为相应的方程。各方程中的变量见表1-6。

表1-6　各控制方程变量

方　程	变　量		
	ϕ	Γ_ϕ	S_ϕ
连续方程	1	0	0
动量方程	U_i	$\rho\nu$	$-\dfrac{\partial P}{\partial x_i} + \rho B_i$
能量方程(焓方程)	h	Γ_h	q

以上连续方程、动量方程(x、y、z 三个方向)、能量方程等 5 个方程与式(1-70)、式(1-71)两个热力学状态方程:共 7 个方程构成了闭合方程组,理论上解析解是存在的,但在大多数情况下,求出以上方程的严格解析解是非常困难的。通常,人们是基于计算流体力学方法给出特定条件下方程组的数值解。

$$\rho = \rho(p, T) \qquad (1-70)$$

$$h = h(\rho, T) \qquad (1-71)$$

火灾烟气运动场模拟研究是伴随着流体力学理论研究的深入和计算机性能的提高而不断发展的。火灾环境下发生的可燃物燃烧、烟羽流上升以及顶棚射流现象都是湍流过程。目前采用场模型方法来研究湍流问题主要有三种途径:湍流模式理论、直接模拟和大涡模拟。

(1)湍流模式理论　湍流模式在总体上可以划分为涡黏性模式(BVM)和应力输运方程的二阶矩及高阶矩封闭模式。前者又可以细分为混合长度、一方程及双方程模式(包括 κ-ε, κ-ω 及 κ-τ 等模式),后者则有代数应力模式(ASM)和 Reynolds 应力输运方程形式模式(DSM)两类。

在湍流模式研究中,许多火灾模拟计算程序都采用了由 Patankar 与 Spalding 提出的 κ-ε 双方程模型。火灾过程中的烟气运动受质量守恒定律、牛顿第二运动定律、能量守恒定律和组分输运守恒定律的控制。这些定律的数学描述构成了流体力学的基本方程组,加上有浮力修正的 κ-ε 湍流双方程模型和辐射模型,即可构成描述火灾烟气运动的封闭方程组。采用隐式的求解技术及较大的时间步长是利用 κ-ε 双方程模型进行动态模拟的基本特点,划分空间的基本网格尺寸在求解过程中并非决定因素。从原理上讲,在火灾研究方面应用该模型会受到许多限制,其根本原因是在求解过程中对方程采用了时均化的处理方式。实际模拟计算中,通常采用较大的时间步长,并引入涡旋输运系数来求解质量、动量及能量的输运流动,采用这种模型模拟火灾烟气运动过程,其结果总是具有很光滑的曲线表达形式,这样火焰羽流具有的大涡旋演化特征无法被模拟出来,也会丢失那些瞬态变化的湍流流动细节。

(2) 直接模拟和大涡模拟　直接模拟和大涡模拟又被称为湍流的高级数值模拟。直接数值模拟(Direct Numerical Simulation, DNS)不需引入模型假设,直接数值求解所有重要尺度的湍流运动,包括耗散过程、大尺度和小尺度都用一种网格来计算。大涡模拟(Large Eddy Simulation, LES)的计算方法是:把包括脉动运动在内的湍流瞬时运动方程,通过设定的数学滤波处理,分解出描写大涡流场的运动方程,其中包含了小涡对大涡流场的影响。表现为类似于雷诺应力一样的应力项,称为亚格子雷诺应力,以亚格子模型模拟。

2) FLUENT 模型

(1) FLUENT 介绍　FLUENT 是用于计算流体流动和传热问题的程序。它提供的非结构网格生成程序,对相对复杂的几何结构网格生成非常有效。可以生成的网格包括二维的三角形和四边形网格;三维的四面体、六面体及混合网格。FULENT 还可根据计算结果调整网格,这种网格的自适应能力对于精确求解有较大梯度的流场有很实用的作用。由于网格自适应和调整只是在需要加密的流体区域里实施,而非整个流场,因此可以节约计算时间。

(2) 程序的结构　FLUENT 程序软件包由以下几个部分组成:

GAMBIT——用于建立几何结构和网格生成。

FLUENT——用于进行流体模拟计算的求解器。

prePDF——用于模拟 PDF 燃烧过程。

TGrid——用于从现有的边界网格生成体网格。

Filters(Translators)——将 ANSYS、I - DEAS、NASTRAN、PATRAN 等程序生成的网格转换为用于 FLUENT 计算的网格。

利用 FLUENT 软件进行流体流动与传热的模拟计算,首先要利用 GAMBIT 进行流动区域几何形状的构建、边界类型以及网格的生成,并输出用于 FLUENT 求解器计算的格式;然后利用 FLUENT 求解器对流动区域进行求解计算,并进行计算结果的后处理。

(3) FLUENT 程序可以求解的问题   FLUENT 软件可以采用三角形、四边形、四面体、六面体及其混合网格计算二维和三维的流动问题,在计算过程中,网格可以自适应调整。FLUENT 软件的应用范围很广泛,主要范围如下:① 可压缩与不可压缩流体流动问题。② 稳态和瞬态流动问题。③ 无黏流、层流及湍流问题。④ 牛顿流体及非牛顿流体。⑤ 对流换热问题。⑥ 导热与对流换热耦合问题。⑦ 辐射换热问题。⑧ 惯性坐标系与非惯性坐标系下的流动问题模拟。⑨ 用 Lagrangian 轨道模型模拟稀疏相(颗粒、水滴、气泡等)。⑩ 一维风扇、热交换器性能计算。⑪ 两相流问题。⑫ 复杂表面形状下的自由面流动问题。

(4) FLUENT 程序求解问题的步骤   利用 FLUENT 程序进行求解的步骤如下:① 确定几何形状,用 GAMBIT 或其他程序生成计算网格。② 输入并检查网格。③ 选择求解器。④ 选择求解方程。⑤ 确定流体的材料物性。⑥ 确定边界类型及其边界条件。⑦ 条件计算控制参数。⑧ 流场初始化。⑨ 求解计算。⑩ 保存结果,进行后处理。

3) FDS 模型

FDS(Fire Dynamics Simulator)是 NIST 开发的一种场模拟程序,其第 1 版在 2000 年 1 月发布,很快便受到人们的重视;2001 年 8 月发布了第 2 版,2002 年 12 月发布了第 3 版,2006 年 3 月又发布了第 4.0.7 版。FDS 采用数值方法求解一组描述热驱动的低速流动的 Navier - Stokes 方程,重点计算火灾中的烟气流动和热传递过程,可用于烟气控制与水喷淋系统的设计计算和建筑火灾过程的再现研究。新版本在燃烧与辐射模型、初始条件与边界条件的设置等方面均有较大改进。

该模型中包括两大部分。第一部分简称为 FDS,是求解微分方程的主程序,它所需要的描述火灾场景的参数需要用户创建的输入文件提供。该模型全面地考虑了火灾烟气运动的各个分过程,湍流部分分别采用高级数值模拟方法"直接模拟及大涡模拟"处理,辐射换热采用了有限容积模型(Finite Volume Method,FVM),它类似于流体力学计算对流输运过程中通常采用的有限容积法,不仅能够计算固体壁面间的辐射换热,同时还考虑了烟气层内多原子气体对辐射的吸收作用;燃烧模型基于 Huggett 提出的"状态关联"思想,定量给出反应物与生成物之间的关系,根据湍流模型的不同分别采用混合分数模型(用于LES)及有限反应模型(用于 DNS)。

第二部分称 SMOKEVIEW,是一种绘图程序,它可以将 FDS 的计算结果图形化显示出来,人们可用它很直观地查看计算结果,例如:动态跟踪烟气粒子的运动轨迹,以二维(三维空间中的竖直切片)等值线或三维等值面的方式将火场中的温度和烟气运动速度矢量的大小、方向显示出来,生成描述火灾烟气运动过程的连续动画;同样,静态数据也可采用上面的表现方式处理,以显示出指定时刻火场中各类物理量的分布。

应当指出 FDS 在模型的构建过程中较其他模型采用了尽可能少的假设,其理论基础坚实,能够描述很宽范围的火灾现象,代表了目前火灾烟气运动数值模拟的世界领先水平。图 1-17 为利用 FDS 程序计算得到的某次烟气填充过程中，在厅内某个纵剖面上不同时刻的等温线分布情况。

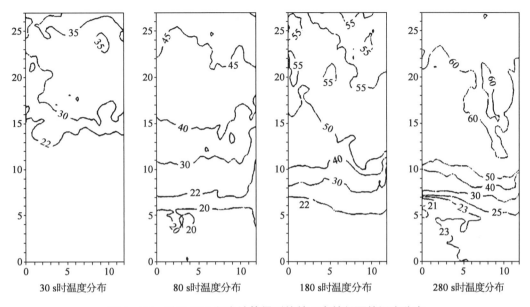

| 30 s时温度分布 | 80 s时温度分布 | 180 s时温度分布 | 280 s时温度分布 |

图 1-17　利用 FDS 程序计算得到的某厅内某剖面的温度分布

4）其他场模型

表 1-7 列出 15 种模拟室内火灾烟气运动的场模型。其中 4 种模型（CFX、FLOW-3D、PHOENICS 及 STAR-CD）采用了通用流体计算程序作为模型的核心，这类软件提供丰富的计算方法处理湍流流动，具有强大的前后处理功能，但在选择湍流模型、方程的离散格式、设置源项、边界条件及确定各方程的松弛因子时需要反复尝试，才可能获得满意的计算结果；其他场模型均针对火灾烟气运动过程编写，大多数采用有浮力修正的 κ-ε 湍流双方程模型，并考虑了辐射换热作用，但这些模型基本上对火灾中的化学反应的模拟能力极其有限。所有场模型均需要性能强大的计算机来支持。

表 1-7　场模型

软件名称版本	编程语言	简　要　说　明
CFX-4/CFX-5	协议形式提供程序接口	通用流体力学软件，可模拟火焰蔓延、烟气运动过程，分析建筑构件耐火性能，评价消防系统
FDS V4.0.7	FORTRAN	低马赫数流体力学模型，LES 及 DNS 求解技术，预测火，风及通风系统引起的烟及空气流动
FIRE V1.8	FORTRAN	可预测固态及液态可燃物的燃烧率，模拟水雾喷射等现象

软件名称版本	编程语言	简要说明
JASMNE V3.1	FORTRAN	采用 PHOENICS 预测火灾过程，用于评价通风空调系统、喷淋系统及消防系统的性能
FLOW-3D	FORTRAN	通用流体力学代码
FAC3	—	能模拟定常或非定常、二维或三维、直角或圆柱坐标系、层流或湍流的，并能体现流体流动、传热传质、化学反应及其相互作用的火灾与燃烧过程，应用范围较广
RMFIRE	ANSI FORTRAN77	—
Kameleon FireEx99	—	求解受限/开放空间中温度场、浓度场及辐射场的分布；处理固体壁面的热力学响应；模拟喷淋水雾对烟、火的抑制作用
MEFE V1.0	FORTRAN77	模拟单/双室内的火灾烟气运动。采用有浮力修正的 κ-ε 湍流双方程模型，有限容积法（FVM）、交错网格求解技术
OBRA-3D	C++	可模拟复杂几何空间中的烟气扩散及热量传递过程
PHOENICS	FORTRAN/C++	大型通用流体动力学软件，可求解流动、传质传热及燃烧问题，采用有限容积法，应用范围广
SOFIE V3.0	FORTRAN/C++	可模拟受限空间中的火灾过程
SOLVENT V1.0	FORTRAN/C++	模拟管道中流体流动、热交换及烟气扩散
SMARTFIRE V3.0	C++	基于 SIMPLE 算法的火焰数值模拟软件，κ-ε 模型及六通量辐射模型，可模拟多室火灾过程
STAR-CD V3100A	FORTRAN	求解流动、传热、燃烧的大型通用软件，对于复杂几何区域处理较好，包含模拟工业厂房内烟、火运动的标准模型

1.2.2.5 场区混合模型

对于复杂多室建筑结构的火灾过程进行计算机模拟，通常是采用区域模拟的方法。然而，实验研究表明：烟气层在着火区域或相对强流动区域无明显的分层现象，区域模拟的双层假设不能成立，只有在附近相邻的其他区域，烟气层才有明显的分层现象。这样，若采用区域模拟的方法模拟复杂多室建筑结构的火灾过程则不能真实地反映其火灾的特性。如果使用场模拟的方法，由于场模拟是求解流体力学的基本控制方程，整场和多参量描述复杂多室建筑结构的火灾过程，需要大量的计算机资源和时间，目前，由于计算机容量和运算速度等客观条件的限制，很难对复杂多室建筑结构的火灾过程进行场模拟，另外,在明显的烟气层分层区间采用场模拟,也增加了计算机资源和时间的耗用。因此,基于实验研究的结果和计算机客观条件等限制,我们采用场模拟的方法来研究着火房间或强流动区域,对其他非着火和非强流动区间则采用区域模拟的方法。这种混合模拟方法兼顾场模拟和区域模拟两者的优点,并能更为准确地反映火灾过程的特征,简称为场区模拟方法。

1.2.2.6　国内模型研究介绍

在消防科学研究者的努力下,国内也开展了多种火灾模型的研究工作,以下将对其研究情况作简单的介绍。

1) 大空间火灾发展工程计算工具

由中国科学技术大学火灾科学国家重点实验室承担"十五"国家科技攻关项目专题《中庭式建筑特殊消防设计方法及其应用的研究》,在该专题研究中,研究开发了大空间火灾发展简化计算工具(LSFC2.0)。

该软件是基于经验公式、双区域模拟思想以及火灾实验室大空间实验室而开发的一个简化计算、查询软件。该软件可以计算火源特征(火源功率、火焰高度等)、烟气的运动(烟气羽流、顶棚射流、起火空间烟气的沉降等),查询常用可燃物的和典型材料的热释放速率,并对室内火灾的火源增长和烟气沉降进行动态演示。

2) 大空间烟气流动模型

由四川消防研究所承担"十五"国家科技攻关课题《高层建筑性能化防火设计评估技术研究》,该专题研究开发了大空间烟气流动模型(XFS)。

该软件是以大空间建筑火灾场景为研究对象,在确定初边值条件基础上,利用流体力学和热力学理论,建立了一个低马赫数的近似 N-S 方程,这些方程构成了一组用来描述流体运动和能量迁移的方程组。模型以数值求解一系列与质量、动量、能量和燃烧产物成分有关的偏微分方程为基础,应用计算流体力学的方法把建筑空间划分为许多个控制体(以三维网格形式),并分别对每一控制体建立方程进而求解,以准确地动态模拟火灾烟气的运动特点。该软件可以完成对计算区域内某个点或某个面的温度、压力、热辐射、烟气组分浓度等参数的计算。软件为了方便用户设计编制上完全采用中文人机对话,软件具有界面美观、清楚直观、操作方便等特点。

3) 室内火灾模化计算软件

由四川消防研究所承担"十五"国家科技攻关课题《高层建筑性能化防火设计评估技术研究》,在该专题研究中在已研究建立多层多室建筑区域火灾模型的基础上,研究开发了室内火灾模化计算软件(Firehazard)。

该课题在对区域模型火灾模化技术的研究中,主要采用双区域模型。通过该软件的模化计算结果可以对火灾风险分析和人员安全疏散估计提供了最基本、最重要的火灾参数,包括起火房间和直接或间接与起火房间连通的走廊及其他房间内的烟气温度、沉降高度、烟气组分浓度等数据。软件能提供查询计算区域内任何测算单位的测算结果,测算结果包括任何时点的任何房间的压力、热烟气层温度、热烟气层厚度等计算结果数据。查询结果用横向列表和文字表格两种方式提供。软件具备完善的提供结果的图形显示输出、表格数据打印和图形打印功能。

1.3 特殊建筑人员疏散模拟方法

规格式的安全疏散设计主要是通过满足规范中相关章节提出的一些指标来完成的，这些指标包括安全出口的数量、最大安全疏散距离、门和走道的宽度、疏散楼梯间的形式、消防电梯的数量等。其中许多定量的指标都是以"最少""最长"等极限的形式给出的，在实际工程中设计人员也常常采用这些极限数据作为自己的设计指标，这难以保障疏散设计真正的安全。实际上，规范对疏散的相关规定的目的是控制疏散的时间，这与特殊消防设计的目标是一致的，即人员安全疏散的特殊消防设计是针对疏散时间的分析展开的。

1.3.1 影响人员安全疏散的因素

建筑物火灾时，人员疏散过程分可分解为三个阶段：察觉火警、决策反应和疏散运动。实际需要的疏散时间取决于火灾探测报警的敏感性和准确性，察觉火灾后人员的决策反应，以及决定开始疏散行动后人员的疏散流动能力等。一旦发生火灾等紧急状态，建筑物内人员的安全疏散必须保证满足以下两项基本要求：① 需保证建筑物内所有人员在可利用的安全疏散时间内，均能到达安全的避难场所。② 疏散过程中不会由于长时间的高密度人员滞留和通道堵塞等引起群集事故发生。

建筑物内人员的疏散性状与建筑物本身的结构特点、管理水平、疏散通道、火灾烟气、人员状态及其心理行为特点等因素密切相关。有研究表明，影响建筑物火灾时人员安全疏散的因素见表1-8。

表 1-8　影响安全疏散的因素

疏散行为	影响因素	需要的相关信息
察觉	烟的蔓延	烟的产物、防火分区、建筑物内部的开口情况
	警报装置	自动火灾报警类型、探测器类型、疏散警报类型
	个人特征	年龄、性别、警觉性、服药量和饮酒量、视力和听力
决策反应	个人特征	年龄、性别、先前经验、服药量和饮酒量、同其他人的社会关系、受教育水平
	建筑物特征	疏散警报的类型、照明程度、疏散标志、总平面、建筑物中的全体职员
	火灾特征	较低的能见度、有毒气体、热

（续表）

疏散行为	影响因素	需要的相关信息
疏散运动	个人特征	体能、同建筑物中其他人员的社会关系、是否需要帮助
	建筑物特征	疏散通道的数量、在一个疏散通道内的距离、疏散警报的类型、总平面、可通过性、照明水平、疏散标志

由于人员安全疏散受诸多因素的影响，特别是疏散通道的情况、人员状态（如人员密度、对建筑的熟悉程度等）、火灾烟气和人员的心理因素。因此，下面就从这几方面进行详细介绍。

1.3.1.1 疏散通道

建筑物内的疏散通道是疏散时人员从房间内至房间门，或从房间门至疏散楼梯或外部出口等安全出口的室内通道，包括疏散走道、疏散楼梯和安全出口等。

由于疏散走道的长度直接影响到人员疏散时间的长短，疏散走道的长度和宽度共同决定疏散走道的容量，并与出口宽度一起影响着火灾紧急情况下疏散人员的群集流动状况，从而影响人员疏散时间。因此，为了达到安全疏散要求，各个国家的建筑物防火设计规范，对建筑物的疏散走道设计均制定了一系列的规范条款，详细规定了疏散走道的建筑结构与材料，疏散走道的设置位置、长度与宽度，出口数量和宽度，疏散走道的照明以及相关管理规定。

1）疏散走道

为了保证人员在火灾紧急情况时的安全疏散，一般要求疏散走道要简洁平缓，尽量避免弯曲和突起突落，尤其不要往返转折，否则会造成疏散阻力和产生不安全感；疏散走道内不应设置阶梯、门槛、门垛、管道等突出物，以免影响疏散；疏散走道的结构和装修具备一定的耐火性能。

2）疏散楼梯

疏散楼梯是建筑物中主要垂直交通设施，是安全疏散的重要通道。疏散楼梯的疏散能力大小，直接影响着人员的生命安全与消防队员的救灾工作。因此，建筑防火设计时，应根据建筑物的使用性质、高度和层数，合理设置疏散楼梯，为安全疏散创造有利条件。

3）安全出口

安全出口是供人员安全疏散用的房间的门、楼梯或直通室外地平面的门。为了在发生火灾时，能够迅速安全地疏散人员和抢救物资、减少人员伤亡、降低火灾损失，在建筑防火设计时，除按要求设置疏散走道、疏散楼梯外，必须设置足够数量的安全出口。安全出口应分散布置，且易于寻找，并应有明显标志，以便尽量缩短人员疏散所需的时间。

4）疏散通道内的群集流动现象

火灾紧急情况下，疏散通道内的群集流动通常表现出以下三种现象：成拱现象、异向群集流现象、异质群集流现象。

（1）成拱现象　若将向目标出口方向连续行进的群集称作群集流。在群集流中取一基准点 E，则向 E 点流入的群集称为集结群集，单位时间集结群集人流中的总人数称为集结流量 F1。自 E 点流出的群集称为流出群集 F2，单位时间流出群集人流中的总人数可称为流出流量 F2。当集结流量 F1 与流出流量 F2 相等（F1＝F2）时，称为定常流，此时流动稳定而不会出现混乱；当集结群集人数大于流出群集人数（F1≥F2）时将有一部分人员在 E 点处滞留，在该点处滞留的人群称为滞留群集。

一般地，滞留群集出现在容易造成流动速度突然下降的空间断面收缩处或转向突变处，如出口、楼梯口等处。如果滞留持续时间较长，则滞留人员可能争相夺路而出现混乱。空间断面收缩处，除了正面的人流外，往往有许多人从两侧挤入，阻碍正面流动，使群集密度进一步增加，形成拱形的人群，谁也无法通过，如图 1-18。滞留群集和成拱现象造成人员流动速度和出口流动能力的下降，造成人员从建筑物空间完成安全疏散所需的行动时间的迟滞现象。当拱形群集密度达到 13 人$/m^2$ 以上时，由于某一侧力量较强而使崩溃，一部分人突入到出入口中。同时，出入口之外的群集密度暂时降低。当拱突然崩溃时，人员突然移动，很容易失去平衡跌倒或被人绊倒，特别是在台阶或楼梯时更加危险。旧有的拱被破坏、流动得以继续进行不久，又会形成新的拱。图 1-18 为成拱及崩溃过程的示意图。

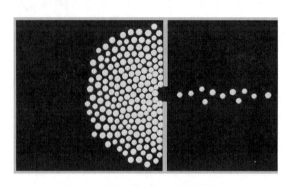

图 1-18　成拱及崩溃过程示意图

（2）异向群集流　来自不同方向的群集流，如图 1-19。十字路口、交叉路口处来自不同方向的群集相互冲突、相互阻塞，前进的群集受到折返回来的群集的阻塞，以及部分群集停止前进造成阻塞、拥挤和混乱，也有相对前进的两股群集狭路相逢的情况（对抗群集流）。异向群集流之间的相互冲突，很容易发生践踏伤害事故。

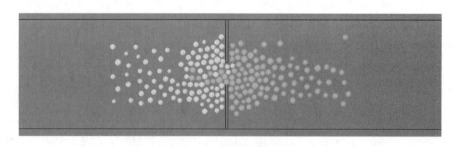

图 1-19　异向群集流

（3）异质群集流　当群集中的每个人都以相同的步速向相同的方向前进时，群集的流动时稳定的流动。通常的情况时，组成群集的人们有不同体质，并且往往包含有老、弱、病、残，有走得快的人，也有走得慢的人。每个人都按自己认为是最短的路线前进，走得快的人总想绕到走得慢的人前面去,以为追上、挤靠对方则对方就会给自己让路。如果许多人都这样想,则将发生相互拥挤、碰撞或流动的停滞。走得慢的人受到走得快的人从后面推拥、侧面挤靠,则有可能跌倒。当群挤密度较高时,则在该点流动停滞形成一个涡,周围的人绕行;当群挤密度较高,由于背后强大的压力,该点后面的人可能跌在跌倒的人的身上,或被绊倒,与时发生一连串的跌倒和践踏,酿成严重的伤害事故。

异质群集流造成事故的可能性取决于群集中人员构成、步速的情况、步行方向是否一致、耐受压力差的人数多寡等因素。

5) 疏散通道内的群集流动系数

人群在建筑物内移动的基本特征量主要有三个,即人流密度、人员(或人流)移动速度和流量。人流密度是指在移动过程中单位面积内所拥有的人数,单位是人/m²。移动速度(人流速度)是指人员在单位时间内移动的距离,单位是 m/s,人流流量一般是指宽度通道在单位时间内所能通过的人数,单位为人/s。一般而言,它们之间存在如下关系:

$$人流流量 = 人流速度 \times 人流密度 \times 通道宽度 \qquad (1-72)$$

可用群集流动系数来描述群集通过某一疏散通道空间断面的流动情况。群集流动系数等于单位时间内单位空间宽度通过的人数,其单位是人/(m·s)。表 1-9 是国外观测得到的人员群集流动系数值。一般地,取中间值 1.5 人/(m·s)作为通过公共建筑物门口的群集流动系数,1.3 人/(m·s)作为通过楼梯的群集流动系数。

表 1-9　群集流动系数

位　　置	流动系数[人/(m·s)]
上班时拥挤的电车,门口	1.7
上班高峰时车站,检票口	1.7
下班时拥挤的电车,门口	1.5
下班高峰时车站,检票口	1.5
电影院、音乐会散场,门口(夜)	1.5
百货商店下班时,出口	1.3
中学教室,出口	1.3
运动会散场时	1.5
车站内楼梯(上车时)	1.5
车站内楼梯(下车时)	1.5

（续表）

位　　置	流动系数［人/（m·s）］
公共汽车、电车、上车时（拥挤）	1.3
运动会散场时下楼梯	1.3
剧场散场时下楼梯（夜）	1.2
中学放学时，下楼梯	1.3～1.4

群集人员步速 υ、群集人员密度 ρ 和群集流动系数 N 之间又有如下关系：

$$\upsilon - N/\rho \tag{1-73}$$

1.3.1.2　人员状态

由于建筑内人员的状态，包括人员对建筑物的熟悉程度、人员的所处的位置、人员的身体条件、分布状况及个体素质（包括年龄、性别、性格、安全意识、文化修养）等，对火灾紧急情况下人员的安全疏散也有较大影响，因此，在对建筑物进行特殊消防安全设计与评估时预测疏散时间，需要了解建筑物内人员的状态。

1）对建筑物的熟悉程度

对于那些熟悉建筑物的人员，在发生火灾时能够较为容易地找到逃生路线。而那些不熟悉建筑物的人员，在紧急情况下往往是倾向于寻找并沿他们进入建筑物的路线逃生。对于公共建筑，由于建筑内的人员聚集，且人们对建筑物的熟悉程度较差，火灾对建筑内人员的生理及心理都要造成不同程度的影响，势必也会造成一部分人员十分地恐慌，从而影响其决策的正确与合理程度。因此，人们不太可能出现井然有序地疏散，也不太可能同时进行疏散，但这可以通过对现场工作人员对人员进行有效的疏散诱导来弥补。

火灾时，疏散走道上的能见距离在整个疏散过程中都应给予保障，这个保证安全疏散的最小能见距离称为极限视程 D（最小能见度 D），D 取决于极限烟气光学浓度（C_S）。极限烟气光学浓度与人对建筑物的熟悉程度有关。对建筑物的熟悉程度不同，保证人员安全疏散的极限烟气光学浓度，见表 1-10。

表 1-10　保证安全疏散的极限烟气光学浓度（C_S）值

光源标志型式	C_S 值	
	对建筑物熟悉者	对建筑物不熟悉者
发光型指示灯或窗	1～2	0.17～0.33
反射型指示灯或窗	0.4～0.8	0.07～0.13

2）警惕性

由于火灾现场往往有背景音乐或噪声，而且每个人的状态也不相同，这些都必然影响人员及时发现火情和正确判断火灾的危险性从而选择及时逃生。人员的警惕性越高，越有利于早期发现火灾以及迅速疏散。当然这种警惕性又受诸多因素的影响，例如年龄、社会阅历、受教育程度等。一般受教育程度越高或社会阅历越深，其安全意识相对要高，发生火灾时也往往能够做出比较理性的判断。

3）活动能力

人员的活动能力和行走速度受很多因素的影响，例如性别、年龄及身体条件等。研究表明：人的年龄超过 65 岁时，行走速度有一定的减小，小孩的行走速度比成人的速度要小。

4）社会关系

观察表明：在疏散过程中，人总是习惯于和自己有某种联系的人结伴构成一个团体，比如家庭成员、朋友等。有时这会有助于快速发现火情，但并不一定会促使人员赶快疏散。另外，团体的速度往往受其中最慢的人的影响。

5）人员密度

火灾时，人流的疏散移动速度又在很大程度上取决于人员密度。人员密度越大，人与人之间的距离越小，人员移动越缓慢；反之密度越小，人员移动越快。国外研究资料表明：一般人员密度小于 0.5 人/m^2，人们可以按自由移动的速度移动；当密度超过 5～7 人/m^2 时，人们几乎无法移动。人流速度与密度的关系许多学者都进行了大量的观测。比较典型有苏联的 Predtechenskii 和 Milinskii、美国的 Fruin、加拿大的 Paul 等，一般可以将人员密度和移动速度的关系描述成对数关系，也有人把它们描述成指数甚至线性关系。如果人员的移动速度大，必然要求的人口密度小，则相应的人流流量不一定大；反之，人员密度大，但速度又会降下来，流量也不一定大，人流流量只有在某一人口密度的条件下达到最大。

6）个人素质特征

个人素质特征是影响建筑物疏散的重要因素，决定个人在火灾中将要采取的疏散行为如前进方向、速度、是否拥挤等，对于这一类型特征量的研究也是今后建筑疏散研究的重点和难点。如年龄分为小童、成人、老人；性格可分为谨慎、稳健、冒险；对环境的反应可以分为敏捷的、一般的、迟钝的；个人防灾知识训练程度可分为未受训练、一般训练、职业训练；个人对环境毒物的忍耐力分为不能忍耐、能忍耐、极具忍耐等。

1.3.1.3　火灾烟气

虽然影响安全疏散的因素涉及到火场中火灾的状态、建筑的情况以及人员的特征等，但由于建筑火灾过程中的燃烧状况通常是非常不完全的，一般都会生成大量的浓烟，火灾时产生的浓烟对建筑中人员的心理及生理都将产生重大的影响，也就直接影响了人们在火灾中的逃生能力。据统计，在建筑火灾中 50%～70% 的死亡人员是烟气致死的。因此,烟气是导致建筑火灾人员伤亡的最主要原因。

火灾烟气对人员疏散的危害性影响可概括为对人们生理上的危害性影响和心理上的危害性影响两方面,主要表现为毒害性、减光性和恐怖性。其中,烟气的毒害性和减光性是生理上的危害性影响,而恐怖性则是心理上的危害性影响。

1) 火灾烟气的毒害性

在着火区域的空气中充满了大量的有毒和无毒气体,均会妨碍人的正常呼吸,减低人员逃生能力。毒性气体可直接造成人体的伤害,甚至致人死亡;无毒气体可能会降低空气中的氧浓度,造成人体缺氧而死。火灾烟气的毒害性使人的决策能力和活动能力下降或削弱,从而导致失能或死亡,即使最终逃脱死亡,受害者也可能会终身残疾。对这些影响的分析包括极限受害值和特定火灾场景中到达极限所需的在火灾中的暴露时间。遇火人员的年龄和健康情况的不同,其所受的影响也不同。因此,火灾时人员在疏散过程中应尽量避免暴露于烟气中。火灾烟气的毒害性具体表现在以下四个方面:

(1) 低氧(缺氧) 火灾时室内不仅充满了一氧化碳和二氧化碳等有毒有害气体,而且由于大量的氧被物质燃烧所消耗掉,造成室内空气中的含氧量大大降低,往往低于人们生理正常所需要的值。特别是,在发生爆炸时,空气中的含氧量会降低到5%以下,使人员缺氧死亡,其危害不低于一氧化碳。

有研究表明,当空气中含氧量降低到15%时,人的肌肉活动能力下降;降到10%～14%时,人就四肢无力,智力混乱,辨不清方向;降到6%～10%时,人就会晕倒。所以,即使含氧量在6%～14%,虽然不会短时死亡,但也会因失去活动能力和智力下降而不能逃离火场最终被火烧死。可见,在建筑发生火灾时,人们要是不及时逃离火场是非常危险的。

(2) 有毒气体(毒害) 近年来,随着高分子合成材料在建筑、装修以及家具制造中的广泛应用,火灾所生成的毒性气体的危害更加严重,在火灾中因中毒而死亡比率远大于火烧致死比率。比如,日本千日百货大楼火灾中死亡的118人中,就有93人是烟熏致死的;美国米高梅饭店火灾死亡84人中,就有67人是烟熏致死的;1981年2月,爱尔兰首都某舞厅发生火灾,由于室内装修材料、沙发、泡沫坐垫等物品迅速燃烧产生大量毒性气体,造成44人当场死亡;1990年1月14日凌晨西班牙东北部名城萨拉戈萨的一家迪斯科舞厅发生火灾,当时该舞厅中有100多人,等将大火扑灭后,发现有43人当场死亡,其中大多数是坐在凳子上死去的,他们似乎来不及作出反应就稀里糊涂地死去了,据专家们分析,推测是大火引燃了舞厅中的某些塑料制品,释放出一种有毒的氢氰酸气体,从而导致那么多人立即死亡。这些火灾案例足以说明毒性气体的严重危害。

由于火灾烟气中含有各种有毒气体,因此当这些气体的含量超过人们生理正常所允许的累积剂量或最高浓度,就会造成某些人员可能发生严重的机能丧失或中毒死亡。火灾时各种可燃物质生成的有毒气体的种类见表1-11。

表 1-11 各种可燃物质燃烧时生成的有毒气体

物 质 名 称	燃烧时产生的主要有毒气体
木材、纸张	二氧化碳(CO_2)、一氧化碳(CO)
棉花、人造纤维	二氧化碳(CO_2)、一氧化碳(CO)
羊毛	二氧化碳(CO_2)、一氧化碳(CO)、硫化氢(H_2S)、氨(NH_3)、氰化氢(HCN)
聚四氟乙烯	二氧化碳(CO_2)、一氧化碳(CO)
聚苯乙烯	苯(C_6H_6)、甲苯(C_6H_5—CH_3)、二氧化碳(CO_2)、一氧化碳(CO)、乙醛(CH_3CHO)
聚氯乙烯	二氧化碳(CO_2)、一氧化碳(CO)、氯化氢(HCl)、光气($COCl_2$)、氯气(Cl_2)
尼龙	二氧化碳(CO_2)、一氧化碳(CO)、氨(NH_3)、氰化物(XCN)、乙醛(CH_3CHO)
酚树脂	一氧化碳(CO)、氨(NH_3)、氰化物(XCN)
三聚氢胺-醛树脂	一氧化碳(CO)、氨(NH_3)、氰化物(XCN)
环氧树脂	二氧化碳(CO_2)、一氧化碳(CO)、丙醛(CH_3COCH_3)

为了研究火灾时生成的烟和毒性气体对人体的危害,美国 Hraland 教授曾对 110 名火灾遇难者的尸体进行生理解剖发现,死者的呼吸道中有大量烟灰,有一半死者的血液中一氧化碳达到致死浓度,一些死者体内含有氰化氢等毒性气体。

由于有毒气体的毒害作用,部分取决于一个曝于火灾中的人的累积剂量,部分取决于浓度,因此可将每一种毒气的累积剂量定义为浓度与曝火时间的乘积,并表示为曝火剂量。对于窒息性气体,曝火剂量是最重要的安全判定标准。对于刺激性产物,最重要的考虑是浓度,它对眼睛、鼻咽和肺造成的疼痛会延缓或阻止逃生。当曝火时间延长及刺激性气体浓度高时,刺激性气体的累积剂量会灼伤肺部并导致机能丧失或死亡,这种情况通常发生在曝火几个小时以后。浓度越高,越会降低人的逃生能力。

另有研究表明,当有毒气体发生混合时,不同气体毒害作用大致上是叠加的。

(3)悬浮微粒(尘害) 烟气中的悬浮微粒(简称为烟尘)也是有害的,它对人体的呼吸道会造成堵塞作用。火灾中的热烟尘由燃烧中析出的碳粒子、焦油状液滴,以及房屋倒塌、天花板掉落时扬起的灰尘组成。这些烟尘吸入呼吸系统后,堵塞、刺激内黏膜,其毒害作用随烟尘的温度、直径不同而不同。其中温度高、直径小、化学毒性大的烟尘对呼吸道的损害最严重。研究表明,危害最大的是颗粒直径小于 $10\ \mu m$ 的烟尘,它们肉眼看不见,能长期飘浮在大气中,少则数小时,长则数年;特别是,粒径小于 $5\ \mu m$ 的烟尘,由于气体扩散作用,能进入人体肺部粘附并聚集在肺泡壁上,引起呼吸道病和增大心脏病死亡率,对人造成直接危害。烟尘直径在 5 μm 左右,一般只停留在上呼吸道;烟尘直径在 3 μm 左右,则进入支气管;直径在 1 μm 的烟尘就会进入肺泡。进入呼吸道的烟尘会由气管壁上的纤毛运动被输送到咽头,而咳出或吞入胃内,而烟尘进入呼吸道越深越不易排出。

英国在 1997 年的消防安全工程原理应用指南(草案)中,将烟气中的悬浮微粒作为性能判定标准的一个指标,规定微粒不能大于 0.5 g/m³。

(4) 高温 火场中,由于可燃物多,火灾发展迅速,火场烟气温度升高很快。在着火房间内,烟气温度可高达数百度,在地下建筑中,火灾烟气温度可高达 1 000 ℃以上。根据一般室内火灾升温曲线,着火中心 5 min 后,即可升高到 500 ℃以上。因此,火灾烟气通常具有较高的温度,这对人们也是一个很大的危害。

由于高温烟气对火场中人员造成的伤害是由热对流和热辐射共同作用引起的,因此高温烟气对人的不良影响可分为直接接触影响和热辐射影响。

① 高温烟气对人体的直接接触影响。在火灾烟气蔓延过程,人员可能会暴露于高温烟气的对流热中,因此高温烟气的热对流会对人体造成直接接触影响。

对流热对人员的影响主要体现在热烟气的高温气体对人体呼吸系统和皮肤的直接热损伤两个方面。

一方面,人体呼吸系统中的鼻腔、气管及支气管的内黏膜和肺泡组织是很娇嫩的,只要吸入的气体温度超过 70 ℃,就会使气管、支气管内黏膜充血,出血起水泡,组织坏死,并引起肺扩张、肺水肿而死亡;并且当人体吸入大量热气时,会使血压急剧下降,毛细血管破坏,从而导致血液循环系统破坏;另外,在高温作用下,人会心跳加速,大量出汗,并因脱水而死亡。

另一方面,热烟气会使裸露皮肤产生严重的疼痛感,甚至灼伤,暴露于不同温度下一段时间后还会造成机能丧失。研究表明,人的皮肤直接接触温度超过 100 ℃的烟气,在几分钟后就会严重损伤;在空气温度高达 100 ℃的极特殊条件下(如静止的空气),一般人只能忍受几分钟。

② 高温烟气对人体的热辐射影响。若烟气层尚在人的头部高度之上,人员主要受到热辐射的影响,这时高温烟气所造成的危害比直接接触高温烟气的危害要低些,而热辐射强度影响则是随距离的增加而衰减。

有研究表明,当人体暴露于 2.5 kW/m² 的辐射热通量时,几秒钟之内就会引起皮肤灼伤而感到强烈疼痛;而对于低于此值的辐射热流,可以忍受 5 min 以上。若曝火时间很短,比如快速通过一个发生火灾的封闭空间的敞开门洞所需的时间,人体甚至可以忍受 10 kW/m² 辐射流。

因此,当人们不得不在穿过高温烟气中逃生时,必须注意外露皮肤的保护,如脸部和手部,且应憋住呼吸或戴上面罩。此外,高温烟气除了会对人体造成伤害外,也会促使火灾蔓延扩散,增加扑救火灾的难度。

综上所述,火灾烟气对人的四个方面的毒害性可归纳为八个字,即缺氧、毒害、尘害、高温。火灾烟气毒害性的四个方面会互相影响,比如火场中的高温烟气会导致人员呼吸加快,使吸入毒气的速度也加快,从而吸入更多的烟气。另外,消防队员在进行灭火与救援时,同样会受到烟气的威胁;烟气不仅会引起消防队员的中毒、窒息,还会严重妨碍他们的行动,难以找到起火点,也不易辨识火势发展的方向,灭火战斗难以有效地开展。

2) 火灾烟气的减光性

由于可见光波长为 $\lambda = 0.4 \sim 0.7\ \mu m$,一般火灾烟气中烟粒子粒径 d 为几微米到几十微米,即 $d > 2\lambda$,这些烟粒子对可见光是不透明的,即对可见光有完全的遮蔽作用,因此当烟气弥漫时,可见光因受到烟粒子的遮蔽而大大减弱,能见度大大降低,这就是烟气的减光性。能见度就是对于某一型式光源和标志,透过大气层或烟气层传到某处尚能被肉眼识别时,该处与光源或标志的距离称为人的、视程或能见距离 D(单位:m),也就是普遍人的视力能达到的范围。同时,加上烟气中的有些气体对人的肉眼有极大的刺激性,如 HCl、SO_2 等,使人睁不开眼,从而使人们在疏散过程中的行进速度大大降低。火灾烟气导致人们辨认目标的能力大大降低,即使设置了事故照明和疏散标志,也会使这种能力减弱,因此,人们在充满烟气的环境中往往辨不清疏散方向,严重影响了人员的安全疏散或消防救援行动。

火灾烟气的减光性可用火灾烟气的光学浓度 C_S 来表示。由于火灾烟气光学浓度 C_S 越大,能见度 D 越小,因此烟气光学浓度与能见度成反比,两者关系为

$$C_S \cdot D = K \tag{1-74}$$

式中　K——经验系数,随光或标志型式而异。

有关研究表明,对于发光型指示灯和窗,$K = 5 \sim 10$;对于反射型指示灯和门,$K = 2 \sim 4$。

当建筑发生火灾时,火场中的烟气光学浓度往往只有 $25 \sim 30\ m^{-1}$,由于火灾烟气的减光性导致人在火场中的能见度极低,有时能见距离只有几十厘米,能见度的降低可以直接导致人员步行速度的减低,从而使人们不能迅速逃离火场,增加了中毒和烧死的可能性。

有试验研究表明,即使对建筑物疏散路径相当熟悉的人,当烟气浓度达到 $0.5\ m^{-1}$ 时,其疏散也变得困难。在无刺激性的烟气中,步行速度是随着烟气浓度的增加而逐渐降低的;而在有刺激性的烟气中,步行速度是在烟气浓度达到 $0.5\ m^{-1}$ 时陡然降低,安全疏散时所需的能见度和烟浓度的关系见表 1-12。

表 1-12　保证人员安全疏散的最大烟浓度和最小能见度 D

对建筑物的熟悉程度	烟气光学浓度 C_S / m^{-1}	能见度 D/m
不熟悉	0.15	13
熟悉	0.5	4

3）火灾烟气的恐怖性

火灾烟气对疏散人员的影响往往是多种因素的综合作用，且其影响不仅仅是生理上的，对疏散人员的心理作用同样是巨大的。在发生火灾时，特别是发生轰燃时，火焰和烟气冲出门窗孔洞，浓烟滚滚，烈火熊熊，使人们产生了恐怖感，常常给疏散过程造成混乱局面。使有的人失去活动能力，有的甚至失去理智，惊慌失措。所以，恐怖性的危害也很大。

1.3.1.4　心理因素

火灾对疏散人员的影响不仅仅是生理上的，对其心理上的影响也同样巨大。疏散人员的逃生心理与其所处的灾害环境有关，当人们遭遇到浓烟的侵袭时，在能见度极差的情况下，人的内心自然地产生恐惧与惊慌，精神上便受到冲击。尤其当烟气光学浓度在 $0.1\ \mathrm{m}^{-1}$ 以上时（一般认为，正常人的避难极限浓度应为 $C_S = 0.1 \sim 0.2\ \mathrm{m}^{-1}$），人们便不能进行正确的疏散逃生，甚至会失去理智而采取不顾一切的异常行动。

通常，人员在火灾中的逃生心理表现在以下五个方面：恐惧心理、习惯性心理、趋光心理、就近心理、从众心理（模仿心理）。这五个方面的心理因素对人员的疏散行为产生着重要的影响。下面就这五个方面的心理因素对人员疏散的影响进行一一分析。

1）恐惧心理

对火灾的恐惧是人的一般习性。这种心理的具体表现是：面对火灾现场的恐怖场景，包括浓烟和火焰，人们往往向反方向奔逃，有时甚至向狭窄角隅奔逃。由于恐惧心理，人在火灾中的疏散行为特征通常表现为运动速度加快，相互间失去协调而出现推搡；再现拥塞现象，人群由于挤压而受伤，导致疏散效率降低。

据统计，在突发的火灾事件中，人们由于恐惧心理常常表现出以下四种不利于逃生的行为反应：

（1）目瞪口呆　当听到失火的警报或喊叫时，有的人慌忙打开自己的房门，一阵热浪迎面冲击过来，发现已经身陷火海之中，完全被眼前残酷的情形所震惊，头脑中一片空白，只能木呆呆地站立，或瘫坐在床上，任凭火势的发展，有时连被救援的机会都会错过。这种反应多发于妇女、儿童和老人。

（2）不知所措　较上一种反应有些差别，这种人多会大喊大叫，做出一些扑救的行为，同时思维开始混乱，无法判定火灾情势，犹豫于扑救和逃生之间，举棋不定，极易丧失扑灭火灾和安全疏散的大好时机。对消防知识不了解、心理承受能力不强的人，易犯这种错误。

（3）情绪激动　这是一个非常危险的反应，他们多会奋勇直前，不顾一切，在火场中猛冲，有一定的方向性，也能奔至阳台或楼顶等暂时性避难地带，可由于对火场缺少判断，对火灾极度恐惧，导致心情激动，易造成不必要的伤亡，表现最突出的是从阳台上跳下。这种反应多发于年轻人。

2）习惯性心理

这种心理常表现为人们向经常使用的出入口和楼梯疏散的习性。而人们经常使用的电梯和自动扶梯等,在火灾时由于断电或达不到防火要求而不能保证疏散安全。

3) 趋光心理

人有向光的习性,故有趋向明亮方向和开场空间的本能。特别是在火灾情况下,由于火灾烟气的减光性,火场的能见度可能降到很低,甚至什么也看不见,当人在黑暗中发现一丝光亮,通常会向毫不犹豫地向有光的地方跑去。而在火灾时,这种光亮可能正好是火灾燃烧发出的火光,当人们越向它靠近,受到的威胁将越大。

4) 就近心理

火灾时,人们往往会选择从最近的出口或楼梯进行逃生,而最近的出口或楼梯不一定就是安全出口或安全楼梯。建筑防火设计的相关规范对安全出口和安全疏散楼梯是有专门规定的,这些出口和楼梯通常具有一定时间的耐火极限,并能防止火灾烟气的入侵,且在建筑修建时就已经设计好了,当建筑发生火灾时,这些出口和楼梯能够保证人员的疏散安全。

5) 从众心理(模仿心理)

人在火灾中由于紧张和恐惧,因此在行动上表现出不知所措的程度急剧加强,不能保持正常行动,无形中产生随大流、盲从他人的行为,从而疏散行为由个体行为转向群体行为。

1.3.2 人员疏散分析参数

在对人员疏散时间进行预测之前必须确定人员疏散时关于人员数目、行走速度、流出系数、通道有效宽度等相关参数。

1.3.2.1 人员数目的确定

在确定起火建筑内需要疏散的人员数目时,通常根据建筑的使用功能首先确定人员密度(也称人员荷载,单位:人/m²),其次确定该人员密度下的使用面积,由人员密度与使用面积的乘积得到需要计算的人员数目。在有固定座椅的区域,则可以按照座椅数来确定人数。在业主方和设计方能够确定未来建筑内的最大容量时,则按照该值确定疏散人数。否则,需要参考相关的统计资料,由相关各方协商确定。

1) 人员密度

在计算疏散时间时,人员密度可采用单位面积上分布的人员数目表示(人/m²),也可采用其倒数表示或采用单位面积地板上人员的水平投影面积所占百分比表示(m²/m²)。

对于所设计建筑各个区域内的人员密度,应根据当地相应类型建筑内人员密度的统计数据或合理预测来确定。预测值应取建筑使用时间内该区域可预见的最大人员密度。当缺乏此类数据时,可以依据建筑防火设计规范中的相关规定确定各个楼层的人员密度。

国外对各种使用功能的建筑中其人员密度的规定较为详细,如美国、英国、澳大利亚、日本等。

2）计算面积

人数的确定是通过各使用功能区的人员密度与计算面积的乘积得到的,因此,计算面积的确定是除人员密度之外计算疏散人数的另一个重要参数。规范在规定人员密度时,有些同时界定了计算面积的范围。

对于国外的相关规定中,其大部分都采用计算房间(区域)的地板面积作为计算面积。对于计算面积的界定可以考虑建筑的使用功能,根据建筑的实际使用情况来确定。

3）人流量法

在一些公共使用场所,人员流动较快,停留时间较短,例如机场安检、候机大厅、科技馆、展览厅等,其人数的确定可以采用人流量法。

采用人流量法,即设定人员在某个区域的平均停留时间,并根据该区域人员流量情况按式(1-75)计算瞬间时刻的楼内人员流量(称为人流量法):

$$人员数量 = 每小时人数 \times 停留时间(\text{min})/60 \qquad (1-75)$$

1.3.2.2 人员的行走速度

人员自身的条件、人员密度和建筑的情况均对人员行走速度有一定的影响。人员自身条件包括不同的年龄、性别和行动能力等,其影响与人员不同状态(如正常状态和紧急状态)下的心理有关;在人员密集的情况下人员密度对人员的行走速度也有影响;建筑情况的影响包括疏散走道的坡度、人员的行走方式(比如是水平行走,还是垂直行走)、人员行走的路径情况及建筑的功能设置等均影响着人员的行走速度。

1）人员自身条件的影响

表1-13列出了若干人的行走速度的参考值,这是根据大量统计资料得到的。但应当指出,对于某些特殊人群,其行走速度可能会慢很多,如老年人、病人等。如果某建筑中生成的火灾烟气的刺激性较大,或建筑物内缺乏足够的应急照明,人员的行走速度也会受到较大影响。

表1-13 不同人员不同状态下的行走速度举例 单位:m/s

行 走 状 态	男 人	女 人	儿童或老年人
紧急状态,水平行走	1.35	0.98	0.65
紧急状态,由上向下	1.06	0.77	0.4
正常状态,水平行走	1.04	0.75	0.5
正常状态,由上向下	0.4	0.3	0.2

人员行走速度在疏散模型中的设置需要了解不同模型的默认值,如Simulex疏散模型中默认的人员行进速度分男人、女人、儿童和长者四种,其步行速度及类型比例见表1-14。

表 1-14　Simulex 疏散模型中人员步行速度及类型比例

人 员 种 类	正常速度/(m/s)	速 度 分 布
男人	1.35	正态分布±0.2 m/s
女人	1.15	正态分布±0.2 m/s
儿童	0.9	正态分布±0.1 m/s
中老年人	0.8	正态分布±0.1 m/s

2）建筑情况的影响

不同的建筑中由于功能、构造、布置不同，对人员行走速度存在影响，人员在不同建筑中步行速度的典型数值与建筑物使用功能的关系可参考表 1-15。

表 1-15　不同建筑使用功能人员的步行速度

建筑物或房间的用途	建筑物的各部分分类	疏散方向	步行速度/(m/s)
剧场及其他具有类似用途的建筑	楼梯	上	0.45
		下	0.6
	坐席部分	—	0.5
	楼梯及坐席以外的部分	—	1.0
百货商店，展览馆及其他具有类似用途的建筑或公共住宅楼，宾馆及具有类似用途的其他建筑（医院，诊所及儿童福利设施室等除外）	楼梯	上	0.45
		下	0.6
	楼梯以外的其他部分	—	1.0
学校，办公楼及具有类似用途的其他建筑	楼梯	上	0.58
		下	0.78
	楼梯以外的其他部分	—	1.3

3）人员密度的影响

人员在单独行走时受到自身条件及建筑情况等因素的影响而速度各有差异，在此基础上，当人员一起疏散时，其步行速度将受到人员密度的影响。人员的行走速度将在很大程度上取决于人员密度。

通常情况下，人员的疏散速度随人员密度的增加而减小，人流密度越大，人与人之间的距离越小，人员移动越缓慢；反之密度越小，人员移动越快。当然，这还与人们的文化传统、社会习惯、人们之间的彼此熟悉程度有关。国外研究资料表明：一般人员密度小于 0.54 人/m² 时，人群在水平地面上的行进速度可达 70 m/min 并且不会发生拥挤，下楼梯的速度可达 51～63 m/min。相反，当人员密度超过 3.8 人/m² 时，人群将非常拥挤、基本上无法移动。

人流速度与密度的关系许多学者都进行了大量的观测。比较典型有苏联的 Predtechenskii，Milinskii，美国的 Fruin，Maclennan&Nelson，英国的 Smith，日本的 Ando，加拿大的 Paul 等。根据数据整理分析，一般认为，在 0.54～3.8 人/m² 的范围内可以将人员密度和移动速度的关系描述成直线关系，也有人把它们拟合成指数关系或三角函数关系。

总体而言，人员紧急疏散逃生速度的制约因素很多，不同环境不同的观测结果均存在一定差别，即便在同一建筑内各不同区域也存在差异。

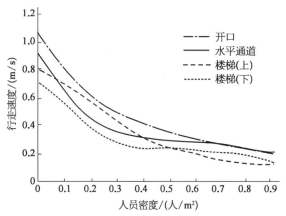

图 1-20 建筑内各疏散路径人员行走速度与人员密度的关系

Predtechenskii 和 Milinskii 等根据观测结果，整理出了一组分别在开口、水平通道、楼梯间内人员密度与人员行走速度的关系，如图 1-20 所示。

同时，根据研究结果得到了人员行走速度与人员密度之间的关系式，不同密度下人员在平面的步行速度可根据公式（1-76）计算得出：

$$V = 1.4(1 - 0.226D) \quad (1-76)$$

式中　V——人员步行速度（m/s）；
　　　D——人员密度（人/m²）。

不同密度下人员在楼梯行走速度的计算公式参见式（1-77），其中系数 K 参见表 1-16。

$$V = K(1 - 0.226D) \quad (1-77)$$

表 1-16　人员在楼梯中的行走速度

踏步高度/m	踏步宽度/m	K	最大行走速度/(m/s)
0.20	0.25	1.00	0.85
0.18	0.25	1.10	0.95
0.17	0.30	1.15	1.00
0.17	0.33	1.25	1.05

注：$K = 0.86(G/R)^{\frac{1}{2}}$，$G$ 与 R 分别表示踏步的宽度和高度。

1.3.2.3　人员的流出系数

建筑物的出口在人员疏散中占有至关重要的地位,对出口宽度的合理设计能避免疏散时发生堵塞,有利于疏散顺利进行。我国目前的建筑规范中主要是通过控制建筑物的出口、楼梯、门等容量来进行疏散设计,同时,特殊消防设计中对建筑物安全性的评估同样需要考虑出口宽度的问题,以衡量火灾时能否保证人员通过这些出口顺利逃生。无论是规范的规定还是特殊消防设计的方式,一般都是根据总人数按单位宽度的人流通行能力及建筑物容许的疏散时间来控制建筑物的出口总宽度。因此,人员疏散参数确定中必须考虑人员的流出系数。

流出系数(Specific Flow)是指建筑物出口在单位时间内通过单位宽度的人流数量[单位:人/(m·s)],流出系数反映了单位宽度的通行能力。根据对多种建筑的观测结果,流出系数在水平通道上的出入口大致在 1.5 人/(m·s),在楼梯出入口大致在 1.3 人/(m·s)。设计中可以通过该值确定出口宽度,或者评估现有出口宽度的疏散能力。但由于建筑的出口位置、房间容量、通往出口的疏散走道容量等实际情况不同,相同的出口宽度其流出系数可能不同。同时,不同的人员密度也将影响流出系数。

1) 有效流出系数

有效流出系数是指单位时间内通过单位有效宽度的人流数量[单位:人/(m·s)]。有研究表明,当建筑物出口的位置不同时,直通室外的出口和其他场所的出口其有效流出系数可能不同;当连接出口的通道其可容纳的人数不同时,该被连接的出口其有效流出系数也会不同。表 1-17 列出了有效流出系数的确定方法。

表 1-17　有效流出系数 N_{eff}

疏散走道类型	通道可能容纳人数	有效流出系数 N_{eff} /[人/(m·min)]
当房间有直通室外的出口		$N_{eff} = 90$
其他场合	$\sum \dfrac{A_{CO}}{a_N} \geqslant \sum PA_{load}$	$N_{eff} = 90$
	$\sum \dfrac{A_{CO}}{a_N} < \sum PA_{load}$	$N_{eff} = \max\left[\dfrac{80B_{neck}}{B_{room}} \dfrac{\sum \dfrac{A_{CO}}{a_N}}{\sum PA_{load}},\ \dfrac{80B_{neck}}{疏散出口宽散出口(m)}\right]$

表 1-17 中,A_{CO} 为通道的面积(m²);a_N 为疏散走道上必要的滞留面积(m²/人),见表 1-18;P 为人员密度(m²/人);B_{neck} 为疏散走道上所有出口的最小宽度,在此出口处产生瓶颈效果(m);B_{room} 为房间的出口宽度(m);$\sum PA_{load}$ 为通道里通过的疏散人员的数量(人)。

表 1-18 人员必要的滞留面积 a_N

疏散走道的部位	每人所需的最小的滞留面积/(m²/人)
楼梯前室	0.2
楼梯间	0.25
走廊等其他部分	0.3

（1）有直通室外地面的出口（图 1-21）

$$N_{eff} = 1.5[人/(m \cdot s)] \times 60 s = 90[人/(m \cdot min)]$$

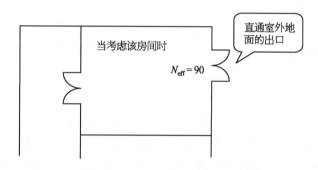

图 1-21 计算示意图（有直通室外地面的出口）

（2）无直通室外的出口

① 当通道能够容纳下房间内人员时的情况（图 1-22）：

$$\sum \frac{A_{CO}}{a_N} \geqslant \sum PA_{load} \tag{1-78}$$

左式代表通道等部分可能容纳的人数，右式代表房间内的人数。

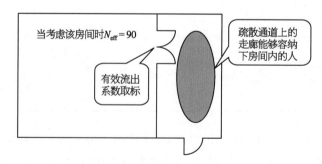

图 1-22 计算示意图（无直通室外的出口）

这时 N_{eff} 和有直接通向室外出口的 N_{eff} 值相同，即

$$N_{\text{eff}} = 1.5 \text{人}/(\text{m} \cdot \text{s}) \times 60 \text{ s} = 90[\text{人}/(\text{m} \cdot \text{min})]$$

② 当通道不能容纳下房间内人员时的情况(图 1 - 23):

$$\text{当} \sum \frac{A_{\text{CO}}}{a_{\text{N}}} < \sum PA_{\text{load}} \text{ 时}, N_{\text{eff}} \text{ 将变小}。$$

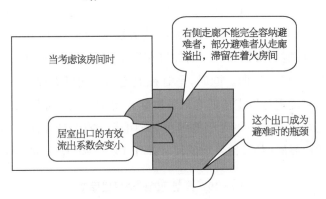

当考虑该房间时

右侧走廊不能完全容纳避难者,部分避难者从走廊溢出,滞留在着火房间

居室出口的有效流出系数会变小

这个出口成为避难时的瓶颈

图 1 - 23 计算示意图(无直通室外的出口)

2) 流出系数与人员密度的关系

人员密度与对应的人流速度的乘积,即单位时间内通过单位宽度的人流数量,也就是流出系数(也称比流量)。该关系如式(1 - 79)所示:

$$F = DV \tag{1-79}$$

式中 F——流出系数[人/(m · min)];

D——人员密度(人/m²);

V——人员行进速度(m/min)。

显然流出系数也是人员密度的函数,图 1 - 24 显示了不同的疏散走道上流出系数与人员密度的关系,该图中人员密度采用单位面积地板上人员的水平投影面积所占百分比表示。由图可以看出,流出系数首先随人员密度的增大而增大,然后又随人员密度的增大而减小,中间存在一个流出系数的最大值 F_{max}。上述现象可以这样理解,首先,随着人员密度的增大,单位面积内的人员数目增大,从而单位时间内通过单位宽度疏散走道的人员数目也增大,当人员密度增大到一定程度,疏散走道内的人员过分

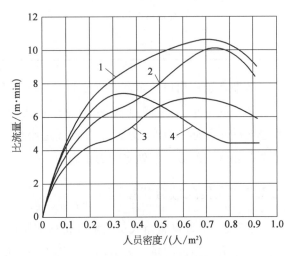

1—门口;2—水平通道;3—楼梯(上);4—楼梯(下)

图 1 - 24 不同疏散走道上流出系数与人员密度的关系

拥挤,限制了人员行走速度,从而导致流出系数的减少。

1.3.2.4 通道的有效宽度

对大多数通道来说,通道宽度是指通道的两侧墙壁之间的宽度。但是大量的火灾演练实验表明人群的流动依赖于通道的有效宽度而不是实际宽度,也就是说在人群和侧墙之间存在一个"边界层"。这个靠近墙边的"边界层"的产生是由于人员不想太贴近墙行走以防撞倒墙上。对于一个楼梯间来说,每侧的边界层大约是 0.15 m,如果墙壁表面是粗糙的,那么这个距离可能会再大一些。而如果在通道的侧面有数排座位,例如在剧院或体育馆,这个边界层是可以忽略的。同时,平时在通道的两侧可能放置一些障碍物,比如垃圾桶、灭火器等,此时确定疏散走道的有效宽度时还要考虑这些障碍物的影响。在工程计算中应从实际通道宽度中减去边界层的厚度,采用得到的有效宽度进行计算。表 1-19 给出了典型通道的边界层厚度,边界层的尺寸基于 Pauls 和 Fruin 的结果。

表 1-19　典型通道的边界层厚度

类　　　型	减少的宽度指标/cm
楼梯间的墙	15
扶手栏杆	9
剧院座椅	0
走廊的墙	20
其他的障碍物	10
宽通道处的墙	46
门	15

疏散走道或出口的净宽度应按下列要求计算：① 对于走廊或过道,为从一侧墙到另一侧墙之间的距离;② 对于楼梯间,为踏步两扶手间的宽度;③ 对于门扇,为门在其开启状态时的实际通道宽度;④ 对于布置固定座位的通道,为沿走道布置的座位之间的距离或两排座位中间最狭窄处之间的距离。

1.3.3　人员疏散分析模型

1.3.3.1 国际常用人员疏散分析模型概述

由于火灾造成的重大人员伤亡案例都与人员疏散密切相关,近年来,国内外安全技术学术界对于人员安全疏散的研究不断增加。比如,1998 年 8 月第四届"火灾中人员行为"国际学术会议在北爱尔兰召开,来自 23 个国家和地区的 200 多位学者参加了本次会议,会上交流了人员疏散、特殊消防设计和危险性评估等方面的科技成果;"9·11"事件后,先后在英国和马来西亚两次召开了世界性的高层建筑安全峰会;2003 年 10 月在马来西亚吉隆坡召开了首届针对高层建筑安全设计的国际会议。在这些国际性会议中,关注的焦点之一就是火灾等紧急情况下的人员安全疏散。英国、美国、德国、日本等国围绕人员安全疏散行为和模型进行了一系列的研究。英国 SERT 中心的 Sime 等在对阻塞状态下人员、心理学进行研究的基础上,提出了 ORSET 模型的概念,即把心理学、建筑学、管理学以及火灾报警和疏散指示设施在建筑物内的分布特征统一研究和分析,从而计算最小疏散时间,指导紧急情况下人员的及时疏散;美国以 NIST 为代表的研究机构围绕疏散安全展开了研究,比如最短疏散时间的计算、最优化疏散模型的建立、火灾中人员的决策以及对环境的反应、火灾对人员影响的评估方法等,详细地讨论了火灾期间人员的心理反应;日本方面较注重把火灾中人员行为统计、人员疏散安全评估方法、火灾危险性评估和特殊消防设计结合起来进行研究,为 2000 年 6 月特殊消防设计规范在日本的全面执行提供了支撑;匈牙利交通流专家 Helbing 把人员的心理反应量化为作用力,即社会力,添加到人员疏散模型中,取得了重大的进展,成功地再现了群体效应、快即慢效应等典型的人员疏散行为。

　　国外对于火灾中人员疏散问题研究较早,一些国家对于人员在火灾中的疏散行为进行了大量的观察和测量,得到了许多量化的数据,如苏联的 Predtechenski 和 Milinski,日本的 Togawa 以及 Furin 等对密集人群的疏散行为、移动速度等进行了大量的观测,后期加拿大的 Pauls 等通过大量的演习试验也取得了许多参考数据,并总结了一些经验公式,并提出了各自的人员疏散计算方法,如早期的经验方法,后来的网络优化法,以及近年来兴起的计算机模拟分析方法。经验方法就是出口容量的方法,主要是考虑建筑物的出口容量,或根据建筑物的人口负荷确定出口数量和宽度,我国目前的建筑设计也基本采用此类方法。网络优化法将建筑物各个单元网络化,通过对复杂建筑网络的优化找出人员可能疏散的路径,并计算疏散时间。而随着计算机技术的进步,人们开始直接利用计算机模拟技术模拟人员在建筑物内的移动,通过计算机记录不同时刻不同人员的几何位置变化,从而得到建筑物内人员疏散时间,通过对人员疏散移动图案来分析其相关的拥挤部位,提出改进措施或组织疏散预警方案。因此,采用基于计算机的疏散模型将会逐渐满足建筑设计人员和特殊消防建筑审核人员的需要。对人群疏散的研究,采用计算机模拟(或称为疏散模拟)是越来越重要的研究手段,这也正是最近几十年来对人群疏散的研究都集中在疏散模拟上的原因。

　　人员安全疏散的研究和分析主要包含两个方面,其一是人员疏散模型结构的研究,其二是火灾中的人员行为和量化研究。由于人员在火灾中的疏散行为是十分复杂的,受到多种因素的影响,如建筑布置、火焰烟气、外部环境、人员拥挤程度、心理状态、文化传统、生活习惯等制约,因而要建立一个能准确反映火灾烟气扩散情况下的人员疏散的模型也是十分不容易的。对人的运动和行为的量化与模化研究已有 30 多年的历史。这项研究正在朝两个方向发展,一是关于人在正常情况下的运动研究,二是关于人在紧急情况下(比如从着火建筑中逃生)的运动预测。最初,由 Predtechenskii、Milinksii 和 Fruin 开展了一些关于人在正常情况下运动的量化研究工作。这是一项关于人在人口密集地区和楼梯中运动能力的研究,它后来引起了许多运动模型的发展,比如 PEDROUTE。

对火灾中人员疏散的研究是在不久前才开始进行的。1982 年发表了最早的一篇研究疏散的论文,是关于火灾紧急疏散模化的。在这方面工作比较出色的有英国格林威治大学的 Galea、爱丁堡大学的 Thompson、美国的 Fahy 和澳大利亚的 Shestopal 等,他们采用不同的模化方法来建立了不同类型的疏散模型,在所采用的模化方法中,还有许多表示封闭空间、人群和人群行为的方法。

在人员安全疏散的模型研究方面,据 Gwynne 等的统计,当前国际上已经建立和正在开发的人员疏散模型有 20 多种,包括 10 多种已经建立起来的模型和几种正在开发的模型,如 BGRAF(BG)、BFIRES(BF)、CRISP(C)、DONEGAN'S ENTROPY MODEL(DE)、EGRESS(EG)、EXODUS(EXO)、E‐SCAPE(EP)、EVACNET+(EV)、EVACSIM(ES)、EXIT89(E89)、EXITT(E)、MAGNETMODEL(MG)、PAXPORT(PP)、SIMULEX(S)、TAKAHASHI'S MODEL(TF)、VEGAS(V)、WAYOUT(WO)。为了便于书写,这些模型名称在下面将用括号内的缩写字母代替。这些模型具有不同的模拟方法、量化方法、假设条件、适用场所、操作方式与输入输出参数,有些已得到了具体的应用。比如 EXIT89 适用于高层建筑的人员疏散,BFIRES 适用于医院等类型建筑的人员疏散。

1) 人员疏散模型的分类

国外现有的 20 多种疏散模型可以从模型的建模方法、建筑空间的表示方法、人员特性分析方法、模型是否考虑人的行为和疏散行为特征这四个方面进行分类。

(1) 按模型的建模方法分　现有人员疏散模型在处理疏散的一般问题时,通常采用了以下三种方法之一:优化法、模拟法和风险评估法,且每种方法的基本原则会影响相关的模型功能。因此,这些模型可分为优化模型、模拟模型和风险评估模型。这些人员疏散模型的设计开发者及应用特征见表 1‐20 所示。

① 优化模型。上述模型中,有几种模型假定疏散人员是以最有效的方式进行疏散的,忽略了外部环境的影响和非疏散行为。正如其人员特性和出口流动特性是最佳的一样,这些模型认为疏散人员选择的疏散路线也是最佳的。这些模型适用于大量的人群或将所有疏散人员当作一个有共同特性的整体来考虑的情况,而不考虑个体行为。它们通常被称为优化模型(如 EV、TF)。

② 模拟模型。模型开发者若要表现实际的疏散行为和运动,不仅要得到准确的结果,而且要真实地反映疏散时所选择的逃生路线和所做的决定。这些模型称为模拟模型,如 BG、DE、E、EG、EP、ES、E89、EXO、MG、PP、S、V。由于其行为的复杂程度大不相同,因此其结果的准确度也大不相同。

③ 风险评估模型。风险评估模型（如 C、WO），能识别出火灾时与疏散有关的危险或相关事故，并能对最后的风险进行量化。通过多次重复运算，可以估算出与不同防烟分区设计或防火保护措施有关的各种重要变量的统计数据。

表 1 - 20　国际现有人员疏散模型的设计开发者及应用特征

模型分类	模型软件名称	设计开发者	应 用 特 征
模拟模型	DONEGAN'S ENTROPY MODEL	Donegan 等	适用于单一出口的多层建筑物，可应用于调查建筑物避难上的相对复杂性问题
	EXIT89	NFPA	用来模拟大量人员的移动（上限至 700 人）。人员由区域移动至最近出口的方法应用最短路径演算法
	PAXPORT	Halcrow Fox	模拟大量旅客移动（上限至 30 000 人）的模拟，用来设计航站大厦内的旅客容量与流量
	EXITT	Levin	针对住宅避难者设计，模拟人在火灾中所作的决策和不连续行动的状态
	EVACSIM	Drageretal	以不连续性事件来模拟高层建筑物火灾的避难模式，可模拟大量人员情况，仍考虑人的行为特性
	E - SCAPE	Kendik	模拟行动的结果成功与否，检验完成行动听需的时间
	MAGNET MODEL	Okazakim 与 Matsushita	模拟行动的结果成功与否，检验完成行动听需的时间
	SIMULEX	Edinburgh 大学设计，苏格兰集成环境解决有限公司的 Peter Thompson 博士继续发展	看重个体空间、碰撞角度及避难时间等生理行为，同时考虑个人在其他避难者、环境影响下的心理反应
	BGRAF	Michigan 大学	利用图解的界面工具，来模拟避难时认知过程的一种随机模式
	EXODUS	Greenwich 大学消防安全工程系（FSEG）	可在个人电脑或工作站系统中运行，用来模拟大型空间内大量人员避难。对于避难者的避难时间、移动现象、人群摩擦冲突情形及逃生人数皆可在电脑中显示出来

（续表）

模型分类	模型软件名称	设计开发者	应 用 特 征
模拟模型	EGRESS	AEA	以人工智能技术来计算单一或多层建筑物避难的模式,适用六角形坐标系统,在移动角度表现上更显精细
	VEGAS	Colt VR	以虚拟现实技术所发展的逃生性能模式,适用在单一或多层建筑物中,使用者必须提供每一避难者的指定路径
优化模型	EVACNET+	Florida 大学	以 FORTRAN 语言编写,分析多层建筑物人员疏散模式,输出值有疏散人员流率、人群滞留长度及平均等待时间等
	TAKAHASHI'S MODEL	日本建筑研究所	以 FORTRAN 语言编写,假设避难者以群流形态移动的概略网络模式,适用在个人电脑运算,其假设人群同质性且如流体般在每一空间内移动
风险评估模型	WAYOUT	澳大利亚联邦科学与工业研究组织	消防安全工程套装软件 FIRECALC3.0 的一部分,综合运用交通流量的模式,可适用于单一或多层建筑
	CRISP	英国消防研究所（UKFRS）	运用区域火灾模式计算火灾生成物的传播,适用家庭空间的危险度评估

（2）按建筑空间的表示方法分　基于疏散模型对建筑空间的表示方法,可以把模型分为离散化模型和连续性模型两类。

① 离散化模型。离散化模型把需要进行疏散计算的建筑平面空间离散为许多相邻的小区域,同时也把疏散过程中的时间离散化以适应空间离散化。空间和时间离散化的优势大大提高了程序的运行速度,改善了计算效率。离散化模型又可以细分为粗糙网络模型和精细网格模型。

粗糙网络模型——在粗网格模型中（如 C、DE、E89、E、EP、ES、EV、PP、TF、WO）,按照实际建筑结构的划分来确定其几何形状。因此,每个网络节点都可以表示一个房间或走廊,但与实际大小无关。按照它们在建筑中的实际情况,用弧线将这些网络节点连接起来。在这类模型中,当疏散人员从一个建筑结构移动到另一个建筑结构时,其位置的确定不如细网格模型那么准确。因此,疏散人员只会是从一个房间运动到另一个房间,而不是从一个房间的某个区域运动到房间的另一个区域。当具体表现跨越、处理局部问题和避开障碍物等局部运动或移动时会出现困难。这是因为没有表明疏散人员的准确位置,因此很难详细计算其运动,也很难表示各疏散人员之间的相互影响。检验各种模型的行为模块时应记住这种局限性。因此,粗糙网络模型是根据各建筑单元的出口容量确定人员在建筑物内的移动速度并确定相应的几何位置,这类模型能够进行大量人员的计算,但不能反映个体人员基本行为。

精细网格模型——在精细网格模型中(如 BG、EG、EXO、MG、S、V),整个建筑封闭空间通常是用覆盖一些瓦片状的网格或网点来表示。每个模型中节点的网格大小和形状都有所不相同,例如 EXODUS 采用 0.5 m×0.5 m 的正方形网格节点,SIMULEX 采用 0.2 m×0.2 m 的正方形网格节点,而 EGRESS 采用六边形网格节点,每个网格的大小足够容纳单个居住者。这些网格节点的连接也各不相同,在 EXODUS 中每个网格与相邻的 8 个网格节点相连;而 EGRESS 中每个网格与六个网格节点相连;SIMULEX 的连接是变化的,最典型的是每个网格可与邻近的 16 个网格节点相连。一个由许多防烟分区组成的大的几何区域可能是由成千上万的网格节点构成的。用这种方法可以准确地表示封闭空间的几何形状及内部障碍物的位置,并在疏散的任意时刻都能将每个人置于准确的位置。趋于极限的细网格法最终还是要通过坐标来表示。有些模型(如 SIMULEX)综合了用于其他目的的细网格(如计算行走距离)和用于某些目的的坐标系(如确定建筑结构)。因此,精细网格模型可以在每个网格内记录单个个体人员的移动轨迹,能够反映每个人的具体行为反应,因此模拟的精度相对较高。但是,由于现代建筑的建筑单元众多,结构复杂,因而精细网格模型要求计算处理信息量相当大,这种模型目前还较少用于计算大型复杂建筑。

总之,细网格模型比粗网格模型更能准确地表现封闭空间,但粗网格模型更便于表示且计算速度更快。当疏散人群被当作具有共同特性的整体时,粗细网格模型之间的差异会很小。

② 连续性模型。连续性模型又可以称为社会力模型,它基于多粒子自驱动系统的框架,产用一般的力学模型模拟步行者恐慌时的拥挤动力学。

社会力模型可以在一定程度上模拟人员的个体行为特征。很多人都有这种感觉:人的行为是混乱无序的,至少是不规则和不可预测的。但是在一些相对比较简单和宽松的环境下,可以找到行人行为的概率描述,进而发展出 Gas-Kinetic 模型。Lewin 则提出了另一种模拟行人行为的方法,他认为人们行为的改变是"社会力"的缘故。

(3) 按人员特性分析方法分　跟表现建筑空间的几何形状一样,封闭空间中的人群也可以用两种方法来表现,即个体分析法和群体分析法。因此,可分为个体分析模型和群体分析模型两类。

① 个体特性分析模型。大多数模型都允许用户设定或由随机方法确定个体特性。这些个体特性可用于个人做决定和运动的过程。这个过程与其他模拟疏散人员无关,而与个人的经历有关。因此,这种基于个体分析的模型(如 BG、C、E、EG、EP、ES、EXO、MG、S、V),可以表现各种具有不同经历的人,其疏散以某种方式依赖于这些特性。在这里,不能将个体的独立决定和不能执行群体行为混为一谈是很重要的。定义疏散个体时并不排除他具有群体行为,而是先考虑每个疏散人员的个体特性,然后再为他指定一个行

动,这个行动也许就是群体行为。

② 群体特性分析模型。其他一些模型不考虑个体特性,而是将人群当作一个只具有共同特性的群体(如 DE、E89、EV、PP、TF、WO),因此采用了群体行为分析法。这些模型在描述疏散过程时,不是针对逃生的个体,而是针对大量的人群。这种方法不论在模型的组织上还是在运算速度方面都很有好处,但是缺乏许多对个体特性的详细描述。这种方法很难模拟事件对疏散个体的影响(如火灾烟气毒性的影响),它只能对整个人群的普遍影响进行模化,它不能表示老年人或残疾人这些特殊人群的生存率,只能表示受影响人的比例。

(4) 按行为决定方法分　为了表现疏散人员逃生时作决定的过程,模型必须包含适当的行为决定方法。显然,所采用的行为特性会受人群特性和几何形状表示方法的影响,并且可能是需要定义的各方面中最复杂的一部分。总之,可以将上述 20 多种模型按其行为决定方法分为以下五类:无行为准则的模型(如 EV);函数模拟行为模型(如 MG、TF);复杂行为模型(如 E89、PP、S、WO);基于行为准则的模型(如 BG、C、E、EP、ES、EXO);基于人工智能的模型(如 DE、EG、V)。

① 无行为准则的模型。无行为准则的模型("滚珠"模型)完全依赖于人群的物理运动和几何形状的物理表达来影响疏散人员的疏散,并对其进行预测判断。

② 函数模拟行为模型。函数模拟行为模型将一个方程或一组方程应用到整个人群来达到完全控制人的响应的目的。尽管这些模型可以将人定义为个体,但由于所有个体均受到该函数相同的影响,且会以一定的方式对这种影响产生反作用,因此削弱了个体行为。该函数不一定按照现实生活中疏散人员的行为来建立的,有可能来自其他从事人体行为模拟的研究领域(例如磁模型的方程就来源于物理学)。人的运动和行为完全由该函数确定,该函数可能通过人的运动预先得到过修正,也可能没有。

③ 复杂行为模型。一些模型并不明确表示出行为决定准则,而是通过复杂的物理方法来含蓄地表示。这些模型可能是基于第二手数据的应用,包括心理的或社会的影响,因而它依赖于第二手数据的准确性和有效性。

④ 基于行为准则的模型。明确承认了疏散人员具有个体行为特性的模型,通常采用基于准则的行为决定方法。它允许疏散人员按照预先规定的一套准则来作决定,这些准则会在一些特殊情况和有效的情况下起作用,例如某个准则也许是"假如人在一个充满烟气的房间里,他会通过最近的出口离开"。通过这种方式做决定会出现一个问题,即简化模型 E 在相同的环境下会以某种确定的方式得到同样的决定,从而否认了在重现时结果正常变化的可能性,这是不正确的。大多数基于准则的模型(如 BG、C、EP、ES)都是随机模型,而 Exodus EXO 包含了确定方法和随机方法两种,依情况而定。

⑤ 基于人工智能的模型。近年来,人工智能已经应用于行为模型。但是疏散个体被设计成能对周围环境进行智能分析的模拟人或与之相近的智能人,因此可以准确地表现做决定的过程,但它取消了计算机用户对模拟疏散人员的控制权。通常,所期望的疏散行

为与周围环境有复杂的相互关系。每个人在疏散时都有可能遇到三种不同的相互作用，这与复杂的决定有关，可分为：

人与人的相互作用，如人与其他疏散人员的相互作用；

人与建筑的相互作用，如人与封闭建筑的相互作用；

人与环境的相互作用，如人与对火灾有影响的气候和可能产生的火场残留物的相互作用。

这些相互作用会影响疏散人员的行为，因此产生了做决定的过程。疏散人员与环境相互作用的方式使该过程变得更为复杂。其复杂程度可表现为以下三种层次：

心理上——一种基于疏散人员个体特性和经历等的响应。在火灾中，这种作用要求疏散人员逃离火灾现场，或对疏散警报做出响应。

社会上——一种基于疏散人员与其他疏散人员相互作用的响应。在火灾中，这种作用会促使疏散人员去请求求援或赶紧通知其他疏散人员。

生理上——一种由于周围环境对疏散人员行为能力的影响而所作出的生理反应。在火灾中，这种作用会使人因为火灾产生的麻醉性气体而中毒，或由于存在刺激性气体而使其感觉器官和呼吸器官受到刺激。

人的行为模拟是模拟疏散过程最复杂最困难的一方面。到目前为止，还没有一个模型能完全解决疏散行为的各个方面。另外，并非所有这些行为特性都能被充分认识或完全量化。但是，有些模型想将这些行为的大量相互作用结合在一起。本书讲述的这些模型已经按照几何形状、人和疏散人员行为的表示方法进行了分类。要想得到对行为特性更全面的论述可以参考 Gwynne 和 Galea 的文章。

2）几种著名人员疏散模拟软件简介

（1）EXITT 软件　EXITT 软件是火灾综合分析程序 HAZARD1 的组成部分，专用于计算建筑物内人员疏散的时间。为了模拟人员从起火建筑内逃生的情况，用户必须建筑能够表示有关人员的位置、可能的出口与疏散路线的节点网络。该软件通俗读物用户为有关人员定义若干个影响人员响应方式的个体特性，包括年龄、性别、步行速度、当时是否清醒、疏散时是否需要别人帮助等。该软件还允许用户建立火灾报警系统，当烟气达到一定浓度时便开始报警，并以一定的音频变化。一旦有关人员发现火灾并决定逃生时，程序便可根据一些规则模拟的逃生路径。比如，程序首先选出某人所在的位置到出口距离最短的路径，并首先选择门作为出口，然后模拟该人通过这条路径的情况。如果最先选择的路径不安全，或者对比其他路径后认为不可取，程序会选择其他路径。在模拟计算时，程序以一定的时间间隔监测烟气的浓度和毒性变化，如果发现某个房间不能通过，有关人员就必须选择其他路径。为了考虑火灾状况对人的影响，还需要定义一些火灾特性参数随时间变化的情况。

（2）EVACNET 软件　EVACNET 软件是美国佛罗里达大学的 Kisko 等开发的一种模拟建筑火灾中人员逃生的计算机程序，EVACNET4 是当前最新版本。它是一种网络模型,包含一组由节点和弧线组成的网络,其节点表示建筑物的分隔间,如房间、楼梯、客厅和门厅等,弧线表示连接分隔间的通道。对于每个节点,用户需要定义节点的能力,即每个节点内最多可容纳的人数,如果用用户没有定义,则该节点内的人数默认为 0。对于每条弧线,用户需要确定人员通过弧线所需的时间和通过能力。通过弧线的时间用时间步来表示,EVACNET 将整个疏散时间划分为若干长度固定的时间步,时间步长由用户设定,默认值为 5 s。弧线的通过能力指在给定的时间步长内通道可通过的最多人数。某弧线的通过时间和通过能力都是依据时间步来定义的。这样,用户就可以对不同建筑物采取适当的建模方式分析其中的人员疏散情况,其建模思路为:首先设定某点内人均有的可供启动的面积(简称 APOA),然后根据 APOA 确定在该节点内人员行走的平均速度(简称 AS)以及单位宽度、单位时间内的人员流量(简称 AFV),再根据该节点的有效出口宽度(EW)、AS 和 AFV 为确定通过该单元出口的人员流量。EVACNET 模型可以进行多种建筑物内的人员疏散模拟,包括办公楼、饭店、礼堂、体育馆、零售商店和学校等,可以模拟部分楼层,也可以模拟全部楼层。由于该模型没有考虑人员的个体行为,即认为所有人员具有相同的疏散特征,因此由它计算出来的疏散时间可能比建筑物中实际疏散时间短一些。因此,在人员疏散设计时,最好将人员行走速度和疏散走道宽度选取比较保守的值。另外,该模型计算出的疏散时间没有包括人员准备疏散的时间,即这里计算的时间仅为人员从开始疏散行动到全部疏散出建筑物所用的时间。因此,在计算建筑内人员疏散的总时间时,应当再加上适当的疏散准备时间。

(3) EGRESS 软件　EGRESS 软件是由英国 AEA 科技公司的 Neil Ketchell 开发的一个通用疏散软件。可以运行于 Win31 或更高的 IBM PC,编程语言 C++,安装需要 1 M 空间,运行需要最小 4 M 内存。

该软件利用用户定义的建筑平面图,建立模拟人员个体移动的模型。在 EGRESS 中,人员被模拟为一个网格上的一个个体。采用的仿真技术基于细胞自动机,在每一个时间步,人员由随机因子决定从一个单元格移动到另外一个单元格。随机数根据速度或者流量信息进行校正,作为密度的函数,所以可以充分地运用实验数据。在一系列疏散实验中,通过简单配置并采用缺省参数,EGRESS 有效性已经被证明。该程序与测量的疏散时间的一致性具有 10%~20% 的差别。

EGRESS 允许对不同行为、阻塞和瓶颈的影响进行评价,可以模拟上千人和若干平方公里的平面区域(总是被分割成独立的楼层并通过楼梯连接)。EGRESS 可用于大量不同的疏散仿真,从海面石油天然气安装平台到轮船、火车站、化工厂、飞机、火车和公共娱乐场所。

(4) EXIT89 软件　EXIT89 由国际防火协会的 Rita F. Fahy 开发的一个用于大量人员从高层建筑疏散而设计的疏散模型。采用 FORTRAN 语言编制,可运行于 IBM 兼容机 386 以上,需要最小 4 M 内存。该软件可用于模拟大型的、有高密度人员的建筑的疏散。例如高层建筑,它可以跟踪个体在建筑物内的行动轨迹。从消防安全的角度来评估建筑设计时,该模型可以处理一些疏散场景中最相关的因素,包括:

① 考虑各种不同行动能力的人员,包括限制行动能力人员和孩子。

② 延迟时间,既包括可以用来代替移动前的准备活动的时间(由用户根据每个位置指定),也包括随机的额外时间,可以当作人员疏散开始时间。

③ 提供选择路径功能——使用模型计算出来的最短路径,可以用来模拟经过良好训练的或者有工作人员协助的疏散过程,或者使用用户指定的路径,可以用来模拟人员使用熟悉的出口或者忽略某些紧急出口的疏散过程。

④ 提供选择步速功能,可以反映正常移动和紧急状况下移动的差别,前者可能适于演习情况,后者更适宜于人员在紧急情况下的反应。

⑤ 反向流,当沿着疏散路径发生堵塞时,就会有人员向与原疏散方向相反的方向流动发生。

⑥ 具备上下楼梯功能,从而扩展模型的应用范围,例如有人层位于地下或者更多地需要上楼梯而不是下楼梯的建筑。

该软件还可以模拟烟气对疏散的影响,通过用户定义的烟气阻塞或者从 CFAST 输出。

有效性验证已经证明了 EXIT89 的有效性,尽管这个模型最初是为了高密度、大数量的人群应用而作,但该模型也可以用于较小的建筑。虽然在较小的建筑物中,排队和拥挤现象可能不是很严重,但是对限制行动能力的人员,出口选择的影响和行动前时间的差异的模拟都是通用的,因此都可以被 EXIT89 模拟。

EXIT89 可以处理的建筑物的大小、人数仅仅受限于所采用的机器的存储容量。现在的存储矩阵允许在总共 308 个节点或者建筑空间中多达 700 个人,并超过 100 个时间段。用户可以修改这些配置以处理较大的问题。按照本程序所采用的节点的命名习惯,每一个楼层可以包含多达 89 个节点,建筑中可以最多包含 10 个楼梯。程序可以打印出每一个人从一个节点移动到另外一个节点的移动。它可以记录每一个人员在每一时间段的位置,所以其输出结果可以用来作为 TENAB 的输入。TENAB 将利用 CFAST 的燃烧产物输出计算每一个人员暴露的风险,并计算何时会发生丧失行动能力或者死亡。用户可以禁止这项输出,并且让模型只输出一个总结,以显示楼层疏散完毕时间,楼梯疏散完毕时间和每一个出口的最后使用时间,并且每一个出口的使用人数。

(5) EXODUS 软件(BuildingEXODUS 软件) EXODUS 软件是由英国格林威治大学 EXODUS 团队开发的,是一个模拟个人、行为和封闭区间的细节的计算机疏散模型。模型包括了人与人之间、人与结构之间和人与环境之间互相作用。它可以模拟大建筑物中的上千人并且包括火灾数据,可以运行于 Intel 架构下 Win9x/NT4.0 平台上,但是还不能运行在 Win2000 系统下,采用面向对象技术的 C++语言编制,安装需要 40 M 空间,运行需要最小 10 M 内存。

在 EXODUS 中,空间和时间用二维空间网格和仿真时钟(SC)表示。空间网格反映了建筑物的几何形状、出口位置、内部分区、障碍物等。多层几何形状可以用由楼梯连接的多个网格组成,每一层放在独立的窗口中。建筑物平面图或者用 CAD 产生的 DXF 文件,或者用交互工具提供,然后存储在几何库中以备将来之用。网格由节点和弧线组成,每一个节点代表一个小的空间,每一段弧代表节点之间的距离。人员沿着弧线从一个节点到另外一个节点。

该软件由 5 个互相交互的子模型组成,它们是人员、移动、行为、毒性和危险子模型,考虑了人与人之间、人与火之间以及人与结构之间的交互作用。模型跟踪每一个人在建筑物中的移动轨迹,他们或者走出建筑物,或者被火灾(例如热、烟和有毒气体)所伤害。模型基于行为规则和个体属性,每一个人的前进和行为由一系列启发或者规则决定。行为子模型决定了人员对当前环境的响应,并将其决定传递给移动子模型。行为子模型在两个层次起作用,即全局行为和局部行为,全局行为假设人员采用最近的可用疏散出口或者最熟悉的出口来逃生;局部行为可以模拟以下现象:例如决定人员对疏散警报的初始响应(人员将立即做出反应,还是等一小段时间,或者根本不做出反应)、冲突的解决、超越以及选择可能的绕行路径,这些都取决于人员的个体属性。毒性子模型决定环境对人员的生理影响,考虑了毒性和物理危险,包括升高的温度、热辐射、HCN、CO、CO_2 以及 O_2 过低,并且估计了失去能力的时间;它采用比例效果剂量毒性模型(FED),假设火灾危险的影响由接收到的剂量而不是暴露的浓度决定,可以计算一段时间内接收到的剂量与导致丧失力或者死亡的有效剂量之间的比例,并且累计暴露期间的比例。EXODUS 不预测热和毒性环境危险,但是可以接受实验数据或者从其他模型得到数值数据,允许 CFAST(4.0 版)的历史数据自动传送到 EXODUS 中。

EXODUS 模拟完毕后,可以使用已经开发的几个数据分析工具来搜索巨大的数据输出文件并且有选择性地、高效地提取特定的数据。另外,还开发了后处理器,一个虚拟现实的图形环境,提供疏散的三维动画演示。

(6) SIMULEX 软件 SIMULEX 软件最先是由英国爱丁堡大学设计,后来由苏格兰集成环境解决有限公司的 Peter Thompson 博士继续发展的人员疏散模拟软件,可以用来模拟大量人员在多层建筑物中的疏散,可以运行于任何 32 位微软操作系统的基于 Intel 的 PC(Win95/98/2000/ME),采用 C++语言编制,安装需要 6 M 空间,运行需要最小 64 M 内存。

该软件可以模拟大型、复杂几何形状、带有多个和楼梯的建筑物,可以接受 CAD 生成的定义单个楼层的文件;可以容纳上千人,用户可以看到在疏散过程中,每个人在建筑中的任意一点、任意时刻的移动。模拟结束后,会生成一个包含疏散过程详细信息的文本文件。SIMULEX 把一个多层建筑定义为一系列二维楼层平面图,它们通过楼梯连接;用三个圆代表每一个人的平面形状,精确地模拟了实际的人员。每一个被模拟的人由一个位于中间的不完全的圆圈和两个稍小的、与中间的圆重叠的肩膀圆圈所组成,它们排列在不完全的圆圈两侧。SIMULEX 的移动特性基于对每一个人穿过建筑物空间时的精确模拟,位置和距离的精度高于±0.001 m。模拟了的移动类型包括:正常不受阻碍的行走,由于与其他人接近造成的频带降低、超越、身体的旋转和避让。SIMULEX 还模拟了一部分心理方面的东西,包括出口选择和对报警的响应时间,这些心理因素的进一步改进也是模型将要发展的一个部分。由于 SIMULEX 软件的易用性以及能够较为真实地反映出疏散过程中可能出现的各种情况,它已经被越来越多地应用于工程的设计、评估工作中,成为性能设计、评估工作的一项有力的武器。但是,SIMULEX 软件至今还没有尝试模拟能见度和毒性危害可能对人员产生的影响。此外,需要改良那些处理每个人心理影响输入函数的复杂性,这是 SIMULEX 软件将来的发展重点。

(7) STEPS 软件 STEPS 软件是由 Mott MacDonald 设计的一个三维疏散软件,可以模拟办公区、体育场馆、购物中心和地铁车站等场所,这些场所要求确保在正常情况下的交通,而在紧急情况下可以快速疏散。在大而拥挤的地方,通过模拟所获得的最优化人流,可以为建筑消防安全设计提供一个更适宜环境和更有效的安全疏散设计方案。目前,STEPS 已经被应用于一些世界级的大项目,包括加拿大埃得蒙顿机场、印度德里地铁、美国明尼阿波利斯 LRT、英国生命国际中心和伦敦希思罗机场第五出口铁路/地铁。通过与基于建筑法规标准的设计作比较,STEPS 的有效性已经得到验证。

STEPS 具有很大的灵活性,它可以分配具有不同属性的人员,给予他们各自的耐心等级和适应性;也可以指定年龄、尺寸和性别;同时,它还考虑了人员对建筑物的熟悉性,进而影响疏散人员的个体行为。其中,耐心等级决定了当出口附近的人群太多时,人员是继续排队等候,还是移向另一个最近的出口。

STEPS 也很独特,因为它具有在疏散过程中改变条件的能力——像日常生活中发生的那样。烟气可能封闭特定的出口,紧急设施可能开始向人群服务,并且人员在不同的时间从不同的区域开始疏散。模拟一开始,人群就依照他们预置的特性进行疏散行动。影响疏散行为的因素与现实生活完全相同——人们向相反的方向移动、阻塞、减速以及排队。当一个紧急情况产生,每个人的行程将为了疏散被重新设定,但是仍旧遵循他们的特性。

STEPS 中,使用者可按照需要将模型平面界定为不同大小的网格系统。目前 STEPS 的版本只允许每个人占据一个网格。当开始计算时,STEPS 会使用一种递归算法来寻找每一个网格与出口之间的距离。

STEPS 与 SIMULEX 一样都属于用于人员疏散模拟计算的精细网格模型,都可以用于大型的、拥有大量人员的多层建筑的模拟计算。这两个疏散软件各有特色,由于它们在各自擅长的领域的出众特点,其在工程中的应用也越来越广泛。

STEPS 与 SIMULEX 两种软件特点对比见表 1-21。

表 1-21 STEPS 与 SIMULEX 两种软件特点对比

项　　目	STEPS	SIMULEX
分类	精细网格法	精细网格法
空间维数	三维	二维模拟三维

（续表）

项　　目	STEPS	SIMULEX
输入图	CAD 图	CAD 图
网格大小可调	是	否
网格与人员关系	每个人占据一个网格，每个网格只能有一个人	不同类型的人员占据不同面积，不受网格约束
方向选择	动态决策系统	等距图
人员行走方向	45°角的 8 个方向	任意方向
初始人员行走速度	用户设置	通过用户设置的人员属性自动设置、随机分布
人员行走速度是否可调	否，除非被阻挡而停止	是，随密度动态调整
是否可以动态改变出口	是	否
计算时间步长	0.5 s	0.1 s

（8）ASERI 软件　ASERI 软件是由德国法兰克福 Integrierte Sicherheits - Technik GmbH(I. S. T.)的 Volker Schneider 博士开发的，用于在复杂结构中，模拟个体的疏散行动，其中包括了对烟气和火灾蔓延的行为反应。最小配置 Pentium Ⅲ，Win98/2000/NT 平台，采用 C++语言编制，安装需要 10 M 空间，运行需要最小 64 M 内存，数据输出所需要的磁盘空间取决于场景（典型情况需要几百兆）。ASERI 的移动算法确保不会与墙壁、障碍物或者其他移动人员产生冲突。ASERI 在计算由于暴露在有毒物质和热中而导致的失去行动能力的效果时，可以采用 Purser 的小比例模型，包括了有毒的火灾产物和氧的关键浓度阈值。除了烟气组分的毒性效果，ASERI 还考虑了由于可视度下降所引起的步行速度降低和对烟气的一些方面的行为响应。

3）人员疏散模型的发展趋势

人员疏散模型的发展表现出一个明显的趋势，就是未来的模型将包含更多的行为细节。这在很大程度上会受到模型表现建筑封闭空间和人员特性方法的影响。

目前的人员疏散模型采用一般行为特性获得成功，是通过粗糙网络或将人群作为一个具有共同特性的整体来实现的。这两种方法会使所述事件对人群中各成员的影响变得更模糊且更难分析。目前，能准确描述疏散行为的模型均采用了精细节点网络，并能区分人群中的每个个体，因此能判断哪些人在何处发生了哪些行为。

由于不同人的行为特征是有很大差别的，因此在模拟人员疏散时忽略人员的个体特性势必会造成较大的误差。近年来，在人员疏散研究方面，已有不少人提出了建设性的模型,例如基于元胞自动机的自主体模型、Helbing 等提出的多粒子自驱动(社会力)模型等。这些模型把人视为有一定判断能力的粒子,并运用某些规则来反映不同人员的行为。

在软件应用方面,图形界面的发展大大地提高了计算机用户对模化中人群活动的理解能力,也简化了建立疏散场景的过程。这种对模拟效果的显示将疏散的一些定性特征表现了出来,否则人们看不到这些特征。另一方面,模型也许可以准确地计算出疏散时间,但却不能真实地预测疏散人员的行为。运行时间的图形界面或协处理器观测器可以检验到这些特性。另外,疏散场景的设计及其详细描述可以通过一个设计得很好的图形界面来获得较大的帮助,但不用考虑图形用户界面的完善程度。疏散模型只是一种能帮助建筑设计人员研究疏散场景动态的工具,而不能代替有益的工程实践。

疏散模型对于一个建筑设计人员的实用性完全取决于模化的计算结果,因为每个场景都包含了对几个时间和许多场景的典型运算。模拟的速度会限制有效事件发生的数量,且通常不提供典型模型的运行时间,用户需对此慎重考虑。

许多疏散模型忽略了对疏散人员行为的全面描述,或限制模型只适用于少数人,模型开发者的理由是受到了计算机技术的限制。但是,随着处理器能力的提高和现代 PC 计算机内存容量的增加,目前已经可以获得能够模拟大量人群和包含复杂行为特性的模型。这种模型能处理建筑结构、环境、人的行为和行为过程的复杂相互关系。但另一个问题是,如何处理疏散过程中的各种矛盾。许多模型对疏散中某一特定因素和其他不利因素给出的权重不协调。为使模型有效,需要协调处理各种疏散因素,并利用可获得的技术来达到最佳效果。

目前所有模型都存在一个问题,即缺乏令人信服的验证比较,这在很大程度上是由于普遍缺乏适合验证的数据。这是由于人的行为的可变性所造成的,即重复试验的问题。能够理解不同形式的验证(例如质量、数量和功能)必定在这些可普遍接受的模型中起不同作用,这是很重要的。除非有一种分级验证方法被国际消防安全界所接受,否则这仍将是一个严重的问题,因为这会妨碍疏散模型的发展和被普遍接受。

1.3.3.2　国内人员疏散分析模型研究现状

近年来,随着特殊消防设计理论的研究开展,中国科技大学、武警学院、武汉大学、中国建筑科学研究院建筑防火研究所等也开始进行了相关定量化理论的研究。东北大学在引进国外先进的研究成果的基础上,做出了一定的成绩,发表了一系列的文章。武汉大学与四川消防研究所对人员疏散进行了定量研究,并联合开发了"网格模型"BuildEvac。中国科学技术大学在国外研究成果的基础上,对基于离散化细网格的元胞自动机模型和人员运动格子气模型,以及基于连续性多粒子自驱动的社会力模型进行了深入研究,并开发出了人员运动格子气模型 Safego 和复合型人员疏散模型 CFE(Combined Fire Evacuation Model)。其中,CFE 模型综合了离散化模型(格子气模型)和连续性模型(社会力模型)的优点,在人员低密度区采用格子气模型,在人员高密度区则采用社会力模型模拟人员的恐慌和拥挤行为;同时,还在模拟过程中考虑了火灾产物、人员行为反应和火灾探测对人员疏散的影响。香港城市大学提出一个可以供选择的精细网络模型,称为空间网格疏散模型(spatial-grid evacuation model)。模型可以直接读入 CAD 提供的建筑空间信息,首先将建筑物分成一系列互相联通的区域,然后在区域内生成 0.4 m×0.4 m 的网格,疏散人员的运动通过不同的方程式用计算机模拟,人员内部的拥塞现象采用格子气模型考虑。中国建筑科学研究院建筑防火研究所在研究 SIMULEX 和 STEPS 的基础上,自主开发了基于等距图的二维动态疏散分析软件 EVACUATOR。在软件实现上,以用户输入的建筑平面图作为疏散模拟平台,将建筑平面离散成精细的网格,赋予每个网格不同的属性来反映平面上的不同状况,在此基础上,引入具有特定属性的人员模型。人员行走驱动将由等距图和超越处理算法来完成,考虑了疏散过程中人流交汇、人群排队拥堵等现象。同时,增加了火灾与疏散诱导措施对人员疏散的影响,并提供了丰富的回放控制功能和数据输出功能,为后期数据分析与处理提供了有力的手段。另外,建筑防火研究在我国几大城市开展的人员密集公共场所人员疏散调查研究工作,也将会为我国疏散分析软件的研发和验证提供重要的数据基础。

除此之外,还有一些研究人员和机构也投入到了这方面的研究。但总的说来,目前我国在人员疏散模型的量化分析研究方面还处于起步阶段。从事这方面研究的人员还不是很多,研究的内容还是引进国外的东西多,自己创新的成果较少,研究成果的应用也不广泛。

1.4 特殊建筑结构分析模拟方法

建筑结构的耐火性能直接影响着建筑结构的整体稳定性。发生火灾时,应确保受灾人员有充分的时间从火灾建筑中及时疏散出来,并保证消防救援人员在灭火过程中不因结构主体的倒塌而造成人身伤亡。

在进行结构抗火设计时,应充分考虑结构体系的特点,材料的力学性能以及高温对构件及材料的影响。

特殊消防设计方法的提出与应用,使结构整体抗火设计更加合理、经济、有效。

1.4.1 特殊消防结构防火设计技术

特殊消防结构防火设计评估,主要是根据建筑的设计情况,计算设计火灾场景下的结构温升,然后依据结构体系的特点以及所采用的建筑材料和其对火的反应特性,计算火灾对结构的影响,以评估结构的安全性。显然,根据特殊消防结构防火设计的结果,结构的防火保护与传统的设计具有很大不同,有些需提高,而多数可降低,能较合理地反映实际建筑火灾工况。

1.4.1.1 一般分析程序

结构特殊消防设计的目标:① 不致因结构火灾损伤影响建筑内人员的逃生及消防人

员扑救;② 整体结构或其某些部位构件火灾下不能倒塌或产生影响继续使用的变形,以便使灾后结构的功能尽快恢复,减小建筑火灾产生的损失。

特殊消防结构防火设计分析一般步骤:① 设计火灾场景;② 确定结构的极限温度;③ 计算由火灾引起的结构温度;④ 计算热效应引起的结构材料强度的降低,然后对结构进行承载力分析。

国内外大空间结构多采用特殊消防设计方法,其主要流程如图 1-25 所示。

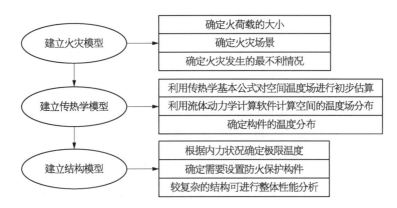

图 1-25　大空间结构抗火特殊消防设计主要程序

1.4.1.2　火灾场景设计

1) 火灾发生的位置

通过分析建筑的平面布置、使用功能,火荷载的种类,以及建筑结构体系的特点,重点考查其结构的关键部位,如结构构件受力的关键位置和薄弱环节,确定建筑内可能发生火灾且对结构产生严重影响的地方。

2) 火灾发生的规模

火灾发生的规模应综合考虑建筑的消防设施的安全水平,火荷载的布置及种类,建筑的空间大小,以及比较成熟的统计资料、试验结果等确定。一般包括以下两种情况:

(1) 喷淋控制的火灾　火灾发生从起火到旺盛燃烧阶段,释热速率大体按指数规律增长。赫斯凯斯特得(Heskestad)指出,可用下面的二次方程描述:

$$\dot{Q} = \alpha (t - t_0)^2 \tag{1-80}$$

式中　$\dot{Q}$——释热速率(MW);

t——点火后的时间(s);

α——火灾增长系数(kW/s^2);

t_0——开始有效燃烧所需的时间(s)。

若不考虑火灾的酝酿期,即火灾从出现有效燃烧时算起,其释热速率可写为:

$$\dot{Q} = \alpha \cdot t^2 \tag{1-81}$$

火灾初期增长可分为慢速、中速、快速、超快速等四种类型。池火、快速沙发火大致为超快速型,托运物品用的纸壳箱、板条架火大致为快速型。火灾增长曲线如图 1－26 所示。

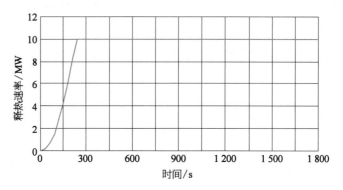

图 1－26　火灾增长曲线

其中,火灾规模开始恒定对应的时间为喷淋启动时间。当自动喷水灭火动作后,通常保守地认为火灾并没有被扑灭,只是其规模维持现状而不再增加。这也是国际上普遍认同的火灾增长趋势处理方法。它考虑了火灾增长的复杂性和不确定性,使确定的火灾规模具有一定的余量。喷淋系统启动时间预测可以采用 FAST(DETECT 软件)预测,但需根据情况进行必要的假定及设定喷淋安装的基本参数。

(2) 基于试验数据确定火灾规模　根据权威部门的统计资料或相关研究部门的试验数据确定火灾的规模。例如国家游泳馆项目中看台座椅火灾规模,就是引用了相关的试验数据(表 1－22)予以确定。

表 1－22　座椅火灾测试数据

火　灾　测　试	高峰释热率/kW	火灾蔓延速度 $\alpha/(kW \cdot s^{-2})$	备　　注
单块聚丙烯材质椅,没有衬垫或垫层,单椅	200	0.000 87	额外 600 s 阴燃期
如上,1 排 5 个椅子	750	0.008 3	额外 1 200 s 阴燃期。释热率达到高峰后迅速下降
如上,2 排 8 个椅子	1 300	0.005 6	额外 1 200 s 阴燃期。释热率达到高峰后迅速下降
单椅,一件成型的玻璃纤维,没有衬垫或垫层	40	非 t^2 发展	很快升至 40 kW,释热率保持 2 min,然后减弱

由表 1－22 可知,最不利情况下的蔓延速度应在慢速和中速之间。对于将要安装

在泳池大看台的座椅,发生火灾可能性不大。尽管火在座椅间可能蔓延,但最初的燃烧物也将随之逐渐烧尽,这由火灾测试中高峰释热率所保持非常短的时间也可看出。因此建议火灾为中等蔓延速度($\alpha = 0.011\,7$)至 1 MW。一旦火情达到 1 MW,释热率并稳定在这个水平直至结束。考虑该建筑的重要性和特殊性,最终采用 2 MW 的火灾规模。

3) 确定火灾发生的时间

从特殊消防设计的角度,若建筑内发生火灾的危险性很小,或者持续时间很短,就可以根据火灾的持续时间来确定构件的防火等级,例如结构柱的耐火时间有可能从 3 h 降低到 1.5 h。

1.4.1.3 结构极限温度确定

分析结构高温承载力必须考虑结构因温度上升导致的强度和刚度减弱,确保火灾时结构有足够的承载力而不致出现倒塌现象。此时结构所承受的荷载称作"火灾荷载",它包括静荷载和活荷载。火灾属于偶然作用,火灾荷载中的静、活荷载的分项系数可适当予以减小。

对于给定荷载作用下的受火结构因温度上升承载力降低至极限状态时所对应的温度为该结构的"极限温度"。它与很多因素有关,主要取决于:① 荷载比,即构件受火时与常温时能承受的荷载的比值;② 受火构件截面的温度梯度;③ 构件截面的应力分布;④ 构件截面的尺寸。

若计算得到的温度若小于极限温度,表明结构不满足抗火要求,需采用若干结构防火措施增强其抗火能力,直至结构承受温度大于其极限温度。

1.4.1.4 结构温度计算

为进行高温结构性能分析,一般先进行构件和结构内温度场分析。由于结构的内力和变形一般不影响热传导过程,因而可对温度场进行独立分析。构件和截面温度场可通过试验及热传导理论分析计算得到。

在特殊消防结构防火设计中,针对钢结构建筑设计较多,在结构温度计算方面可对钢结构温度做一简化处理。

钢结构温度随烟/火温度升高,受暴露区域大小、钢结构质量和隔热层等因素的影响,钢结构的温度一般会滞后于烟/火温度(图1-27)。在特殊消防结构防火设计评估中,通常会较为保守地将火灾的烟气温度作为钢结构的温度。

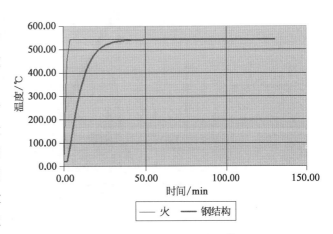

图 1 - 27　钢结构升温滞后情况

1) 经验公式计算方法

（1）水平构件　当火灾发生在钢构件下方时，构件将直接受到火灾产生的上升热烟气影响。NFPA92B 介绍了关于轴对称羽流、窗口羽流、阳台羽流的计算方法。

（2）竖向构件　对于竖向钢构件，火灾热辐射是关键影响因素，计算时需考虑构件受到的热辐射值。其计算可参见手册中相关章节。

2) 软件分析法

除了应用上述的经验公式计算钢结构的温度外，还可用 FLUENT、FDS 等流体动力学软件模拟计算其温度值。例如当某建筑平台发生火灾时，针对平台上方的钢缆，根据设计火灾对钢缆受火温度所做的流体力学分析（CFD），计算出火灾区域周围的"毁坏临界区域"（图 1-28）。若钢缆穿过该区域，则可能导致其"毁坏"；否则，钢缆处于安全状态。与钢缆机构相关的临界区域如图 1-29 所示。

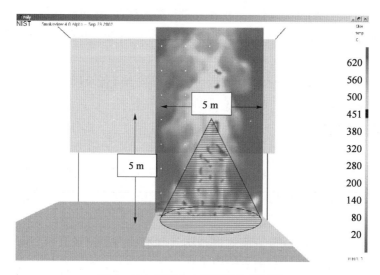

图 1-28　屋顶火灾周围的临界面积

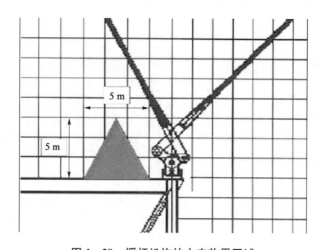

图 1-29　摇杆机构的火灾临界区域

基于 5 MW 火灾规模计算结果(图 1-30 和图 1-31)表明,在平台火源正上方 4 m 处,设定测温点记录的 80% 分位数统计值为 488.5 ℃;在火源正上方 5 m 处,设定测温点记录的 80% 分位数统计值为 407.3 ℃。因此,可判定距离屋顶平台以上 5.0 m 钢缆的温度不会高于 450 ℃临界温度,也即为钢缆的非危险区域。

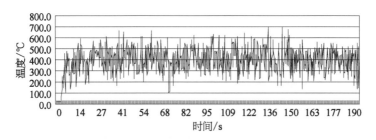

图 1-30　平台火源正上方 4 m 处温度与时间关系曲线

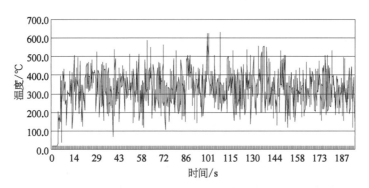

图 1-31　平台火源正上方 5 m 处温度与时间关系曲线

1.4.1.5　火灾下的结构力学评估

若计算得到的结构构件温度高于其极限温度,应从结构中剔除该构件,否则应考虑构件材料的强度、弹性模量降低以及热膨胀对于结构的影响,然后进行结构受力计算分析,确定其安全性。

结构火灾力学性能评估首先需确定其火灾荷载,但我国尚无相关标准。澳大利亚规范 AS 1170.1 确定火灾中的结构设计荷载为 1.0 倍的静荷载加上 0~0.6 倍的活荷载(图 1-32)。其中活荷载的折减系数依赖于荷载类型。

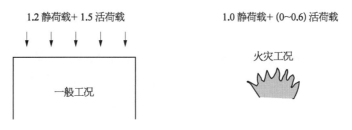

图 1-32　荷载系数的选取

在火灾极限状态下,英国钢结构规范 BS 5950 第 8 部分给出的荷载分项系数见表 1-23。

表 1-23　英国钢结构规范荷载或材料分项系数

荷载和材料名称	荷载或材料分项系数
恒荷载	1.0
活荷载	永久活荷载:设计中可以清楚确定的,例如设备、固定隔墙为 1.0 永久活荷载:在仓储建筑或其他建筑如图书馆、档案室的储藏区为 1.0 非永久活荷载:疏散楼梯和门厅为 1.0 非永久活荷载:一般用途的办公室是 0.5 非永久活荷载:所有其他区域(屋顶上的雪荷载可以忽略不计)为 0.8
风载荷	控制外部防火范围的边界条件的设计(需要设计的防火率的边界条件)是 0.0 所有其他情况是 0.33
钢材	1.0
混凝土	1.1

我国《建筑结构荷载规范》(GB 50009—2001)规定,永久荷载和可变荷载的分项系数一般分别取 1.2 和 1.4。此外,对于偶然组合,荷载效应组合的设计值宜按下列规定确定:偶然荷载的代表值不乘分项系数;与偶然荷载同时出现的其他荷载可根据观测资料和工程经验采用适当的代表值。各种情况下荷载效应的设计值公式,可由有关规范另行规定。这里所指的偶然设计状况包括火灾事故。对结构抗火设计,允许其丧失承载能力的概率大些。另外,也不必同时考虑两种偶然荷载。

尽管我国《建筑结构荷载规范》对于火灾荷载取值没有具体的规定,但是从其相关规定可看出,其荷载的分项系数比一般设计工况要低。

1.4.1.6　确定结构构件耐火要求

采用特殊消防结构防火设计的方法确定结构的防火保护措施,与传统的条文设计相比具有很大不同。例如,针对地下车行隧道钢筋混凝土主体结构,特殊消防结构防火设计会要求增大钢筋混凝土保护层的厚度。再如高大空间钢结构建筑,若采用特殊消防结构防火评估,钢结构可能无须进行防火保护即可满足其抗火要求。

1.4.2　结构抗火计算方法

各国在建筑结构防火性能评估方法上有差异。日本的设计原则:在火灾作用下,承重构件破坏时的耐火时间应大于火灾的持续时间;美国规定的结构防火标准计算方法:依据结构形式,将其分成钢筋混凝土结构、木结构、钢结构和砖砌体结构等四类,并考虑其材料种类、构件约束及防火时效等情况,然后制定相应的计算方法;而欧洲结构设计规范中抗火设计部分则明确提出了特殊消防计算方法,其抗火设计过程如图 1-33 所示。

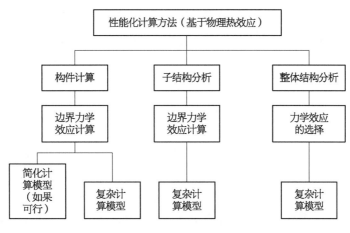

图 1‑33　抗火设计过程

复杂计算方法只有建立在基本物理原则上,才能对火灾下结构的预期反应作出可靠的模拟。如果确定了相应温度范围内的材料特性,这种计算方法可以用于任何温度‑时间曲线。它包括以下几方面的计算:① 结构构件内的温度发展和分布(热反应模型);② 结构的力学反应(力学反应模型)。

热反应模型建立在传热学已经公认的原则和假设的基础上,可考虑不均匀的受热影响和对相邻未受火空间的热传递。

力学模型建立在结构力学已经公认的原则和假设的基础上,并考虑温度影响。模型还包括以下几个方面:① 力学效应的组合、几何缺陷和热效应;② 随温度变化的材料特性;③ 几何非线性影响;④ 材料非线性,包括加载、卸载对刚度的影响。

目前各国结构抗火设计规范给出的设计方法主要基于构件层次,下面对国内外的计算原则和方法做一综述。

1.4.2.1　中国结构抗火计算方法

我国自 20 世纪 80 年代中后期开始逐步针对混凝土结构、钢结构、钢‑混凝土组合结构、钢管混凝土柱、钢‑混凝土组合板、组合梁等结构进行抗火性能研究。

在结构抗火工程应用方面,我国尚不如国外该领域的先进国家,至今没有结构抗火设计的国家标准。目前结构抗火设计主要基于独立构件的标准耐火试验方法,这种方法不能反映真实火灾升温、结构整体性能和火灾下荷载作用大小对于结构耐火性能的影响。

在特殊消防结构防火设计中,需要针对结构构件材料对火的反应特性以及结构的受力特性确定结构的耐火性能并采用相应的防火保护措施,因此,必须对国内外在结构抗火研究领域的相关成果深入了解。

1) 钢筋混凝土构件抗火计算

目前,中国尚没有统一而规范的有关钢筋混凝土构件抗火计算方法,因此,在抗火设计计算应注意其应用范围和可能产生的计算偏差。

(1)基本假定和简化方法　对钢筋混凝土构件高温时和高温后的极限承载力一般采

取如下假定和简化：① 截面温度场已知。不考虑构件受力和变形对其影响。多采用 ISO 标准升温曲线获得的构件截面温度分布。② 不考虑温度-荷载作用过程，以构件极限状态时为计算依据。③ 截面应变符合平截面假定。④ 钢筋与混凝土间无相对滑移。⑤ 忽略混凝土的高温抗拉作用。⑥ 钢筋和混凝土高温强度进行线性简化。对于钢筋，假定受拉和受压时的高温强度相同。对于混凝土高温强度随温度变化曲线关系，依据其对构件高温承载力的影响程度和对计算结果精度要求，可进行梯形、二台阶和三台阶状简化。⑦ 依据构件截面温度分布，并选用简化的混凝土高温强度，按截面极限承载力等效的原则，将构件等效成均质混凝土截面，然后即可按常规的方法进行计算。

（2）基本构件的抗火计算　钢筋混凝土结构中的受弯和受压构件最易遭受火灾作用，并且它们的损伤对其结构受力性能影响很大。因此，下面仅给出这两类构件（矩形截面）在常见的受火状况和给定的混凝土高温强度计算简化图情况下的抗火计算简化方法，其他情况可据此类推。

A. 受弯构件。钢筋混凝土受弯构件一般遭受单面或三面火灾，并且可能是拉区高温和压区高温。下面仅就这两类火灾工况，选用二台阶混凝土高温强度计算简图给出矩形截面构件的极限弯矩基本公式。

a. 单面受火受弯构件。按二台阶混凝土高温强度计算图简化后的等效截面及其极限状态应力图如图 1-34 所示。其中翼缘宽度 $b_{T_1} = (b_3 + b_8)/2 = b$，厚度 $h_{T_1} = h_3$；肋宽 $b_{T_2} = b_8/2$，肋高 $h_{T_2} = h_8 - h_3$。

拉区高温——一般情况下，受压区高 x 较小，即 $x < h_{T_1}$ 或 $f_{y2}^T A_{s2} < f_c b_{T_1} h_3 + f_{y1}^T A_{s1}$，于是有

$$f_c b_{T_1} x + f_{y1}^T A_{s1} = f_{y2}^T A_{s2}$$
$$M_u^T = f_c b_{T_1} x \left(h_0 - \frac{x}{2} \right) + f_{y1}^T A_{s1} (h_0 - a_1) \tag{1-82}$$

若 $x < a_1$，直接对受压钢筋质心取矩，有

$$M_u^T = f_{y2}^T A_{s2} (h_0 - a_1) \tag{1-83}$$

压区高温——当压区高度 $x < h_{T_2}$ 或 $f_{y1}^T A_{s1} < f_c b_{T_2} h_{T_2} + f_{y2}^T A_{s2}$ 时，有

$$f_c b_{T_2} x + f_{y2}^T A_{s2} = f_{y1}^T A_{s1}$$
$$M_u^T = f_c b_{T_2} x \left(h_0 - \frac{x}{2} - a_1 \right) + f_{y2}^T A_{s2} (h_0 - a_1) \tag{1-84}$$

若受压区高度 $x \geqslant h_{T_2}$ 或 $f_{y1}^T A_{s1} > f_c b_{T_2} h_{T_2} + f_{y2}^T A_{s2}$ 时，有

$$f_c [b_{T_2} h_{T_2} + b_{T_1} (x - h_{T_2})] + f_{y2}^T A_{s2} = f_{y1}^T A_{s1}$$
$$M_u^T = f_c b_{T_2} h_{T_2} \left(\frac{h_8 + h_3}{2} - a_1 \right) + f_c b_{T_1} (x - h_{T_2}) \left(\frac{h_8 + h_3 - x}{2} - a_1 \right) \tag{1-85}$$
$$+ f_{y2}^T A_{s2} (h_0 - a_1)$$

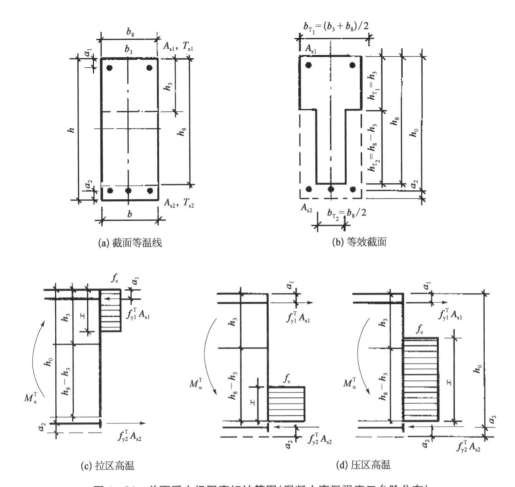

图 1-34 单面受火极限弯矩计算图(混凝土高温强度二台阶分布)

b. 三面受火受弯构件。按二台阶混凝土高温强度计算图简化后的等效截面及其极限状态应力图如图 1-35 所示。其中翼缘宽度 $b_{T_1} = (b_3 + b_8)/2$，厚度 $h_{T_1} = h_3$；肋宽 $b_{T_2} = b_8/2$，肋高 $h_{T_2} = h_8 - h_3$。

拉区高温——当受压区高 $x < h_{T_1}$ 或 $f_{y2}^T A_{s2} < f_c b_{T_1} h_{T_1} + f_{y1}^T A_{s1}$ 时，按式(1-82)计算；$x < a_1$ 时按式(1-83)计算；若 $x > h_{T_1}$ 或 $f_{y2}^T A_{s2} > f_c b_{T_1} h_{T_1} + f_{y1}^T A_{s1}$ 时，有

$$f_c\left[b_{T_1} h_{T_1} + b_{T_2}(x - h_{T_1})\right] + f_{y1}^T A_{s1} = f_{y2}^T A_{s2}$$

$$M_u^T = f_c b_{T_1} h_{T_1}\left(h_0 - \frac{h_{T_1}}{2}\right) + f_c b_{T_2}(x - h_{T_1})\left(h_0 - \frac{h_{T_1} + x}{2}\right) + f_{y1}^T A_{s1}(h_0 - a_1)$$

$$(1-86)$$

压区高温——当压区高度 $x < h_{T_2}$ 或 $f_{y1}^T A_{s1} < f_c b_{T_2} h_{T_2} + f_{y2}^T A_{s2}$ 时，按式(1-84)计算；若 $x \geq h_{T_2}$ 或 $f_{y1}^T A_{s1} \geq f_c b_{T_2} h_{T_2} + f_{y2}^T A_{s2}$ 时，按式(1-85)计算。

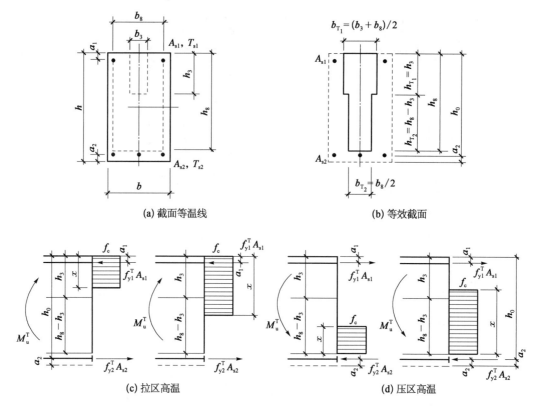

(a) 截面等温线 (b) 等效截面

(c) 拉区高温 (d) 压区高温

图 1-35 三面受火极限弯矩计算图(混凝土高温强度二台阶分布)

B. 受压构件。主要有四面受火轴心受压构件和三面(单面)受火偏心受压构件。

a. 四面受火轴心受压构件。四面受火轴心受压钢筋混凝土构件与混凝土高温受压强度密切相关。因此,应取梯形或多台阶形混凝土高温受压强度,此时截面的极限应力状态如图 1-36 所示,相应的构件截面极限承载力可按下列式子计算:

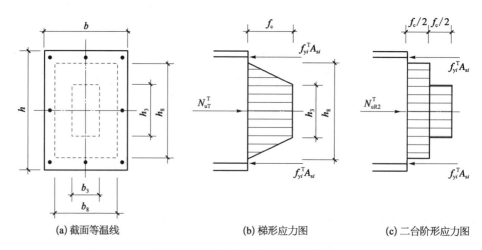

(a) 截面等温线 (b) 梯形应力图 (c) 二台阶形应力图

图 1-36 四面受火极限弯矩计算图

$$N_{uT}^{T} = \left(\frac{b_3 h_3 + b_8 h_8}{3} + \frac{b_3 h_8 + b_8 h_3}{6} \right) f_c + \sum_i f_{yi}^{T} A_{si} \qquad (1-87)$$

$$N_{uR2}^{T} = \frac{b_3 h_3 + b_8 h_8}{2} f_c + \sum_i f_{yi}^{T} A_{si} \qquad (1-88)$$

式中　N_{uT}^{T}、N_{uR2}^{T}——分别为混凝土高温强度简化为梯形和二台阶状对应的构件截面极限承载力;

f_{yi}^{T}、A_{si}——分别为第 i 根钢筋的高温屈服强度和截面面积。

b. 三面(单面)受火偏心受压构件。同常温时计算一样,首先应确定界限受压区高度,然后按大小偏心受压情况分别计算。

界限受压区高度——拉区高温和压区高温偏心受压构件的界限受压区高度(x_B,$x_{B'}$)是不同的,应分别计算。按二台阶混凝土高温强度计算图简化后的等效截面及其大小偏心界限的截面应变和应力图如图 1-37 所示。

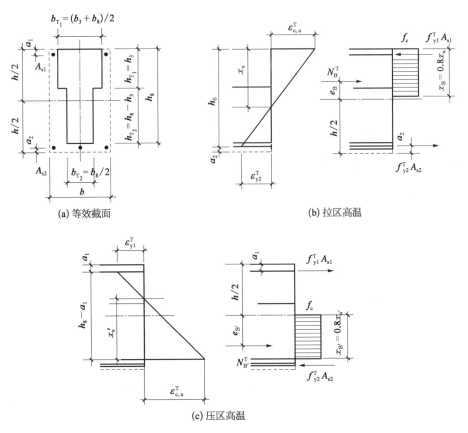

图 1-37　三面(单面)受火界限时截面应变和应力

拉区高温($e_u = e_B$):
$$x_B = \frac{0.8\varepsilon_{c,u}^{T}}{\varepsilon_{c,u}^{T} + \varepsilon_{y2}^{T}} h_0 \qquad (1-89a)$$

压区高温（$e_u = e_{B'}$）：
$$x_B = \frac{0.8\varepsilon_{c,u}^T}{\varepsilon_{c,u}^T + \varepsilon_{y1}^T}(h_8 - a_1)$$
(1-89b)

式中 e_u——构件极限偏心距，是荷载初始偏心距 e_0 与极限状态时附加偏心距之和，$e_u = \eta e_0$，η 为高温构件的偏心距增大系数，可按混凝土结构设计规范（GB 50010—2002）中的有关公式进行计算；

    e_B、$e_{B'}$——分别为拉区高温和压区高温的界限偏心距；

    ε_{y1}^T、ε_{y2}^T——分别为低温区和高温区受拉钢筋的屈服应变；

    $\varepsilon_{c,u}^T$——等效截面压区外边缘混凝土的极限压应变。

大偏心受压构件——按二台阶混凝土高温强度计算图简化后的大偏心受压构件的截面承载力计算图示于图 1-38 中。

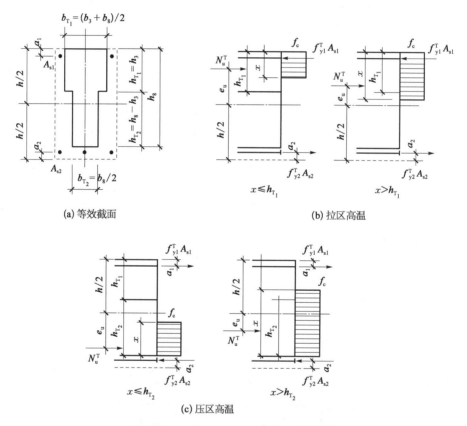

(a) 等效截面   (b) 拉区高温   (c) 压区高温

图 1-38 三面（单面）受火大偏心受压构件的截面极限承载力计算图

拉区高温：当受压区高 $x \leqslant h_{T_1}$ 或 $N_u^T \leqslant f_c b_{T_1} h_{T_1} + f_{y1}^T A_{s1} - f_{y2}^T A_{s2}$ 时，有

$$N_u^T = f_c b_{T_1} x + f_{y1}^T A_{s1} - f_{y2}^T A_{s2}$$

$$N_u^T\left(e_u + \frac{h}{2} - a_2\right) = f_c b_{T_1} x\left(h_0 - \frac{x}{2}\right) + f_{y1}^T A_{s1}(h_0 - a_1)$$
(1-90)

若 $x > h_{T_1}$ 或 $N_u^T > f_c b_{T_1} h_{T_1} + f_{y1}^T A_{s1} - f_{y2}^T A_{s2}$ 时,有

$$N_u^T = f_c [b_{T_1} h_{T_1} + b_{T_2}(x - h_{T_1})] + f_{y1}^T A_{s1} - f_{y2}^T A_{s2}$$

$$N_u^T \left(e_u + \frac{h}{2} - a_2\right) = f_c \left[b_{T_1} h_{T_1}\left(h_0 - \frac{h_{T_1}}{2}\right) + b_{T_2}(x - h_{T_1})\left(h_0 - \frac{x + h_{T_1}}{2}\right)\right]$$
$$+ f_{y1}^T A_{s1}(h_0 - a_1)$$

$$(1-91)$$

压区高温:当压区高度 $x < h_{T_2}$ 或 $N_u^T < f_c b_{T_2} h_{T_2} + f_{y2}^T A_{s2} - f_{y1}^T A_{s1}$ 时,有

$$N_u^T = f_c b_{T_2} x + f_{y2}^T A_{s2} - f_{y1}^T A_{s1}$$

$$N_u^T \left(e_u + \frac{h}{2} - a_1\right) = f_c b_{T_2} x \left(h_{T_1} + h_{T_2} - \frac{x}{2} - a_1\right) + f_{y2}^T A_{s2}(h_0 - a_1)$$

$$(1-92)$$

若 $x \geqslant h_{T_2}$ 或 $N_u^T \geqslant f_c b_{T_2} h_{T_2} + f_{y2}^T A_{s2} - f_{y1}^T A_{s1}$ 时,有

$$N_u^T = f_c [b_{T_2} h_{T_2} + b_{T_1}(x - h_{T_2})] + f_{y2}^T A_{s2} - f_{y1}^T A_{s1}$$

$$N_u^T \left(e_u + \frac{h}{2} - a_1\right) = f_c \left[b_{T_2} h_{T_2}\left(\frac{2h_{T_1} + h_{T_2}}{2} - a_1\right) + b_{T_1}(x - h_{T_2})\left(\frac{2h_{T_1} + h_{T_1} - x}{2} - a_1\right)\right]$$
$$+ f_{y2}^T A_{s2}(h_0 - a_1)$$

$$(1-93)$$

小偏心受压构件——对于三面受火小偏心受压构件可偏安全地直接由下列式子计算。

拉区高温: $\qquad N_u^T = \dfrac{M_B^T N_P^T - M_P^T N_B^T}{(M_B^T - M_P^T) + (N_P^T - N_B^T)e_u}$ $\qquad (1-94)$

压区高温: $\qquad N_u^T = \dfrac{M_{B'}^T N_P^T - M_P^T N_{B'}^T}{(M_{B'}^T - M_P^T) + (N_P^T - N_{B'}^T)e_u}$ $\qquad (1-95)$

式中　N_B^T、M_B^T——分别为拉区高温构件界限时极限轴力和弯矩,N_B^T 可令 $x = x_B$,由式
　　　　　　　　(1-90)或式(1-91)求出,$M_B^T = N_B^T e_u$;

　　　$N_{B'}^T$、$M_{B'}^T$——分别为压区高温构件界限时极限轴力和弯矩,同样 $N_{B'}^T$ 可令 $x = x_{B'}$,由式(1-92)或式(1-93)求出,$M_{B'}^T = N_{B'}^T e_u$;

　　N_P^T、M_P^T——分别为偏心受压构件的极强轴力和弯矩,可由下式计算:

$$N_P^T = f_c [b_{T_1} h_{T_1} + b_{T_2} h_{T_2}] + f_{y1}^T A_{s1} + f_{y2}^T A_{s2}$$

$$M_u^T = \frac{h}{2} N_P^T - \frac{1}{2} f_c b_{T1} h_{T_1}^2 + f_c b_{T_2} h_{T_2}\left(h_{T_1} + \frac{h_{T_2}}{2}\right) + f_{y1}^T A_{s1} a_1 + f_{y2}^T A_{s2}(h - a_2)$$

$$(1-96)$$

2）钢结构构件抗火计算

钢结构构件的抗火计算方法可参见本书中相关章节。

1.4.2.2　日本的计算方法

火灾安全立法的基本原则：确保受灾人员有充分的时间从火灾建筑中及时疏散出来，并保证消防救援人员在灭火过程中不因结构主体构件的倒塌而造成人身的伤害。显然人们可以通过计算对截面已定的构件受火稳定性进行检验。其中，一方面要注意到结构中采用的有创造性的概念和设计；另一方面则要考虑到各种火势侵蚀的可能性，明确单根构件、一组构件的破坏对结构整体稳定性的影响。一般地说，在温度升高的情况下，当构件的力学强度下降到与其承受的荷载相等时，此构件的受火稳定性就不能被确保了。作为计算假设，可认为构件此时达到了临界温度或破坏温度。

日本采用的耐火性能检证法主要是以构件耐火时间长短来决定是否满足各自的防火性能，而不是直接比较构件受火后所产生的温度、应力等物理量。

1）耐火安全度的验算程序

结构耐火性能验算分室内火灾和室外火灾两种情况。无论哪种情况都要计算火灾可能持续的时间和构件的耐火时间，并将两者对比，以判定是否安全。该方法不直接比较构件受火后所产生的温度、应力等物理量。图 1-39 给出了构件耐火性能计算方法流程图。

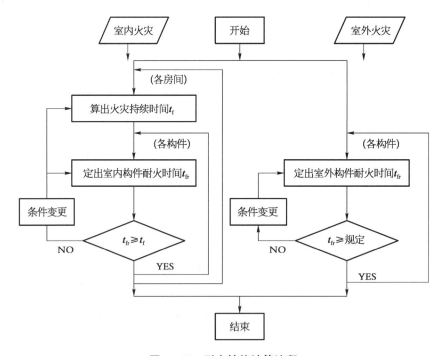

图 1-39　耐火性能计算流程

2）火灾持续时间的计算

不同用途的建筑、不同的房间、火灾中的总发热量和燃烧速度是不一样的，因此要针对具体情况分别处理。图 1-40 标示了该计算的流程。

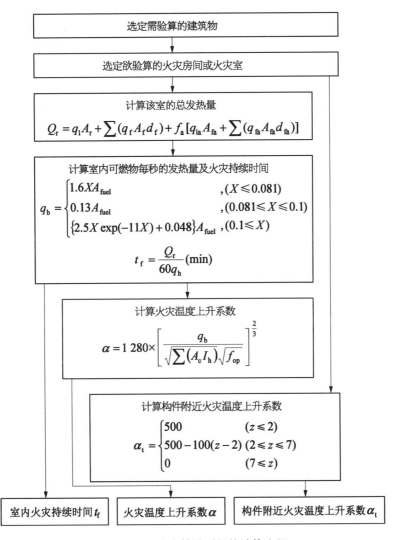

图 1-40 火灾持续时间的计算流程

对钢结构和钢筋混凝土结构耐火时间的计算过程标示在图 1-41 中。

（1）计算可燃物总发热量 Q_r 由式(1-97)可计算室内可燃物的总发热量：

$$Q_r = q_1 A_r + \sum (q_f A_f d_f) + \sum f_a \{ q_{la} A_{ra} + \sum (q_{fa} A_{fa} d_{fa}) \} \tag{1-97}$$

式中 Q_r ——该室内的可燃物发热量（MJ）。

（2）内含可燃物的发热量（$q_1 A_r$）

q_1 ——该室内的储存可燃物地板面积每 1 m² 发热量（MJ/m²）；

A_r ——该室内的地板面积（m²）。

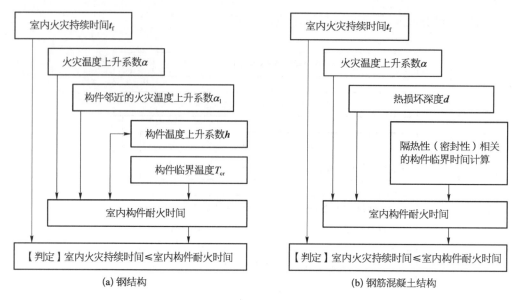

图 1 - 41 耐火时间计算流程

(3) 内装修材料发热量$[\sum(q_f A_f d_f)]$

q_f——该室墙壁、地板及天花板使用的内装修材料,每 1 m² 单位厚度(mm)的散热量 $[MJ/(m^2 \cdot mm)]$。其值依内装修材料种类而有所不同,详细数值见表 1 - 24;

A_f——该室内部装修用各种建筑材料的各部位表面积(m²);

d_f——该室内部装修建筑材料厚度(mm)。

表 1 - 24 内装修材料发热量

内部装修材料	发热量/[MJ/(m² · mm)]
不燃性材料	0.8
准不燃性材料(除不燃性材料外)	1.6
难燃性材料(除准不燃性材料外)	3.2
木材及其他类似材料(除难燃性材料外)	8.0

(4) 相邻室的热入侵量$\{\sum f_a[q_{la} A_{ra} + \sum(q_{fa} A_{fa} d_{fa})]\}$

f_a——依该室相邻室的墙壁、地板种类及墙壁或地板开口处防火设备种类不同,其热侵入系数见表 1 - 25;

q_{la}——该室相邻房间储存可燃物的地板面积,每 1 m² 发热量(MJ/m²);

A_{ra}——该室相邻房间的地板面积(m²);

q_{fa}——该室相邻房间的内部装修用建筑材料表面积,每 1 m²(厚度 1 mm)的发热量

$[MJ/(m^2 \cdot mm)]$；

A_{fa}——该室相邻房间的内部装修用各建筑材料的各部位表面积(m^2)；

d_{fa}——该室相邻房间的内部装修用建筑材料厚度(mm)。

表 1-25　相邻房间热侵入系数

墙壁或地板	墙壁或地板的开口部	热侵入系数
属于耐火构造	设有特定防火设备	0.0
	设有规定的防火设备	0.07
准耐火构造(除耐火构造外,以下称为"特定准耐火构造")	设有特定防火设备	0.01
	设有规定的防火设备	0.08
属于准耐火构造者(除耐火构造及特定准耐火构造外)	设有特定防火设备	0.05
	设有规定的防火设备	0.09
其　他		0.15

相邻房间热侵入的计算示意如图 1-42 所示。

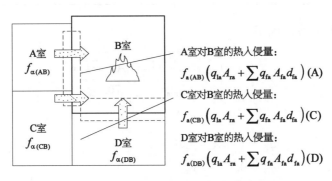

图 1-42　相邻房间热侵入的计算示意

3) 可燃物每秒平均发热量 q_b

火灾房间的可燃物每秒平均发热量 q_b 的计算过程如下：

(1) 计算该室有效开口因子

$$f_{op} = \max\left[\sum A_{op}\sqrt{H_{op}}, A_r\sqrt{H_r}/70\right]$$

式中　A_{op}——各开口部位的面积(m^2)；

　　　H_{op}——从各开口部位上端至下端的垂直距离(m)；

　　　A_r——该室的地板面积(m^2)；

H_r——从该室地板至天花板的平均高度(m)。

(2) 计算可燃物表面积 ($A_{fuel} = 0.26 \times q_1^{1/3} \times A_r + \sum \phi \times A_f$)

q_1——该室内的储存可燃物地板面积每 1 m^2 发热量(MJ/m^2);

A_r——该室的地板面积(m^2);

A_f——该室墙壁、地板及天花板装修使用的建筑材料各部分表面积(MJ/m^2);

ϕ——依照不同建筑材料,制定的氧消耗系数值,见表 1-26;

$0.26 \times q_1^{1/3} \times A_r$——可燃物表面积($m^2$);

$\sum \phi \times A_f$——内装修材料的表面积(m^2)。

表 1-26　氧消耗系数 ϕ

建筑材料种类	氧消耗系数
不燃性材料	0.1
准不燃性材料(除不燃性材料外)	0.2
难燃性材料(除准不燃性材料外)	0.4
木材及其他类似材料(除难燃性材料外)	1.0

(3) 计算燃烧型支配因子

$$\chi = \left(\max \left[\frac{\sum A_{op} \sqrt{H_{op}}}{A_{fuel}}, \frac{A_r \sqrt{H_r}}{70 A_{fuel}} \right] \right)$$

及 q_b

$\chi \leqslant 0.081$ 　　　　$q_b = 1.6 \times \chi \times A_{fuel}$

$0.081 < \chi \leqslant 0.1$ 　$q_b = 0.13 \times A_{fuel}$

$0.1 < \chi$ 　　　　　$q_b = [2.5 \times \chi \times \exp(-11\chi) + 0.048] \times A_{fuel}$

(4) 火灾持续燃烧时间　火灾持续燃烧时间计算公式为:

$$t_f = Q_r / (60 q_b) \tag{1-98}$$

式中　Q_r——火灾室的可燃物总发热量;

　　　q_b——火灾室的可燃物每秒的平均发热量。

4) 结构耐火时间的计算

根据结构的部位和结构种类不同,日本耐火设计法中的结构耐火时间的计算方法是不同的。在墙壁(承重墙)、隔墙(非承重墙)、柱、楼板、梁等构件中,若采用表 1-27 中构件以外的耐火结构,则由下式来计算结构耐火时间 (t_{fr})。

$$t_{\mathrm{fr}} = t_{\mathrm{A}} \left(\frac{460}{\alpha} \right)^{\frac{3}{2}} \qquad\qquad (1-99)$$

式中　t_{fr} ——结构耐火时间；

　　　t_{A} ——作为耐火构件，对一般火灾火热产生的热度所能接受的时间(min)；

　　　α ——火灾温度上升系数，α 由式(1-101)计算。

表 1-27　适用结构耐火时间计算公式的部位及结构

部　位	结　构　类　型	条　件　等
墙壁 （承重墙）	钢筋混凝土	$F_c \leqslant 60 (\mathrm{N/mm^2})$
		保护层厚度≥30 mm
隔墙（非承重墙）	钢筋混凝土	无
柱	钢骨构造（H 型钢、角形钢管、圆形钢管）	无防火保护层
	钢骨构造（H 型钢、角形钢管、圆形钢管）	喷涂岩棉（喷涂厚度＞25 mm、比重＞0.28、岩棉之水泥比重在＞1.5、喷式工法除外）
	钢骨构造（H 型钢、角形钢管、圆形钢管）	纤维硅酸钙板厚度＞20 mm、比重＞0.35、限用箱子拉力工法
	钢筋混凝土	长度/直径＜10 $F_c \leqslant 60 (\mathrm{N/mm^2})$ 保护层厚度≥30 mm
	木结构	直径≥200 mm
楼板	钢筋混凝土	截面为矩形 适筋 保护层厚度≥20 mm
梁	钢骨构造（H 型钢）	无防火保护层
	钢骨构造（H 型钢）	喷涂岩棉（同柱）
	钢骨构造（H 型钢）	纤维硅酸钙板（同柱）
	钢筋混凝土	截面为矩形 适筋 保护层厚度≥30 mm
	木结构	直径≥200 mm

（1）火灾室温度的计算　在发生火灾时的温度（T_f）和时间的关系如下：

$$T_f(t) = \alpha t^{\frac{1}{6}} + 20 \qquad (1-100)$$

式中　T_f——该火灾室在时间 t 时的温度（℃）；

　　　t——火灾发生经过的时间（min）。

$$\alpha = 1\,280 \left[\frac{q_b}{\sqrt{\sum (A_c I_h)} \sqrt{f_{op}}} \right]^{\frac{2}{3}} \qquad (1-101)$$

式中　q_b——该火灾室的可燃物每秒平均的发热量（MW）；

　　　A_c——该火灾室的墙壁、地板及天花板各部分的表面积（m^2）；

　　　I_h——该火灾室的墙壁、地板及天花板各部分的热惯性[$kW\ s^{\frac{1}{2}}/(m^2 \cdot K)$]，见表 1-28；

　　　f_{op}——有效开口因子（m^2），$f_{op} = \max[\sum A_{op} \sqrt{H_{op}},\ A_r \sqrt{H_r}/70]$。

表 1-28　热惯性 I_h

构　　造	热　惯　性
钢筋混凝土、混凝土块及其他类似材料构造	1.75
纤维混入硅酸钙板及其他类似材料构造	1.2
轻薄隔墙及其他类似物品构造	0.3
金属板屋顶、膜隔墙及其他类似物品构造	2.8
其他构造	$I_h = \sqrt{k\rho c}$

注：k—该火灾室墙壁、地板及天花板各部分的热传导率[$kW/(mg \cdot K)$]；ρ—该火灾室墙壁、地板及天花板各部分的密度（kg/m^3）；c—体积热容量。

火灾室的火灾温度上升系数（α）决定后，则预测该火灾室在发生火灾时的温度（T_f）和时间的关系如下：

$$T_f(t) = \alpha_1 t^{\frac{1}{6}} + 20 \qquad (1-102)$$

式中　T_f——该火灾室在时间 t 时的温度（℃）；

　　　t——火灾发生经过的时间（min）。

一般而言，若取 $\alpha = 460$，T_f 与标准火灾曲线大约一致。

$$T_f = 345 \lg(8t+1) + 20 \approx 460 t^{\frac{1}{6}} + 20 \qquad (1-103)$$

（2）构件附近火灾温度上升系数　上述的火灾温度上升系数 α 或火灾温度 T_f 计算是

基于在火灾发生时热量会扩散到整个室内,且室内整体上升温度均一的假设,这适用于一般起居室类,但对于可燃物较少的大空间则不然。此时由于火灾一般只局限于某一区域,需考虑靠近火源旁火灾温度上升系数 α_1。 例如,木结构或无防火保护的钢结构,则需考虑 α_1。 一般可按下式计算:

$$\begin{cases} Z \leqslant 2 & \alpha_1 = 500 \\ 2 \leqslant Z \leqslant 7 & \alpha_1 = 500 - 100(Z - 2) \\ 7 \leqslant Z & \alpha_1 = 0 \end{cases} \tag{1-104}$$

式中　Z——该构件距楼板地面高度(m)。

5) 各类结构构件耐火计算方法

(1) 木结构的梁、柱计算方法　对于室内火灾的极限耐火时间 t_{fr},可按下式计算:

$$t_{fr} = \left\{ \frac{240}{\max(a, a_1)} \right\}^6 \tag{1-105}$$

式中　α——火灾温度上升系数;

　　　α_1——构件附近火灾温度上升系数。

式(1-105)主要以这两类火灾中火灾温度上升较大的火灾为对象,计算构件表面附近的火灾温度上升至木材着火温度的上升时间,即室内构件的火灾极限耐火时间。

(2) 钢柱计算方法

① 无防火保护的柱。无防火保护钢柱的耐火时间由下式计算:

$$t_{fr} = \max\{t_{fr1}, t_{fr2}\} \tag{1-106}$$

式中,t_{fr1} 由下式计算:

$$t_{fr1} = \frac{19\,732}{\alpha^{\frac{3}{2}} h} \left\{ \frac{1}{\ln\left[h^{\frac{1}{6}} (T_{cr} - 20)/1\,250 \right]} \right\}^2 \tag{1-107}$$

式中　h——构件温度上升系数,见表 1-29;

　　　T_{cr}——临界构件温度(℃)。

表 1-29　构件温度上升系数 h

构　　　造	构件温度上升系数
H 型钢柱	$h = 0.000\,89(H_s/A_s)$
角形钢管或圆形钢管柱	$h = 0.001\,16(H_s/A_s)$

注:h—构件温度上升系数;H_s—构件的加热周长(m);A_s—构件的截面积(m^2)。

钢结构柱的构件临界温度 T_{cr} 按下式计算。

$$T_{cr} = \min\{T_B, T_{LB}, T_{DP}, 550\} \tag{1-108}$$

式中 T_B——柱发生整体失稳的上限温度(℃);

　　　T_{LB}——柱发生局部失稳的上限温度(℃);

　　　T_{DP}——柱热变形的上限温度(℃)。

柱发生整体失稳的上限温度 T_B 可根据表 1-30 所列公式计算。

表 1-30　支柱发生整体失稳的上限温度

计算长细比	T_B
$\lambda < 0.1$	$T_B = 700 - 375p$
$0.1 \leqslant \lambda \leqslant 1$	$T_B = \max\left[700 - 350p - 55.8(p + 30p^2)(\lambda - 0.1), 500\sqrt{1 - \dfrac{p(1 + 0.267\lambda^2)}{1 - 0.24\lambda^2}} \right]$

此表中,λ 及 p 分别由式(1-109)、式(1-110)计算:

$$\lambda = \frac{l_e/i}{3.14\sqrt{E/F}} \tag{1-109}$$

式中 l_e——柱长度(mm);

　　　i——柱截面的回转半径(mm);

　　　E——钢材常温时的弹性模量(N/mm²);

　　　F——钢材常温时的基准强度(N/mm²);

　　　p——柱常温时的轴压比:

$$p = \frac{P}{FA_C} \tag{1-110}$$

式中 P——该柱轴向荷载(N);

　　　F——钢材常温时的强度(N/mm²);

　　　A_C——柱的截面面积(mm²);

柱局部失稳的上限温度 T_{LB} 可按下式计算:

$$T_{LB} = 700 - \frac{375p}{\min(R_{LBO}, 0.75)} \tag{1-111}$$

式中 p——常温时的轴压比;

　　　R_{LBO}——可由表 1-31 中公式计算。

表 1 - 31　R_{LBO} 的计算方法

断 面 形 状	R_{LBO}
H 形断面	$R_{LBO} = \min\left\{\dfrac{7}{0.72\dfrac{B_f}{t_f} + 0.11\dfrac{B_w}{t_w}},\ 21\dfrac{t_w}{B_w}\right\}$
方管截面 (仅限于热轧成形或焊接组装构件)	$R_{LBO} = 21\dfrac{t}{B}$
方管截面 (仅限于冷轧成形构件)	$R_{LBO} = 17\dfrac{t}{B}$
圆管截面	$R_{LBO} = \dfrac{35.6}{D/t_{cy} + 10.6}$

注：B_f —钢材翼板宽乘以 0.5(mm)；B_w —钢材腹板高度(mm)；t_f —钢材翼板厚度(mm)；t_w —钢材腹板厚度
(mm)；B —钢材的截面内径(mm)；T —钢材的板厚(mm)；D —钢材截面外径(mm)；t_{cy} —钢材的壁厚(mm)。

T_{DP} —柱热变形的上限温度(℃)可由式(1-112)计算得到。

$$T_{DP} = 20 + \frac{18\,000}{\sqrt{S}} \tag{1-112}$$

式中　S ——该柱面对室的地板面积(m^2)；

钢材的高温强度 F_t，规范并没有具体规定，但可以按下式进行计算：

$$\begin{cases} T_S \leqslant 325℃ & F_t = F \\ 325℃ \leqslant T_S \leqslant 700℃ & F_t = [(700 - T_s)/375]F \end{cases} \tag{1-113}$$

式中　F ——钢材的基准强度(N/mm^2)；

　　　T_S ——钢材温度(℃)。

t_{fr2} 由下式计算：

$$t_{fr2} = \left[\frac{T_{cr} - 20}{\max(\alpha,\ \alpha_1)}\right]^6 \tag{1-114}$$

式中　α ——火灾温度上升系数；

　　　α_1 ——构件附近火灾温度上升系数。

② 有防火保护的柱。日本考虑的防火保护材料是指厚 25 mm 以上的喷涂玻璃纤维
或厚 20 mm 以上的加纤维硅酸钙板。在此做法下的钢柱耐火时间用下式计算：

$$t_{fr} = \max\left\{\frac{9\,866}{\alpha^{3/2}}\left\{\frac{2}{h}\left\{\frac{1}{\ln[h^{\frac{1}{6}}(T_{cr} - 20)/1\,250]}\right\}\right\}^2 + \frac{\alpha_w}{(H_i/A_i)^2},\ \left(\frac{T_{cr} - 20}{\alpha}\right)^6\right\} \tag{1-115}$$

式中　t_{fr}——具有防火保护的钢柱耐火时间(min);

　　　α——火灾温度上升系数;

　　　h——构件温度上升系数;

　　　α_w——温度上升延迟时间系数,见表1-32;

　　　H_i——被覆材的加热周长(m);

　　　A_i——被覆材的截面积(m^2);

　　　T_{cr}——构件临界温度(℃)。

表1-32　温度上升延迟系数 α_w

防火被覆种类	钢材分类	温度上升延迟时间系数
喷涂玻璃纤维 (H型钢中以板条喷吹 工法者除外)	H型钢	22 000
	角形钢管或圆形钢管	19 600
纤维硅酸钙板 (仅限于箱贴工法者)	H型钢	28 300
	角形钢管或圆形钢管	32 000

构件温度上升系数(h)是描述构件开始受到加热时,温度是否容易上升的参数,在此综合考虑了防火保护的效果,温度上升延迟时间系数、构件截面形状等组合因素。

构件温度上升系数由下式计算:

$$h = \frac{\phi K_o (H_s / A_s)}{\left[1 + \dfrac{\phi R}{H_i / A_i}\right]\left[1 + \dfrac{\phi C(H_s / A_s)}{2(H_i / A_i)}\right]} \tag{1-116}$$

式中　ϕ——加热周长比,$\phi = \dfrac{H_i}{H_s}$;

　　　H_i——被覆材的加热周长(m);

　　　H_s——构件的加热周长(m);

　　　K_o——基本温度上升速度(m/min),见表1-33;

　　　A_s——构件的截面积(m^2);

　　　R——热抵抗系数,见表1-34;

　　　A_i——被覆材的截面积(m^2);

　　　C——热容量比,见表1-35。

表 1 - 33　温度上升速度

截　面　形　式	基本温度上升速度
H 型钢	0.000 89
角形钢管或圆形钢管	0.001 16

表 1 - 34　热抵抗系数

防火保护方式	截　面　形　式	热抵抗系数
喷涂玻璃纤维 （H 型钢中以板条喷吹 工法者除外）	H 型钢	310
	角形钢管或圆形钢管	390
纤维混入硅酸钙板 （仅限于箱贴工法者）	H 型钢	815
	角形钢管或圆形钢管	700

表 1 - 35　热容量比

防火保护方式	热　容　量　比
喷涂玻璃纤维	0.081
纤维硅酸钙板	0.136

（3）钢结构梁的计算

① 无防火保护的梁。无防火保护梁的耐火时间由下式计算：

$$t_{fr} = \max\{t_{fr1}, t_{fr2}\} \tag{1-117}$$

t_{fr1} 由下式计算：

$$t_{fr1} = \frac{19\,732}{\alpha^{\frac{3}{2}} h} \left\{ \frac{1}{\ln\left[h^{\frac{1}{6}}(T_{cr} - 20)/1\,250\right]} \right\}^2 \tag{1-118}$$

t_{fr2} 由下式计算：

$$t_{fr2} = \left[\frac{T_{cr} - 20}{\max(\alpha, \alpha_1)} \right]^6 \tag{1-119}$$

式中　α——火灾温度上升系数；

α_1——构件附近火灾温度上升系数；

h——构件温度上升系数，见表 1 - 36；

T_{cr}——构件临界温度（℃）。

表 1-36　构件温度上升系数 h

构　　造	构件温度上升系数
梁上翼板密贴于楼板的 H 型钢梁，三面受火	$h = 0.000\,67(H_s/A_s)$
其他 H 型钢梁	$h = 0.000\,89(H_s/A_s)$

注：H_s—构件温度加热周长(m)；A_s—构件的截面积(m^2)。

钢梁临界温度(T_{er})，由下式计算：

$$T_{er} = \min\{T_{Bcr},\ T_{DP},\ 550\} \tag{1-120}$$

式中　T_{Bcr}——根据梁的耐火能力确定的上限温度(℃)，可由式(1-121)计算得到；

　　　　T_{DP}——根据梁热变形确定的上限温度(℃)。

$$T_{Bcr} = 700 - \frac{750l^2(w_1 + w_2)}{M_{PB}(\sqrt{R_{B1} + R_{B3}} + \sqrt{R_{B2} + R_{B3}})^2} \tag{1-121}$$

式中　w——作用于梁上包括梁自重的分布荷载(N/m)；

　　　　w_2——梁集中荷载等效值，可由式(1-122)计算：

$$w_2 = a\sum_{i=1}^{n} \frac{Q_i}{2l} \tag{1-122}$$

式中　a——与梁集中荷载个数有关的系数，按下表所示取值：

$n = 1$ 时	2.0
$n = 2$ 时	1.5
$n \geqslant 3$ 时	1.2

在这表中，n 表示作用于梁的集中荷载个数

　　Q_i——作用于该梁的第 i 个集中荷载；

　　l——1/2 梁长(m)；

　　n——梁集中荷载个数；

　　M_{PB}——梁常温塑性力矩(N·m)，由下式计算：

$$M_{PB} = \frac{FZ_{PBX}}{1\,000} \tag{1-123}$$

式中　F——钢材的基准强度(N/mm^2)；

　　　　Z_{PBX}——梁截面强轴塑性发展系数(m^3)；

R_{B1}、R_{B2}——梁端约束系数,可按下表选取。

该构件端部与邻近构件刚接时	$R_{Bi} = 1 \, (i = 1、2)$
其他情形时	$R_{Bi} = 0 \, (i = 1、2)$

R_{B3} 梁顶面约束系数,以下表所示公式计算得到。

梁顶面紧贴于楼板时	$R_{B3} = 1$
其他情形	$R_{B3} = \dfrac{Z_{PBY}}{Z_{PBX}}$

式中,Z_{PBX} 为梁截面强轴塑性发展系数(mm^3)
Z_{PBY} 为梁截面弱轴塑性发展系数(mm^3)

T_{DP} 依照下列公式算出的梁热变形上限温度(℃):

$$T_{DP} = 20 + \frac{18\,000}{\sqrt{S}} \tag{1-124}$$

式中　S——该梁面对室内的楼面面积(m^2)。

②　有防火保护梁的计算。有防火保护梁的耐火时间由下式计算:

$$t_{fr} = \max\left[\frac{9\,866}{\alpha^{\frac{3}{2}}}\left\{ \frac{2}{h}\left\{ \frac{1}{\ln\left[h^{\frac{1}{6}}(T_{cr}-20)/1\,250\right]} \right\}^2 + \frac{\alpha_w}{(H_i/A_i)^2} \right\}, \; \left(\frac{T_{cr}-20}{\alpha} \right)^6 \right] \tag{1-125}$$

式中　α——火灾温度上升系数;

T_{cr}——构件临界温度(℃);

α_w——温度上升延迟时间系数,见表 1-37;

H_i——被覆材的加热周长(m);

A_i——被覆材的截面积(m^2);

h——构件温度上升系数,由下式计算:

$$h = \frac{\phi K_o(H_s/A_s)}{\left(1 + \dfrac{\phi R}{H_i/A_i}\right)\left[1 + \dfrac{\phi C(H_s/A_s)}{2(H_i/A_i)}\right]} \tag{1-126}$$

式中　ϕ——加热周长比,$\phi = \dfrac{H_i}{H_s}$;

H_s——构件的加热周长(m);

A_s——构件的截面积(m^2);

K_0——基本温度上升速度(m/min),见表 1-38;

R——热抵抗系数,见表 1-39;

C——热容量比,见表 1-40。

表 1-37　温度上升延迟系数 α_w

防火保护方式	构　　造	温度上升延迟时间系数
喷涂玻璃纤维 (板条喷吹工法除外)	梁上翼板密贴于楼板的 H 型钢梁,三面受火	26 000
	其他 H 型钢梁	22 000
纤维硅酸钙板 (仅限于箱贴工法)	梁上翼板密贴于楼板的 H 型钢梁,三面受火	20 300
	其他 H 型钢梁	28 300

表 1-38　温度上升速度

构　　造	基本温度上升速度
梁上翼板密贴于楼板的 H 型钢梁,三面受火	0.000 67
其他 H 型钢梁	0.000 89

表 1-39　热抵抗系数

防火保护方式	构　　造	热抵抗系数
喷涂玻璃纤维 (板条喷吹工法除外)	梁上翼板密贴于楼板的 H 型钢梁,三面受火	235
	其他 H 型钢梁	310
纤维硅酸钙板 (仅限于箱贴工法)	梁上翼板密贴于楼板的 H 型钢梁,三面受火	365
	其他 H 型钢梁	815

表 1-40　热容量比

防火保护种类	热 容 量 比
喷涂玻璃纤维	0.081
纤维硅酸钙板	0.136

（4）钢筋混凝土柱计算　当柱的细长比＜10、混凝土的设计基准强度≥60 N/mm²，混凝土保护层厚度＞30 mm 时，可用下式计算钢筋混凝土柱的耐火时间 t_{fr}。

$$t_{fr}=\max\left\{\frac{16\,772(cd)^2}{\alpha^{\frac{3}{2}}\left[\ln\dfrac{0.673}{(cd)^{\frac{1}{3}}}\right]^2},\left(\frac{480}{\alpha}\right)^6\right\} \tag{1-127}$$

式中　α ——火灾温度上升系数；

c ——热特性系数，普通混凝土为 0.21，轻质混凝土为 0.23；

d ——热损坏深度（mm），由下式计算：

$$d=\min\left(\frac{A_c-\dfrac{3P}{2F_c}}{H_c},\ 2d_s\right) \tag{1-128}$$

式中　A_c ——柱的截面积（mm²）；

P ——柱轴向荷载（N）；

F_c ——混凝土常温设计基准强度（N/mm²）；

H_c ——柱截面加热周长（mm）；

d_s ——受火部分混凝土保护层最小值（mm）。

（5）钢筋混凝土梁的计算　当钢筋混凝土梁为适筋梁且混凝土保护层的厚度大于 30 mm 时，其耐火时间按下式计算：

$$t_{fr}=\max\left\{\frac{16\,772(cd)^2}{\alpha^{\frac{3}{2}}\left[\ln\dfrac{0.673}{(cd)^{\frac{1}{3}}}\right]^2},\left(\frac{480}{\alpha}\right)^6\right\} \tag{1-129}$$

式中　α ——火灾温度上升系数；

c ——热特性系数，普通混凝土为 0.21，轻质混凝土为 0.23；

d ——热损坏深度（mm），由下式计算：

$$d=\min\left[\frac{M_{P1}+M_{P2}+2M_{P3}-1\,000(w_1+w_2)l^2}{\dfrac{M_{P1}}{D_1}+\dfrac{M_{P2}}{D_2}+\dfrac{M_{P3}}{D_3}},\ 2d_3\right] \tag{1-130}$$

式中　M_{P1}、M_{P2}——梁端弯矩；

M_{P3}——梁跨中弯矩；

d_3——受拉主筋的最小混凝土保护层厚度（mm）；

D_1、D_2——梁端处受拉主筋重心至受压区最外边的最小距离（mm）；

D_3——梁跨中受拉主筋重心至受压区最外边的最小距离（mm）；

w_1——包括梁自重的均布荷载(N/m);

w_2——梁集中荷载等效值(N/m),可用下式计算:

$$w_2 = \alpha \sum_{i=1}^{n} \frac{Q_i}{2l} \qquad (1-131)$$

式中 Q_i——作用于梁上的第 i 个集中荷载(N)。

α——与梁集中荷载个数有关的系数。当集中荷载个数为 1 时,$\alpha=2$;当集中荷载个数为 2 时,$\alpha=1.5$;当集中荷载个数为 3 及以上时,$\alpha=1.2$。

(6)钢筋混凝土墙

① 承重墙。当混凝土的设计强度小于 60 N/mm² 且混凝土保护层厚度大于 30 mm 时,混凝土承重墙的耐火时间可由下式计算:

$$t_{fr} = \min\left\{\max\left\{\frac{16\,772(cd)^2}{\alpha^{\frac{3}{2}}\left[\ln\frac{0.673}{(cd)^{\frac{1}{3}}}\right]^2}, \left(\frac{480}{\alpha}\right)^6\right\}, \frac{118.4c_D D^2}{\alpha^{\frac{3}{2}}}\right\} \qquad (1-132)$$

式中 c——热特性系数,普通混凝土为 0.21,轻质混凝土为 0.23;

α——火灾温度上升系数;

D——墙壁厚度(mm);

c_D——隔热特性系数,普通混凝土为 1.0,轻质混凝土为 1.2;

d——热损坏深度(mm)

$$d = \min\left(D - \frac{3P}{2F_c}, 2d_s\right)$$

式中 P——单位长度墙壁上的荷载(N/mm);

F_c——混凝土常温设计基准强度(N/mm²);

d_s——受火处混凝土保护层厚度最小值(mm)。

② 非承重墙。非承重墙只需满足隔热性即可,用下式计算非承重墙耐火时间:

$$t_{fr} = \frac{118.4c_D D^2}{\alpha^{\frac{3}{2}}} \qquad (1-133)$$

式中 D——墙壁厚度(mm);

α——火灾温度上升系数;

c_D——隔热特性系数,普通混凝土为 1.0,轻质混凝土为 1.2。

(7)钢筋混凝土楼板 当钢筋混凝土楼板为适筋板且混凝土保护层的厚度大于 20 mm 时,其耐火时间可用计算承重墙的式(1-132)计算。但公式中热损坏深度 d 需由下式计算:

$$d = \min\left[\frac{(M_{xp1} + M_{xp2} + 2M_{xp3}) + (M_{yp1} + M_{yp2} + 2M_{yp3})\left(\dfrac{l_x}{l_y}\right)^2 - 250wl_x^2}{\left(\dfrac{M_{xp1}}{D_{x1}} + \dfrac{M_{xp2}}{D_{x2}} + \dfrac{M_{xp3}}{D_{x3}}\right) + \left(\dfrac{M_{yp1}}{D_{y1}} + \dfrac{M_{yp2}}{D_{y2}} + \dfrac{M_{yp3}}{D_{y3}}\right)\left(\dfrac{l_x}{l_y}\right)^2},\ 2d_{x3},\ 2d_{y3}\right]$$

$$(1-134)$$

式中　　M_{xp1}、M_{xp2}——楼板短边方向两端弯矩；

　　　　M_{yp1}、M_{yp2}——楼板长边方向两端弯矩；

　　　　M_{xp3}、M_{yp3}——分别为短边和长边方向跨中弯矩；

　　　　l_x、l_y——分别为短边和长边的跨度（mm）；

　　　　w——作用于楼板上的均布荷载（N/m²）；

　　　　D_{x1}、D_{x2}——分别为短边方向楼板两端受拉纵筋重心至受压区最外边最小距离；

　　　　D_{y1}、D_{y2}——分别为长边方向楼板两端受拉纵筋重心至受压区最外边最小距离；

　　　　D_{x3}、D_{y3}——分别为短边和长边方向楼板跨中受拉纵筋重心至受压区最外边最小距离；

　　　　d_{x3}、d_{y3}——分别为板短边和长边跨中混凝土保护层厚度。

1.4.2.3　美国的计算方法

美国关于结构防火安全的设计标准及规范系规定于 ASCE STANDARD 的 Standard Calculation Methods for Fire Protection，及 IBC Code 第七章中，标准号为 ASCE/SEI/SFPE 29—99。该标准是由 ASCE（美国土木工程师协会）以及 SFPE（防火工程师协会）共同制定的结构防火标准计算方法，主要根据结构种类的不同而制定不同的计算方法及规范，并将结构划分为钢筋混凝土结构、木结构、砌体结构、钢结构等四类，还依照材料种类、结构约束情况、耐火时间等来规定不同防火评估计算方法。

1）木结构的计算方法

（1）外墙、楼面及屋面规定　该规范所述的计算方法仅适用于耐火极限小于或等于 1 h 的木结构构件，其耐火时间计算主要根据内部不同种类片层及框架类型查表而得。

（2）木构件的抗火设计　木结构构件最小截面尺寸为 152 mm×152 mm，梁和柱的耐火时间 R（min）可由下列式子计算：

$$梁四面受火：R = \gamma Zb[4 - 2(b/d)] \tag{1-135}$$

$$三面受火：R = \gamma Zb[4 - (b/d)] \tag{1-136}$$

$$柱四面受火：R = \gamma Zd[3 - (d/b)] \tag{1-137}$$

$$三面受火：R = \gamma Zd[3 - (d/2b)] \tag{1-138}$$

式中　　γ——常数，取 0.1 min/mm；

　　　　b——梁或柱受火前截面最大宽度（mm）；

d ——梁或柱受火前截面最小宽度(mm);

Z ——荷载因子,可由下式计算:

对于短柱:

$$K_e l/d \leqslant ll, r \leqslant 0.5, Z=1.5 \tag{1-139}$$

$K_e l/d \leqslant ll, r > 0.5, Z=0.9+30/r$

对于梁及其他类型柱:

$$K_e l/d > ll, r \leqslant 0.5, Z=1.3 \tag{1-140}$$

$K_e l/d > ll, r > 0.5, Z=0.7+30/r$

式中　K_e ——有效长度因子;

l ——柱之无支撑长度(mm);

R ——外加荷载与容许荷载的比值。

2)钢结构的计算方法

(1)钢结构柱规定

① 石膏板防火保护。用石膏板进行防火保护钢柱的耐火时间,需根据钢材的质量 W 与受热截面周长 D 的比值进行计算。当 $W/D \leqslant 0.215$ 时,其计算公式如下:

$$R=1.60\left[\frac{h(W'/D)}{2}\right]^{0.75} \tag{1-141}$$

式中　R ——耐火时间(h);

h ——石膏板的厚度(mm);

D ——钢柱的受热截面周长(mm)(图 1-43);

W' ——钢柱及防火保护石膏板的总质量(kg/m),$W'=W+0.0008hD$。

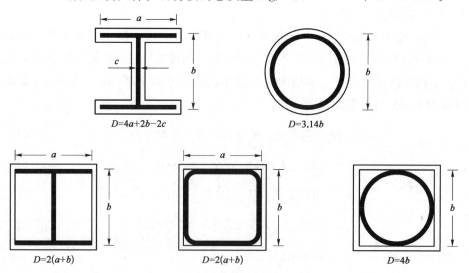

图 1-43　钢柱的受热截面周长

② 喷涂防火涂料。钢柱若采用防火涂料进行防火保护(图 1 - 44),其耐火时间可按以下公式计算:

$$R = \left(C_1 \frac{W}{D} + C_2\right) h \quad (H \text{ 型钢柱}) \tag{1-142}$$

$$R = C_3 \left(\frac{A}{P}\right) h + C_4 \text{(圆形及方形钢管柱)} \tag{1-143}$$

式中　R ——耐火时间(h);

　　　H ——防火涂料的厚度(mm);

　　　D ——钢柱加热周长(mm),如图 1 - 44 所示;

　　　W ——钢柱的质量(kg/m);

　　　C_1、C_2 ——H 型钢柱的材料常数;

　　　C_3、C_4 ——圆形及方形钢管柱的材料常数。

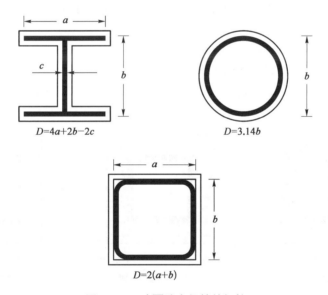

图 1 - 44　喷覆防火保护的钢柱

③ 混凝土或砌体结构包覆的钢柱混凝土包覆钢结构柱(图 1 - 45),其最小混凝土厚度需满足相关要求,若采用预制混凝土板来包覆钢柱,其所需的最小厚度也需满足相关要求。以混凝土或以砌体结构包覆的钢柱(图 1 - 46),其耐火时间可按下式计算:

$$R = R_0 (1 + 0.03m) \tag{1-144}$$

$$R_0 = 1.22 \left(\frac{W}{D}\right)^{0.7} + 0.002\,7 \left(\frac{h^{1.6}}{K_C^{0.2}}\right) \times \left[1 + 31\,000 \left(\frac{H}{\rho_C C_C (L + h)}\right)^{0.8}\right] \tag{1-145}$$

式中　R ——耐火时间(h);

R_0——含水率为 0 时的防火时效(h);

h ——混凝土或黏土砌块的等效包覆层厚度(mm);

D ——钢柱受热周长(mm);

W ——钢柱平均质量(kg/m);

m ——混凝土或黏土砌块平衡含水量(%);

K_C ——混凝土或黏土砌块的常温热传导系数[W/(m·K)];

H ——钢柱常温热容量,$H = 0.11W$[kJ/(m·K)];

ρ_C ——混凝土或黏土砌块的密度(kg/m³);

C_C——常温时混凝土或黏土砌块的比热[kJ/(kg·K)];

L ——箱型混凝土保护层的任一边的内径(mm)。

对完全以混凝土包覆之 H 型钢柱而言,其内侧凹角处混凝土的热容量计算时应加上钢柱的热容量,计算公式如下:

$$H = 0.46W + \frac{\rho_C C_C}{1\,000\,000}(b_f d - A_S) \tag{1-146}$$

式中　b_f ——钢柱的翼缘宽度(mm);

d ——钢柱的截面高度(mm);

A_S ——钢柱的截面积(mm²)。

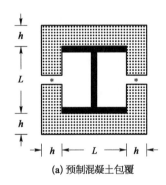 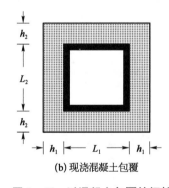 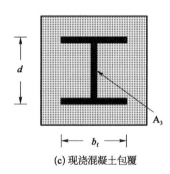

(a) 预制混凝土包覆　　　　(b) 现浇混凝土包覆　　　　(c) 现浇混凝土包覆

图 1-45　以混凝土包覆的钢柱

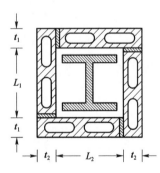 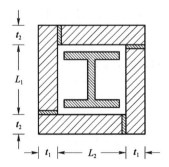 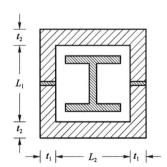

图 1-46　砌体结构包覆的钢柱

④ 钢管混凝土柱。其耐火时间计算公式如下：

$$R = a \times \frac{(f'_c + 20)}{60(KL - 1\,000)} D^2 (D/C)^{0.5} \tag{1-147}$$

式中　R ——耐火时间(h)；

a ——0.07(圆形钢管硅酸盐骨料混凝土柱)；

a ——0.08(圆形钢管碳酸盐骨料混凝土柱)；

a ——0.06(方形或矩形钢管硅酸盐骨料混凝土柱)；

a ——0.07(方形或矩形钢管碳酸盐骨料混凝土柱)；

f'_c ——混凝土 28 天抗压强度(MPa)；

KL ——柱有效长度(mm)；

D ——圆形钢柱的外径(mm)，方形钢柱的边长(mm)或矩形钢柱的短边边长(mm)；

C ——由无因次的静荷载与动荷载所引起的压力(kN)。

利用以上公式计算需特别注意：耐火时间需小于或等于 2 h，且计算参数应满足：
① 20 MPa$\leqslant f'_c \leqslant$40 MPa；② 2 000 mm$\leqslant KL \leqslant$4 000 mm；③ 140 mm$\leqslant D \leqslant$410 mm
（圆柱）或 305 mm（矩形及方形柱）；④ C 值不得超过 AISC/LRFD—94 所规定的混凝土设计强度。

（2）钢结构梁规定　钢梁的防火计算与钢柱计算方法相似，将梁的重量与受热周长比(W/D，图 1-47)，代入钢柱的计算公式中即可。但需注意的是梁受热周长往往与柱不同，若使用防火涂料，可由下式求出喷覆材料所需厚度：

$$h_2 = \left[\frac{W_1/D_1 + 0.036}{W_2/D_2 + 0.036} \right] h_1 \tag{1-148}$$

式中　h ——防火涂料的厚度(mm)；

W ——钢梁的质量(kg/m)；

D ——钢梁的受热周长(mm)。

注：下标 1 表示规范规定的钢梁的防火覆层厚度，下标 2 表示欲换不同型式钢梁时所需的覆层厚度。

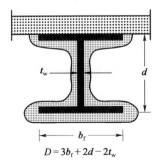
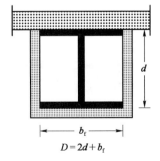

$D = 3b_f + 2d - 2t_w$　　　　$D = 2d + b_f$

图 1-47　钢梁加热周长 D

3) 混凝土结构计算方法

(1) 钢筋混凝土墙

① 最小等效厚度规定。钢筋混凝土承重或非承重墙与所需耐火时间对应的墙厚(或等效墙厚)均应满足规范附表规定的最小厚度。

② 楔形截面墙厚确定。楔形截面墙厚度应取距离最小厚度点处 $2t$ 或 152 mm 厚度的较小值(图 1-48)。

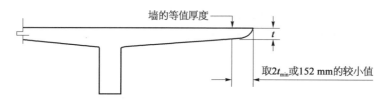

图 1-48　楔形断面墙之厚度

③ 带肋或波纹面墙厚度确定。带肋或波纹面钢筋混凝土墙(图 1-49)的等效厚度 T_e 可由下式计算:

$$\begin{cases} s \geqslant 4t \text{ 时}, & T_e = t \\ s \leqslant 2t \text{ 时}, & T_e = t_e \\ 2t < s < 4t \text{ 时}, & T_e = t + \left(\dfrac{4t}{s} - 1\right)(t_e - 1) \end{cases} \tag{1-149}$$

式中　s——肋或波纹间距;

　　　t——墙体最小厚度;

　　　t_e——利用净截面积除以宽度所得的等效厚度(用于计算净截面积的最大厚度值不得超过 $2t$)。

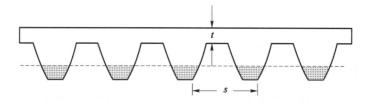

图 1-49　带肋或波纹面混凝土墙厚度

④ 多层烟道纵向分隔板墙计算。多层烟道纵向分隔墙若是由多种不同混凝土组合而成,其耐火时间可由下式计算:

$$R = (R_1^{0.59} + R_2^{0.59} + \cdots + R_N^{0.59})^{1.7} \tag{1-150}$$

式中　R——组合墙体的耐火时间(min);

　　　$R_1, R_2, \cdots, R_n$——各纵向分隔板的耐火时间(min)。

⑤ 预制混凝土墙接缝。不同预制混凝土墙接缝处隔热所需厚度应满足规定要求。当接缝宽度为 10 mm 和 25 mm 时,其耐火时间分别可达到 1 h 和 4 h。其他接缝宽度相应的耐火时间可用线性插值方法获得。

⑥ 石膏板或灰浆装修墙。现浇或预制混凝土墙,若用石膏板及灰浆装修,当其位于非受火侧时,需将其等效成混凝土墙,并将其厚度与原钢筋混凝土墙厚度相加,然后查表可得它的耐火时间;当其位于受火侧时,可先查表得到相应的混凝土等效耐火时间,再加上原钢筋混凝土墙的耐火时间,即可得石膏板或灰浆装修墙的耐火时间。

(2) 钢筋混凝土屋面及楼面

① 最小等效厚度的规定。钢筋混凝土屋面及楼面的最小等效厚度,所需的耐火时间应按相关规定确定。

② 不同骨料的混凝土屋面及楼面。将实际不同骨料的混凝土厚度,再加到实际混凝土墙的厚度,然后确定混凝土屋面及楼面的耐火时间。

③ 耐热屋面及楼面的耐火时间按规定确定。

(3) 混凝土保护层规定　预应力或非预应力钢筋混凝土屋面及楼面板、非预应力钢筋混凝土梁与预应力钢筋混凝土梁的保护层最小厚度均按相关规定确定。

(4) 钢筋混凝土柱规定　钢筋混凝土柱的最小尺寸根据不同耐火时间,不得小于相关规定的要求,且混凝土最小保护层厚度不得小于 25 mm 乘以所需的耐火时间或 51 mm 之间的较小值。

4) 砖墙结构计算方法

无论是承重或非承重砌体墙的耐火时间均可按其最小等值厚度确定,其值不得小于表 1-41 中的规定。

表 1-41　砌体墙结构的耐火时效　　　　　　　　　　　　　　单位:mm

骨料类型		耐火时间等级						
		4 h	3 h	2 h	1.5 h	1 h	0.75 h	0.5 h
混凝土砌体	石灰质或硅酸质砂石、石灰石、煤渣、膨胀黏土、炉渣、页岩、膨胀炉渣或浮石	157	135	107	90	71	61	51
		150	127	102	86	69	58	48
		130	112	91	84	66	56	46
		119	102	81	69	53	48	38
黏土砖砌体	黏土或页岩砖、珍珠岩或蛭石砖	127	109	86	72	58	51	43
		168	140	112	94	76	67	28

对于石膏板及砂浆装修砌体墙,若火灾位于非向火侧时,需将装修层厚度乘以表1-42中的系数,然后和实际砌体墙厚度相加,再利用表1-41查得所对应的耐火时间;若火灾位于向火侧时,可由表1-43查得其对应的耐火时间,再加上原砌体墙耐火时间即为综合的耐火时间。

多层烟道从向分隔板墙若是由多种不同或相同材质组合而成,具有或者不具有空隙,其耐火评估可由下式计算:

$$R = (R_1^{0.59} + R_2^{0.59} + \cdots + R_n^{0.59} + A_1^{0.59} + A_2^{0.59} + \cdots + A_n^{0.59})^{1.7} \qquad (1-151)$$

式中　$R_1 \sim R_n$——纵向分隔板墙的耐火时间(h);

$A_1 \sim A_n$——空气隔热层系数,取为0.3(空气隔热层厚度在12.7~88.9 mm)。

表1-42　砌体墙装饰面处于非受火面的等效厚度系数

组成材料	砌体类型			
	黏土砖	黏土瓷砖;膨胀页岩且砂含量小于20%的混凝土砌体	膨胀页岩混凝土砌体或浮石、矿渣、黏土且砂含量小于20%的混凝土砌体	膨胀火山岩渣、黏土或浮石的混凝土砌体
石膏水泥砂浆	1	0.75	0.75	0.5
石膏砂浆	1.25	1	1	1
石膏板	3	2.25	2.25	2.25
蛭石或珍珠岩石膏	1.74	1.5	1.25	1.25

表1-43　砌体墙装饰面处于受火面时的耐火时间

装饰板材类型	厚度/mm	耐火时间/min
石膏墙板	9.5	10
	12.7	15
	9.5×2	25
	9.5+12.7	35
	12.7×2	40
X型石膏墙板	12.7	25
	15.9	40

（续表）

装饰板材类型	厚度/mm	耐火时间/min
水泥砂浆涂层	19	20
	22.2	25
	25.4	30
在 9.5 mm 厚石膏板上的石膏砂浆涂层	12.7	35
	15.9	40
	19	50
在金属板上的石膏砂浆涂层	19	50
	22.2	60
	25.4	80

第 2 章　复杂结构抗风

2.1　概述

2.1.1　抗风安全性

风灾是发生最为频繁的自然灾害之一。尤其是近年来由于全球气候环境的变化，强台风发生的频率和强度都有所增加，造成的损失难以计数，给人们的生命财产安全带来巨大威胁。在沿海台风地区，风荷载往往是复杂建筑的控制荷载，对结构设计具有决定性意义。

近年来，随着玻璃幕墙等围护结构的普遍使用，超高层建筑的抗风安全性更加凸显其重要性；而随着人们对建筑造型美观需求的提高，大跨屋盖结构阻尼小、质量轻等特点也日益显著，其处于湍流度较高的低矮大气边界层中的风致动力响应不容忽略。

国内外由幕墙而导致的安全事故中，很大一部分是由风引起的。如图 2-1(a)所示为 2005 年美国新奥尔良"卡特里娜"飓风对建筑幕墙造成的破坏，图 2-1(b)所示为 2005 年在中国东南沿海登陆的"泰利"台风过境造成的幕墙破坏，图 2-1(c)所示为 2016 年"莫兰蒂"台风过境时对中国厦门高层建筑造成的破坏，图 2-1(d)所示为 2018 年"山竹"台风对中国香港建筑幕墙的破坏。

风灾中玻璃幕墙的破坏不仅带来直接的经济损失，还可能导致二次破坏，造成更大的间接损失。这是因为幕墙破坏后，会导致风"穿堂入室"，对结构的内部设施造成更大的破坏。

另外，建筑的节能特性越来越受到重视，高层建筑外表面通常要覆盖保温层。由于保温层与主墙体的黏结强度问题，高层建筑外保温层被风吹坏的事故也时有发生。图 2-2 反映的是 2008 年底北京两幢高层建筑外保温层被风吹坏的情况。分析表明，在西北风作用下，侧墙较低区域的风吸力较高。在风力持续作用下，位置较低的保温层逐渐松动脱落，而这种损伤由下至上的传播，最终导致侧墙区域的保温层大面积脱落。

在历次台风中，一些大跨屋面结构破坏严重。低层屋盖结构中，轻钢屋面破坏严重，

(a) 美国新奥尔良"卡特里娜"飓风
　　造成的破坏

(b) "泰利"台风造成的破坏

(c) "莫兰蒂"台风造成的破坏

(b) "山竹"台风造成的破坏

图 2‑1　幕墙破坏实例

大棚屋面坍塌,有些甚至出现结构整体坍塌,如图 2‑3 所示。

　　此外,对于其他构筑物,风灾事故也时有发生,如广告牌面板撕裂、轻质支撑结构出现整体破坏、塔吊倾覆倒塌等(图 2‑4)。

　　通过调查,各种破坏的原因主要有结构抗风强度不够、强风下飞掷物的二次破坏、未严格遵守施工和设计的标准规范等。因此,城市建筑设计应注重抗风安全性,注意建筑布局与主导风向的关系,关注建筑布局对风场环境的影响,采取必要的植被措施或布局改进提高风场环境,对重要的项目进行专门的研究咨询工作。同一区域某个项目损坏严重,其他项目基本无损;同一建筑某一立面损坏严重,其他立面基本无损坏,经过分析,这些情况无一例外是群体建筑产生的不利风场造成的。在台风区,尤其要注意以下几点:

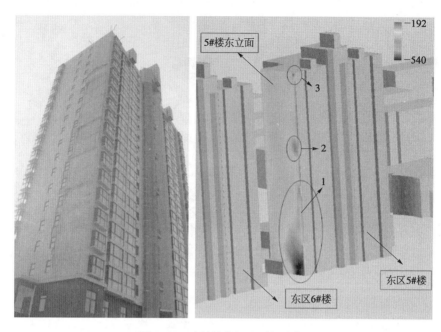

图 2‑2　建筑外保温层破坏实例

图 2‑3　大跨建筑屋盖破坏实例

(a) 地面广告牌及亭岗倒塌　　　　　　　(b) 厦成线（杏林大桥）电线杆倒塌

图 2‑4　其他构筑物破坏情况

（1）校核门窗结构的设计水准、构造要求，考虑适当提高标准要求。风灾调研发现，玻璃幕墙未出现结构性损坏，但门窗出现了连接构件脱落、整体破坏情况。

（2）重视飞掷物的破坏，在大体量幕墙建筑周边控制飞掷物的产生源头，减小飞掷物的影响范围。

（3）重新评估钢化玻璃可能造成的不利影响，如：对围护结构的二次破坏；对人体的伤害；对环境的影响。钢化玻璃破碎颗粒能够在铝合金型材表面产生蜂窝状小坑槽，说明其有足够破坏力，是大面积钢化玻璃的连锁破坏的主因，对人体也存在安全隐患；风灾过后，大量钢化玻璃颗粒散落，范围广，清理难度大，对环境破坏严重。

（4）严格按照相关标准规范进行幕墙的设计与施工，重视幕墙施工质量的检查。

2.1.2　抗风舒适性

随着社会经济的发展和人们生活水平的提高，公众对于居住环境和生活质量也提出了更高的要求。超高层建筑在满足安全性的前提下，风作用下的舒适度问题就显得越来越重要了。

超高层建筑的舒适度受风的影响主要体现在以下几个方面：首先是风振引起的加速度会造成人体不适。在《高层建筑混凝土结构技术规程》(JGJ 3—2010)中对此有明确规定。规程 3.7.6 条规定"房屋高度不小于 150 m 的高层混凝土建筑结构应满足风振舒适度要求。在现行国家标准《建筑结构荷载规范》GB 50009 规定的 10 年一遇的风荷载标准值作用下，结构顶点的顺风向与横风向振动最大加速度计算值不应超过表 3.7.6 的限值。"表 3.7.6 中对建筑、公寓类的高层建筑，要求顶点最大加速度不超过 $0.15\ \mathrm{m/s^2}$，而办公和旅馆用途的高层建筑，最大加速度不应超过 $0.25\ \mathrm{m/s^2}$。

风对舒适度的另一个影响体现在行人高度风环境。自然风流经建筑物特别是建筑群时，会产生各种风效应，一方面影响行人的舒适性，另一方面还会造成建筑物局部的损坏，或是局部环境的污染。这就是所谓的建筑物风环境的问题，主要表现为角区气流效应、穿堂风效应、环流效应、巷道效应、逆流效应等。优良的设计方案在满足通风要求的前提下，能够保证行人不会因为风速过高，在活动区域产生强烈的不舒适。目前中国规范未对行人高度风环境做出明确规定，但公共建筑、商业区、高档社区等常需进行该项研究，以提升设计品质。

由于经济发展水平的原因，国外开展风环境研究的时间较早。部分发达国家和地区还制定了大型建筑需要满足的风环境规范。相比国外对建筑物风环境研究的重视，中国的同类研究相对滞后。原因之一是风荷载及风振响应、建筑结构安全是以往中国工程界最关心的问题，对于影响居住舒适度的相关内容尚未引起广泛重视。对比国外不同的研究机构提出的数种风环境舒适性准则，中国在这方面的工作还是一片空白。

而随着国内人们对生活质量和居住环境的要求逐渐提高，尤其是高档建筑和商业区、休闲区的兴起，已有越来越多的建筑设计者意识到了风环境的重要性，要求进行局部风环境的评估，以增加建筑品质和舒适性。建筑物风环境的评估将成为中国未来建筑业发展的必然要求。

风致噪声是影响超高层建筑舒适性的又一个因素。由于大气运动过程中有较强的脉动成分,其本底湍流噪声在风速较高时成为一个重要问题。对于超高层建筑而言,由于大气湍流在高层边缘处会产生流动分离,旋涡脱落等流动现象带来的规则压力脉动,形成的噪声声级往往较高,给人带来不适感。气动噪声问题相当复杂,目前一般通过数值模拟等方法进行求解,以了解风致噪声的分布和强度。

2.1.3 抗风问题研究方法

风工程研究主要有三种手段:现场实测、风洞试验以及理论分析和数值模拟计算。

现场实测在风工程研究中有着举足轻重的作用,一方面人们必须通过实测了解大气边界层中的风特性,以研究它所产生的影响;另一方面通过试验和计算得到的一些结果,也只有通过实测来加以确证,才能证明研究方法的可靠性。但实测方法很难用于解决设计阶段的工程问题。因为对特定的工程结构而言,它能做的只是"后检验",即只能在建筑物结构竣工后才能进行测量。另外实测所获得的数据,往往与测量时出现的某种特殊环境有关,如当时的风速、风向、温度等。所以相对而言,实测的理论意义更加重要。

风洞试验是风工程研究中应用最广泛、技术也相对比较成熟的研究手段。其基本做法是,按一定的缩尺比将建筑结构制作成模型,在风洞中模拟风对建筑作用,并对感兴趣的物理量进行测量。近年来,随着技术水平的不断提高,新的试验设备不断出现,如高频底座天平、高速电子压力扫描阀、高精度的激光测振仪(LDV)以及粒子图像测速仪(PIV)等。这些高性能的试验设备为风洞模拟研究提供了更为有利的条件,使得风洞试验在风工程领域的研究内容更加深入,研究范围也更加广泛。但是,风洞试验也有其局限性,比如一些重要的相似参数难以完全满足,研究周期长、费用较高等。

理论分析和数值模拟计算是风工程研究领域的又一研究手段。虽然大气湍流至今仍是一个远未获得解决的难题,结构在脉动风作用下的振动也很难获得解析结果。但是,理论分析对于风工程研究的重要性仍是不容忽视的。而且随着计算机技术的不断发展,理论分析结合数值模拟计算已经在风工程研究中日益显示出其重要性。根据研究内容的不同,数值模拟计算可分为计算流体动力学数值模拟(Computational Fluid Dynamics,CFD)和风振分析两大类。CFD 数值模拟与风洞试验相比,具有研究周期短、费用低、研究结果直观形象、模型调整灵活、获得信息全面等优点。但由于湍流问题的复杂性,目前的数值模拟往往只能采用雷诺平均方程,并选用湍流模型封闭方程,因此还存在局部区域的计算结果不够准确、脉动成分的计算结果不可靠等问题。风振分析主要是为了获得脉动风荷载作用下的结构响应。风振分析基于随机振动理论,以结构的动力学方程为控制方程,通常可在时域和频域展开。当激励源(气动荷载)特性较为准确时,风振分析可以获得比较准确可靠的结果,因此风振分析通常与风洞试验相结合,对风致响应进行计算。

总而言之,上述三种方法互为补充,不可或缺,都有其优缺点,应用的范围也有所不同,在工程实践中需根据具体情况进行选择。表 2-1 给出了对于超高层建筑抗风问题推荐的研究方法。

表 2-1 不同研究方法的特点

研究方法	围护结构设计荷载	主体结构设计荷载	横风向风荷载	顶点加速度	行人高度风环境	噪声评估
风洞试验	√	√	√	√		
风振分析		√	√	√		
CFD 数值模拟					√	√

2.2 复杂结构风荷载的基本特点

2.2.1 建筑风压分布特点

2.2.1.1 风与大气边界层

要了解结构物和风的相互作用,首先必须对"风"有所认识。笼统地讲,自然界中的风是由于太阳对地球大气加热不均匀引起的,加热不均匀造成的压力梯度驱动空气运动就形成了"风"。而地球表面对大气运动施加了水平阻力,使靠近地面的风速减慢。这种影响通过湍流掺混一直扩展到几百米到几千米的范围,形成大气边界层。

边界层内的风速随高度增加,其顶部的风速通常称为梯度风速。在边界层外,风基本上是沿等压线以梯度风速流动的。由于地表分布不均匀,来流特性也有所不同,大气边界层的厚度和气流统计参数根据具体条件而变化。

中国《建筑结构荷载规范》将地貌分为 A、B、C、D 四类,分别对应海边、乡村、城市和大城市中心。规范采用的是指数型风速剖面,四类地貌的剖面指数分别为 0.12、0.15、0.22 和 0.30,梯度风高度分别取 300 m、350 m、450 m 和 550 m。不同地貌下平均风速随高度的变化如图 2-5 所示。

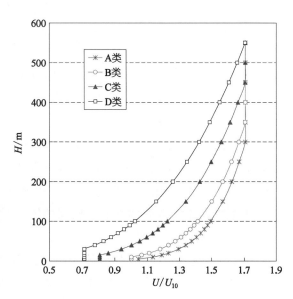

图 2-5 不同地貌类别下的风速剖面

2.2.1.2 风速与风速压

工程应用中,需要将风速转换为对应的风速压。这种转换是根据伯努利方程进行的,如下式:

$$p + \frac{1}{2}\rho v^2 = \text{const} \tag{2-1}$$

式(2-1)的第一项 p 为流体静压,第二项是流体动压,ρ 和 v 分别是空气密度和气流速度。该式适用于没有能量损失的理想流体流动。

速度为 v 的风,当其速度降为 0 时,动压将全部转化为静压,造成流体静压增加。通常将风速 v 对应的动压定义为风速压,因此基本风速 v_0 对应的基本风压为:

$$w_0 = \frac{1}{2}\rho v_0^2 \tag{2-2}$$

应注意的是,由上式计算得来的风压只代表了风本身的特性,它与实际作用在建筑物表面的风压既有联系,又有区别。

2.2.1.3 建筑的表面平均风压

风速压仅代表自由气流所具有的动能,不能直接作为风荷载的取值。为获得作用在建筑物表面的平均风压值,需根据气流在受到阻碍后的运动情况,用风速压乘上体型系数。

设 H 高度处的来流平均风速为 v_H,静压为 p_H,则建筑物 H 高度 i 点处的平均风压 p_i 通常以无量纲系数的形式表达,即"点体型系数":

$$\mu_{\text{si}} = \frac{p_i - p_H}{\frac{1}{2}\rho v_H^2} \tag{2-3}$$

对于伯努利关系式(2-3)成立的区域,易推导得出

$$\mu_{\text{si}} = \frac{p_i - p_H}{\frac{1}{2}\rho v_H^2} = 1 - \left(\frac{v_i}{v_H}\right)^2 \tag{2-4}$$

由上式可知,当自由来流吹到建筑物迎风面受到阻滞时,风速 v_i 变为 0,此时体型系数等于 1.0。因此在荷载规范中,高层建筑迎风面的点体型系数(局部体型系数)取为 1.0。由式(2-4)得出的体型系数最高不会超过 1.0,但当高处来流在压力梯度作用下向下运动受到阻滞时,建筑物表面的局部的体型系数可能高于 1.0。这种现象对于高层建筑的近地面位置尤为常见。

对于流动速度大于 v_H 的区域,体型系数将为负值。比如在高层建筑的侧面,由于空气受到建筑物的阻碍,将会加速从侧面绕过去,尤其在边缘部分加速更为明显,因此建筑侧面就会体现为较强的负压。

应说明的是,流动分离区和背风区存在较大的流动能量损失,伯努利方程一般不适用,但其定性分析得出的结果通常也是正确的。

2.2.1.4　极值风压与围护结构风荷载标准值

自然界的风都是脉动的,其作用在建筑表面的风压也是脉动的。图 2-6 给出了一段典型的压力系数时程曲线。由这段时程可得出一个平均值(平均压力系数);而由于风压是脉动的,在曲线中会有最高压力和最低压力。

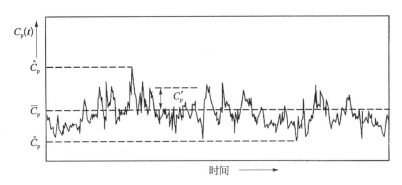

图 2-6　典型的压力系数时程曲线

由体型系数直接计算得出的值是平均风压,将其直接作为围护结构设计时的风荷载标准值显然是不合适的,应当采用具有一定保证率的极值风压。根据表达方式的不同,可用两种方法计算极值风压,即

$$\hat{p} = \overline{p} \pm g_{\mathrm{t}} \sigma_{\mathrm{p}} \text{ 或 } \hat{p} = \beta_{\mathrm{gz}} \overline{p} \tag{2-5}$$

式中,$\hat{p}$、$\overline{p}$、g_{t}、σ_{p} 分别代表极值风压、平均风压、峰值因子和脉动风压(风压均方根)。第一式的正负号应根据平均风压的方向确定。平均风压为正,应取正号,反之则取负号,以获得绝对值较高的极值风压。这两个计算式本质上是等价的,通常在风洞试验中,往往采用平均和脉动相叠加的方法计算极值风压;而在《建筑结构荷载规范》中,则采用阵风系数乘以平均风压的形式规定极值风压。

此外,围护结构设计时还需要考虑建筑物内部的内压。不同的风洞试验单位给出的报告,有的极值风压已经考虑了内压,有的则未考虑,需引起注意。

2.2.1.5　抗风设计建议

当前的建筑大多造型独特,玻璃幕墙、轻质屋面结构也被普遍采用,因此表面风荷载对建筑的安全性和经济性都有重要影响。

对于常规体型的高层建筑,在《建筑结构荷载规范》和《高层建筑混凝土结构技术规程》都可查到对应的体型系数,按照规范给出的计算公式即可计算其表面风荷载。而在条件允许的情况下,应尽量通过风洞试验得出更为准确的表面风荷载值。对于大跨度屋盖结构的风压分布,目前系统性的研究主要集中于几种简单的体型上,同样在《建筑结构荷载规范》中可以查阅相应的体型系数;对于复杂大跨度屋盖结构,其跨度通常远大于其高度,结构表面风压分布不仅与来流的脉动特征有关,还会更多受到结构自身的影响。建筑外形与周围环境不同,将造成屋面风荷载分布差异明显。因此,对于大跨屋盖结构,还没有形成理论上相对准确、使用上较为简单的规范来指导实际工作,一般通过风洞试验进行预测。

2015 年 8 月开始施行的《建筑工程风洞试验方法标准》第 3.1.1 条规定"体型复杂、对风荷载敏感或者周边干扰效应明显的重要建筑物和构筑物,应通过风洞试验确定其风荷载",列举了三种常见的需要进行风洞试验的情况。

(1)体型复杂 这类建筑物或构筑物的表面风压很难根据规范的相关规定进行计算,一般应通过风洞试验确定其风荷载。

(2)对风荷载敏感 通常是指自振周期较长,风振响应显著或者风荷载是控制荷载的这类建筑结构,如超高层建筑、高耸结构、柔性屋盖等。当这类结构的动力特性参数或结构复杂程度超过了荷载规范的适用范围时,就应当通过风洞试验确定其风荷载。

(3)周边干扰效应明显 周边建筑对结构风荷载的影响较大,主要体现为在干扰建筑作用下,结构表面的风压分布和风压脉动特性存在较大变化,这给主体结构和围护结构的抗风设计带来不确定因素。

2.2.2 风致响应与等效静风荷载

2.2.2.1 建筑主体结构风荷载的分类

在进行围护结构抗风设计时,由于不考虑结构本身振动对风荷载的附加影响,因此可直接采用风压极值作为标准值。

而在主体结构设计时,由于结构在时变风荷载作用下会产生振动,尚需考虑结构振动带来的附加惯性力等因素,因此主体结构的风荷载不但取决于表面风压分布,还取决于结构的动力特性。

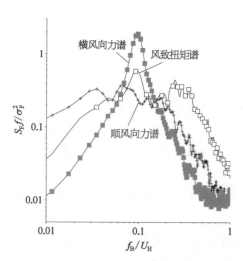

图 2-7 顺风向、横风向和扭转方向气动力谱比较

对于超高层建筑,由于超高层建筑通常可以简化为悬臂结构,因此表面风压也可以沿建筑物的平面进行积分,得出作用于各楼层质心处的风荷载。根据归并后的风荷载作用方向与来流方向的不同,可将超高层建筑的主体风荷载划分为顺风向、横风向和扭转三个方向。

所谓顺风向响应指的是与来流风速方向一致的风致响应,横风向响应指的是垂直于来流风速方向的响应,扭转响应指的沿建筑横截面切线方向的响应。之所以这样划分,并不仅仅是为了方便,更主要是由于这三个方向的风荷载特性不同(图 2-7),由此产生了不同的运动特征。

结构的顺风向动态响应主要是由于来流中

的纵向紊流分量引起的,另外还要加上由于平均风力产生的平均响应。结构的顺风向动态响应计算一般假定脉动风速为平稳高斯过程,并利用准定常假定建立脉动风速与脉动风压之间的关系。从风工程发展的历史来看,顺风向风致响应的研究较横风向和扭转响应研究要早,形成了较完整的计算体系。

横风向响应的机理十分复杂。一般将其划分成三种类型:① 尾流激励。它指的是与涡脱有关的横风向激励。这种机理导致的横风向气动力往往有明显的由 Strouhal 数确定的周期性。② 来流紊流引起的激励。主要依赖于建筑的气动特性。③ 结构横风向运动导致的激励。与这种激励机制有关的有"驰振激励""颤振激励"和"锁定"等。一般认为,高层建筑遭受这几种纯粹的激励的可能性不大。实际高层建筑的横风向激励实质是上述机制共同作用的结果,气流在建筑物表面和周围产生复杂的随时空变化的压力分布。由于机理复杂,影响因素众多,需要借助实验方法来研究横风向风效应问题。

扭转响应是由于迎风面、背风面和侧面风压分布的不对称所导致的,与风的紊流及建筑尾流中的旋涡有关,但对于不同几何外形的建筑物,主要的影响因素不相同。有文献认为,当矩形建筑物的长宽比 D/B 处在 $1\sim4$ 时,扭矩主要是由涡脱与重附着引起横向不对称压力产生,当 $1/4\leqslant D/B<1$ 时,扭矩主要是由顺风向紊流和横向涡脱引起。根据长宽比来划分不同影响因素只能针对没有偏心的单体建筑,实际建筑处在复杂周边环境干扰下,建筑物表面风压分布更加复杂。另外,气动中心与质心的偏离情况也会影响扭转响应的大小。

对于大跨屋盖,与多以一阶振型为主的高层结构振动不同,其自振频率分布十分密集,风致动力响应常常有多阶振型参与,且有可能高阶振型对结构振动起主要贡献,因此在计算大跨结构时,需要选择恰当的主导振型,并估算各振型间的耦合效应。

2.2.2.2　等效静力风荷载

1) 基本概念

上节提及的风荷载除顺风向的平均风荷载外,顺风向脉动风荷载、横风向和扭转方向荷载均是随时间和建筑空间变化的时变荷载,在超高层建筑结构设计中,如何才能考虑风荷载产生的随时间变化的效应,并与其他荷载效应进行组合呢? 这就需要引入等效静力风荷载的概念。

等效静力风荷载的基本含义是指通过适当方法将作用于结构上的风荷载转化为静力荷载,此等效静力荷载作用于结构上时,能产生与实际情况一致的最不利风致响应。显然,平均风荷载本身即为静力等效荷载的基本组成部分,不需要进行换算。下面主要讨论脉动响应对应的等效静力风荷载。

不失一般性,仍以简化的悬臂结构为例,并假定其承受沿高度变化的平均和脉动风荷载,如图 2-8 所示。

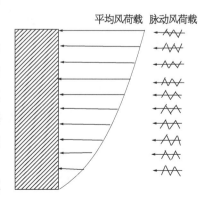

图 2-8　悬臂结构承受风荷载示意图

结构风致响应沿高度的变化规律不仅与外加荷载的特性有关,还随着响应类型(位移、剪力和弯矩)变化。不妨假设结构某高度处某种响应已计算出,则满足前述基本含义的等效静力风荷载可能有很多种形式:均布、非均布的,甚至还可以是一个集中荷载,如图 2-9 所示。这些不同的荷载形式是人为假定的,它们通常缺乏明确的物理意义,且随着所求响应的类型和高度变化很大,规律性也不强,因此这些等效静力风荷载尽管也能重现真实响应,但却不一定适于实际应用。因此,从这一点考虑,除效应等效外,等效静力风荷载应兼具较明确物理意义和一定规律性,这也是对于判断等效静力风荷载计算方法有效性的基本要求。

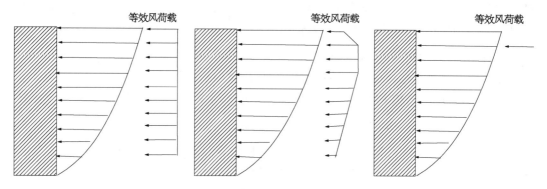

图 2-9 等效静力风荷载示意图

2) 中国规范方法

我国规范在建筑结构等效静力风荷载设计中,是从结构的动力方程出发,探讨建筑结构等效静力风荷载的分布的。建筑结构在风荷载作用下的动力方程为:

$$M\ddot{Y}(t) + C\dot{Y}(t) + KY(t) = P(t) \tag{2-6}$$

式中,M、C、K 分别表示结构的质量、阻尼和刚度矩阵;$Y(t)$、$\dot{Y}(t)$、$\ddot{Y}(t)$ 分别表示节点的位移、速度和加速度向量;$P(t)$ 表示脉动风荷载向量。将该式改写为:

$$KY(t) = P(t) - M\ddot{Y}(t) - C\dot{Y}(t) \tag{2-7}$$

上式右端项称为风的广义外荷载,也就是等效静力风荷载,用 P_{eq} 表示,即

$$P_{eq}(t) = KY(t) \tag{2-8}$$

按振型分解法,上式还可表示为:

$$P_{eq}(t) = KY(t) = K \sum_j \Phi_j q_j(t) \tag{2-9}$$

式中,Φ_j、q_j 分别表示第 j 阶振型的振型向量和相应的广义坐标。

结构的特征值方程为:

$$K\Phi_j = \omega_j^2 M\Phi_j \tag{2-10}$$

因此,等效静力风荷载(不包括平均风荷载)还可以写为:

$$P_{eq}(t) = K \sum_j \Phi_j q_j(t) = M \sum_j \omega_j^2 \Phi_j q_j(t) \tag{2-11}$$

从上式可以看出,等效静力风荷载(不包括平均风荷载)可以表示为各振型惯性力作用的组合。各振型应变能对整个系统应变能贡献的大小,可以作为各振型对结构响应贡献大小的衡量标准。

特别地,对于高层建筑和高耸结构等绝大多数结构,采用振型分解法计算位移响应时,可以仅考虑第一阶振型的影响。因此等效静力风荷载(不包括平均风荷载)可以用第一阶振型的惯性力表示。并根据极值理论,第一阶振型的最大峰值分布惯性力(不包括平均风荷载的等效静力风荷载)可以表示为:

$$P_d(z) = g\omega_1^2 \sigma_1 M \Phi_1 \tag{2-12}$$

式中, g 表示峰值因子; σ_1 表示第一阶振型的广义坐标 q_1 的根方差值。

3) 国外规范中关于超高层的规定

目前,国外规范对于超高层建筑的等效静力风荷载时基本上仍然沿袭了 Davenport 提出的阵风荷载因子法,将平均风荷载乘以某一放大系数后得到等效静力风荷载,见式 (2-13)和式(2-14),此法简单易行。Davenport 最初提出该方法时将该放大系数取为峰值位移与平均位移的比值,随着研究的不断深入,一些研究者认识到该放大系数与响应类型有关,因此又发展出了基于不同响应的阵风效应因子法。

$$G = \frac{r_{max}}{\bar{r}} \tag{2-13}$$

等效静力风荷载表示为:

$$p(z)_{max} = G\bar{p}(z) \tag{2-14}$$

式中, $\bar{r}$ 、 r_{max} 分别表示结构的平均响应和峰值响应; $\bar{p}(z)$ 表示平均风荷载。

4) 关于超高层规范的定性比较

应该说,阵风荷载因子法和惯性风荷载法都有一定的应用范围。一般来说,对于结构整体刚度较小的超高层建筑,阵风荷载因子法的计算结果偏差较大;当结构整体刚度较大时,惯性风载荷法的计算结果偏差较大。另外,阵风荷载因子法采用极值响应与平均响应之比来定义阵风效应因子,对于横风向及扭转响应,平均效应接近零,此时可能得到非常大的阵风效应因子,超出了方法能够描述的范围,有一定局限性。

2.2.2.3　超高层建筑的气动弹性效应

气动弹性问题指的是由于建筑在风作用下的运动(包括位移及对时间的导数)导致的外加风力的改变,从而反过来又影响结构的运动。显然,这是一个复杂的耦合问题。

数量化描述这种复杂现象一般只能通过风洞试验才能得到。在进行结构风效应分析时,常常用气动阻尼来描述这一效应的影响。我国规范在基于系统试验基础上,给出了方形截面超高层建筑气动阻尼随风速及自振周期的变化曲线。

实际建筑的气动阻尼情况比规范或试验情况要复杂得多,但从定性的意义上讲,基本规律比较类似。

在实际的设计处理时,认为顺风向气动阻尼一般为正值,通常不考虑其对结构的有利作用;横风向气动阻尼较为复杂,在建筑的涡脱频率与结构自振频率接近时,气动阻尼会突然从较大的正阻尼变为较大的负阻尼,从而大大增加结构的横风向响应。因而,当实际建筑的设计折算频率接近于建筑涡脱频率时,往往要进行专门的气动弹性研究,以检验其气动弹性性能。

对于大多数实际高层建筑而言,气动阻尼一般很小,在设计时可不考虑,只有那些非常柔(例如自振周期接近或超过 10 s)、低阻尼的超高层建筑才需要进行这方面的特殊考虑。

2.2.2.4 风与地震作用的比较

地震和风是结构工程师在设计超高层建筑时非常重视的控制性荷载,从本质上来看,两者都是随机荷载,但从作用途径、作用性质、作用影响等方面看,存在诸多差别,见表 2 - 2。

表 2 - 2   地震作用和风作用比较

比较项目	地 震 作 用	风 荷 载 作 用
作用途径	作用在建筑物基础,引起了上部或整体结构的惯性响应	作用在结构外表面,随着建筑物高度增加而加大
作用性质	地震作用完全是动力作用,是一个近似零均值的非平稳随机过程	风力作用分平均风和脉动风两部分,具有静力和动力的双重作用
作用时间	地震作用的持续时间较短,通常为几秒到几十秒	风荷载作用的持续时间是较长的,从几分钟到几十分钟都有可能
作用频度	地震作用发生的概率较小	风作用较频繁,差不多每年都会有大风或台风出现
影响作用因素	地震作用大小与建筑物质量有密切关系,质量越大,地震作用也越大	与建筑物外形和表面尺寸有关
	建筑结构动力响应与固有振动周期和场地特征周期有关,随场地不同、基础埋置深度不同而有差别	通常建筑结构固有振动周期越长,风作用越强烈,受周围地形、建筑物影响

除表 2 - 2 所列的风载作用和地震作用的区别外,还可以补充如下几点:

(1)地震作用效果与建筑物具体结构形式有密切关系,不同结构形式震害是有差别的。而风荷载作用下,除了关心结构的形式外,也应关心建筑的外形,因为建筑体形决定了结构的气动特性和风荷载激励。

（2）由于能量集中度不同，主要影响的结构形式也不一样。图 2-10 给出了脉动风速和地震加速度谱密度函数与几种典型结构（普通建筑、高层建筑、输电线缆、大跨度悬索桥）的卓越频率分布。对于一般建筑，其常见频率范围涵盖地震加速度谱密度峰值以及周围的主要频率区间，因此地震作用起控制作用。但随着建筑物变柔，卓越频率降低，基本频率涵盖范围将左移，风荷载将逐渐起到控制作用。同时还可看到，高层建筑卓越频率范围处在风速谱和地震谱的重叠区域，风和地震谁将起到主要作用，需要具体分析。总的来说，随着高层结构周期增大，结构变柔，风起控制作用的可能性就增大，且输电线和大跨度桥梁结构将通常由风起控制作用。

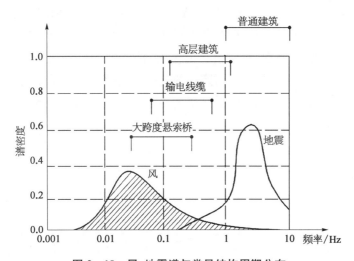

图 2-10　风、地震谱与常见结构周期分布

（3）地震作用下较高振型的响应对总响应贡献较大，尤其是对内力的影响，一般不只考虑基本振型贡献。而建筑风致振动通常只考虑第一阶振型影响，即使对高柔结构而言，也是基本振型在起主要作用。因为脉动风卓越周期一般在 10 s 以上，而地震加速度的卓越周期一般小于 1 s；故随着振型序号提高，风荷载动力响应贡献减少，而地震作用动力响应贡献会增加。

（4）对于大震、近震而言，高耸高层建筑还需要考虑竖向地震作用，而风荷载一般只考虑它的水平力效应。风荷载较频繁地作用于结构，而地震作用并不经常发生，因此舒适度分析一般是针对风振响应而言的，结构抗震分析和设计中一般不存在舒适度问题。

（5）对于高层结构而言，风荷载作用时必须考虑风荷载的空间相关性。而高层建筑抗震设计中一般不考虑地震动加速度的空间相关性。通常由于结构角部旋涡脱落，横风向激励总是存在的，因此高柔结构的横风向响应不宜忽略。

（6）实际工程结构抗震设计中，通常要考虑结构在大震、中震作用下的弹塑性响应，但房屋结构在风荷载作用下，通常只考虑弹性响应，只有少数轻柔的高耸结构比如桅杆，输电塔等需要考虑几何非线性。

2.2.3 建筑群的干扰效应

土木工程设计中,计算作用于建筑物上的风荷载主要依据各种规范和标准。然而这些规范和标准一般是出自开阔地貌中孤立建筑模型风洞试验的结果。在实际应用中,除了极少数情况,所讨论的建筑物总是处在建筑群中,风荷载对建筑物的作用必然受到周围环境的影响。需要说明的是,既有文献对干扰效应的研究主要是针对高层建筑,对于大跨建筑的干扰效应的研究比较少。

很多相关研究表明,实际环境中的建筑物上作用的风荷载与孤立建筑物上所测定的结果并不相同,如图 2-11 所示为某两栋高层建筑分布位置及其在风荷载作用下压力系数的分布情况。邻近建筑的存在,以其几何形状、平面位置、高度、相对来流的朝向以及上游地貌环境的不同等各种因素,对建筑物上作用的风致作用力产生影响。这种作用就是普遍认为的干扰作用,它远远超出了可忽略的范围,必须得到正确的评估。研究人员一般采用干扰系数来表示施扰建筑对受扰建筑的影响。干扰系数定义为:施扰后建筑的响应/孤立建筑的响应。

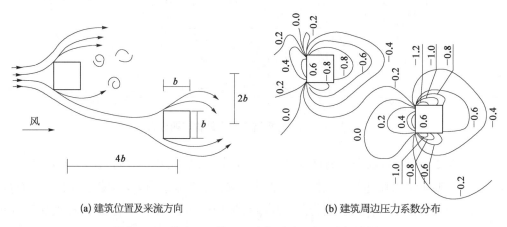

(a) 建筑位置及来流方向　　　　　　　　(b) 建筑周边压力系数分布

图 2-11　某项目风作用下结构周边压力系数分布情况

2.2.3.1 影响因素

影响建筑物之间干扰效应的主要影响因素包括:建筑物形状和尺寸、风速和风向、地貌类别以及邻近建筑的数量和位置。从既有文献来看,单个施扰建筑、两个施扰建筑对受扰建筑影响的研究较为充分,通过对上游建筑尾流、干扰效应导致的流动方式的改变及基本压力分布的变化的研究等,可获得对干扰机理的初步认识。

1) 地貌类别的影响

地貌类别对结构风荷载影响较大。随着周围障碍物的增加,作用于结构的平均风力减小但脉动风力增加。同样,邻近建筑导致的风荷载增加量也受地形影响。相关学者研究了多种模拟的地貌条件下的风干扰效果,得到的结论是开阔地貌条件下干扰效果最显著。

由于和开阔乡村地貌相对应的湍流度较低,上游建筑尾流中脉动部分有较强的相关性,因此引起下游建筑上风荷载的增大。另一方面,湍流度高的城市环境下,对同样的上游建筑的尾流有阻滞效果,因此减小了下游建筑上的动力干扰效应,当然流场的高湍流度也对结构的旋涡形成和尾流结构构成很大的影响。更深入的研究表明,城市地貌高湍流度影响下,相邻高层建筑之间的互干扰效应,互干扰效应效果随湍流度的增大而呈指数率减小。

从数值上看,通过改变上游地貌条件,从开阔乡村地貌到城市郊区,上游建筑引起的下游建筑上的顺、横风向荷载可减小到开阔地貌值的 60%～80%。根据建筑物的几何形状以及其不同的相对位置,从开阔乡村地貌到城市地貌,扭矩可能有 50% 的减小。因此,在沿海区域、开阔乡村地貌、城市中心边缘的小区建筑对风干扰更为敏感。

2) 施扰建筑高度的影响

随上游建筑的高度增加,下游建筑上的顺风荷载因遮挡效应而减小,然而动力荷载却增加了。实验研究表明,对于高层建筑,当上游建筑的高度减小到下游建筑的 2/3 时,其干扰效应会显著减小。一个特别的现象是,当折算风速为 2 时,等高的上游建筑使得下游建筑上的顺风向倾覆弯矩约为孤立状态下的 1.7 倍以上;上游建筑高度为下游建筑高度的 1.5 时,此顺风向倾覆弯矩增加到 1.9 倍。

横风向的动力荷载也因为建筑物的高度增加而增大,这主要是因为随着上游建筑高度的增加,加大了上游建筑结构脱落的尾涡结构相关性。

3) 施扰建筑截面尺寸的影响

上游建筑的尺寸和形状同时影响下游建筑的平均力及脉动力。顺风向上,受扰建筑的顺风向平均风荷载随施扰建筑的截面尺寸增大有减小的趋势,但受扰建筑顺风向的脉动风力则有随着施扰建筑尺寸增大而增大的趋势。横风向上,增大结构尺寸导致作用于下游建筑动力风荷载呈减小趋势,但减小幅度与施扰建筑及受扰建筑的位置有关。

4) 结构外形的影响

截面形状的不同会引起干扰效应的变化,目前已发表的研究中包括八边形、圆柱形、正方形施扰建筑以及矩形、平行四边形、三角形以及角沿修正的正方形受扰建筑。

对于施扰建筑,圆柱形截面建筑和正方形截面建筑相比,顺、横风向的干扰因子均增加 80%,其中圆柱形对方形受扰建筑的响应放大作用可高达 3.23 倍。同时,两种形状截面施扰建筑对受扰建筑的风荷载的放大还与施扰建筑的位置密切相关。

对于受扰建筑,研究发现不管其形状如何,其受扰后的荷载放大效果似乎具有相同的变化趋势。顺风向的放大作用在相对近的距离($1.5b$,b 为受扰建筑宽度)得到最大值然后随间距的增大有减小的趋势;横风向力则随间距的增大而增大,大约在 $4.5b$ 的位置处最大。

5) 风向角和建筑方位的影响

风效应不仅与风速有关,还和风向角有密切关系,通常的风洞试验是以 10°～22.5° 为间隔进行并从中测出最不利风向角。由于在实际情况下风向的不确定性,研究风向对干扰效应的影响也具有较大的应用价值。以正方形截面的建筑物为例,在孤立的情况下,最大平均阻力在 0 攻角时最大,而最大平均扭矩,则发生在 75°的风向左右。当其邻近存在施扰建筑时,情形会有些变化。

关于建筑方位角,研究发现将两个方形模型以 30°偏角摆放时,其干扰结果比其他条件大致相似时的情况要小一些。

6) 相对位置的影响

邻近建筑间的空间距离和它们的相对位置是风干扰效应中最重要的参数,一般的观点认为,两建筑间的干扰效应随它们分离距离的加大而逐渐减小,因此当超过某个距离后,建筑的行为应该和孤立情况相同。

对于相互干扰的建筑来说,两个建筑物越近,遮挡效应越明显。在串列布置,当顺风向间距大约为 3 倍建筑物宽度时,下游建筑物的平均阻力几乎为零;间距更小时,下游建筑物上的平均阻力为负;而当间距达 13 倍建筑物宽度时,遮挡效应仍十分明显,遮挡因子仍有 0.7。在并列位置,横风向间距在超过 3 倍建筑物宽度时平均升力接近于 0(相当于孤立情况),而在更小的间距,由于狭管效应作用,会产生指向施扰建筑的风力。

7) 折算风速的影响

折算风速定义为:$V=V_H/fb$。其中 V_H 为模型顶部风速,f 为结构折算到模型的频率,b 为模型的迎风宽度,也可按照结构原型的相应参数计算折算风速。很显然,结构动力响应都和折算风速有关,对于衡量干扰效应的干扰因子而言,折算风速对其也有很大的影响,折算风速不同,相应的干扰因子分布也不相同。

2.2.3.2 工程应用建议

由于多个建筑的分布位置以及建筑形式在项目规划阶段即已经确定,因此对于建筑物相互干扰的分析工作应该在项目规划阶段即进行综合考量。从现有研究成果来看,建筑物在风作用下的干扰问题上,应注意以下几点。

(1) 当受扰建筑位于其他高层建筑之后时,顺风向平均风荷载由于遮挡效应往往会有所减小;当施扰建筑以一定角度与受扰建筑并列时,可能引起狭管效应造成建筑顺风向平均风荷载的增加。项目规划时,需要注意不同建筑的排列形式。

(2) 顺风向动力干扰和横风向动力干扰主要是由于上游建筑的尾流引起,当受扰建筑位于施扰建筑的高速尾流边界区时,会产生较大的动力响应,在项目规划时,有必要向当地气象部门获取当地风玫瑰图,规避施扰建筑的尾流区。

(3) 多栋高层建筑同时建设时,由于情况复杂,影响因素多,有必要通过风洞试验进行测试,确定建筑风荷载和施扰建筑对其产生的影响。

(4) 对于干扰建筑数量较少、建筑群整体高度不高的情况,建议按照《建筑结构荷载规范》计算考虑干扰效应的风荷载值,相关干扰因子的取值可参考图 2-12。

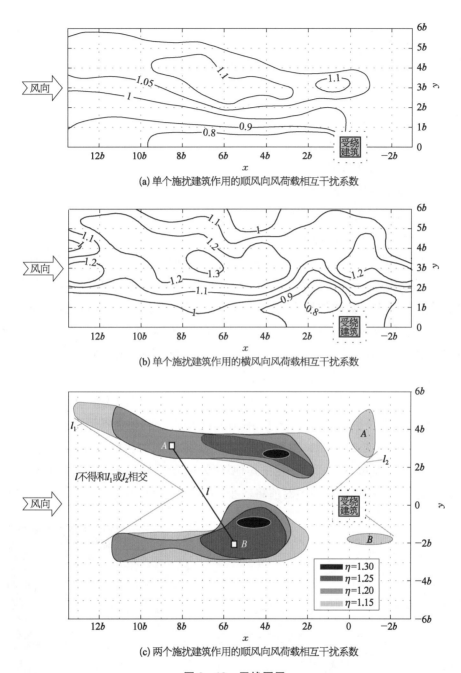

(a) 单个施扰建筑作用的顺风向风荷载相互干扰系数

(b) 单个施扰建筑作用的横风向风荷载相互干扰系数

(c) 两个施扰建筑作用的顺风向风荷载相互干扰系数

图 2‑12　干扰因子

2.2.4　风荷载规范

2.2.4.1　荷载规范中风荷载计算公式

在《建筑结构荷载规范》GB 50009—2012 规定了主体受力结构和围护结构风荷载计算公式：

$$w_k = \beta_z \mu_s \mu_z w_0 \qquad\qquad (2-15)$$

$$w_k = \beta_{gz} \mu_{sl} \mu_z w_0 \qquad\qquad (2-16)$$

式中　w_k——风荷载标准值(kN/m^2)；

　　　β_z——高度 z 处的风振系数；

　　　μ_s——风荷载体型系数；

　　　μ_z——风压高度变化系数；

　　　w_0——基本风压(kN/m^2)；

　　　β_{gz}——高度 z 处的阵风系数；

　　　μ_{sl}——风荷载局部体型系数。

式(2-15)和式(2-16)中，分别采用了不同的体型系数将来流风速压力换算为作用在建筑表面的平均风压(体型系数 μ_s 和局部体型系数 μ_{sl})，这主要考虑到体型系数是一定面积范围内点体型系数的加权平均值。当进行主体结构风效应分析时，这种加权平均能够反映主结构的整体受力特性，但当进行玻璃幕墙、檩条等围护构件设计时，所承受的是较小范围内的风荷载，若直接采用体型系数，则可能得出偏小的风荷载值。因此，规范规定在进行围护结构设计时，应采用"局部体型系数"。

局部流动状态对局部体型系数的影响很大。通常在产生涡脱落或者流动分离的位置，都会出现极高的负压系数。图 2-13 给出了当风斜吹时，屋面锥形涡的流动形态示意图及实验得出的风压系数分布。由图可见，在产生锥形涡的房屋边缘，负压系数最高可达 -4.2(对应体型系数约 -2.7)；但在其他区域，负压系数仅 -0.3 左右(体型系数约 -0.2)。因此平均后的体型系数绝对值将较小，可用于主体结构设计；但若将该体型系数

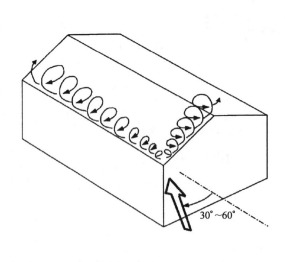

(a) 流动形态示意图

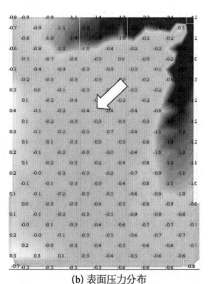

(b) 表面压力分布

图 2-13　屋面锥形涡

用于屋面局部檩条设计,将导致不安全的结果。

还应注意到,式(2-15)和式(2-16)中虽然采用类似的符号来表示风振系数和阵风系数,但两者所包含的物理意义却完全不同:

风振系数 β_z 表示整体结构在脉动风荷载作用下发生振动后,产生的等效风振力与平均风力的比值,风振系数与结构自振特性密切相关(详细背景将在下节介绍);阵风系数与结构自振特性无关,只与脉动风速特性有关,其目的在于:在平均风压基础上进行一定放大,使得到的风压符合一定保证率,用于围护结构设计。影响阵风系数取值的主要是两个参数:峰值因子和湍流度。从概率角度看,峰值因子的取值主要取决于预定的风压保证率,取值越大则保证率越高。湍流度是影响阵风系数大小的另一个重要因素,对于实际工程,地貌、高度、风速大小、风气候类型不同,湍流度的大小有很大差别。在规范中,依据A、B、C、D 四类地貌对湍流度进行了规定。

2.2.4.2　顺风向风荷载计算方法

我国荷载规范中,顺风向风荷载采用风振系数来表述顺风向脉动风荷载对结构振动的放大效应,将风振系数乘以平均风荷载就得到顺风向等效静力风荷载。下面介绍风振系数的定义及相关背景。

风振系数定义为总的风荷载与平均风荷载之比:

$$\beta_z(z) = \frac{\overline{q}(z) + g\omega_1^2 m(z)\phi_1(z)\sigma_{q_1}}{\overline{q}(z)} \tag{2-17}$$

式中,ω_1 为结构顺风向第一阶自振圆频率;σ_{q_1} 为顺风向一阶广义位移均方根;g 为峰值因子,Davenport 经过研究证明平稳高斯过程峰值因子存在如下近似关系式:

$$g = \sqrt{2\ln(\nu T)} + \frac{0.577}{\sqrt{2\ln(\nu T)}} \tag{2-18}$$

式中,ν 为二阶谱矩的特征频率,$\nu = \sqrt{\dfrac{\int_0^\infty f^2 S_y(z, f)\mathrm{d}f}{\int_0^\infty S_y(z, n)\mathrm{d}f}}$,$S_y(z, f)$ 为响应谱,若 $S_y(z, f)$ 为明显的单峰窄带谱,则可近似取 $\nu = f_1$,f_1 为结构基频;T 为平均风速统计时距;$f_1 T = 100 \sim 10\,000$,$g = 3.2 \sim 4$,国外规范大多取 $3 \sim 3.5$,原规范隐含取为 2.2,现行规范在 2.2 基础上有所提高,g 取为 2.5。

根据随机振动理论,式(2-17)一阶广义位移均方根 σ_{q_1} 的计算式为:

$$\sigma_{q_1} = \left[\frac{1}{(M_1^*)^2} \int_{-B/2}^{B/2} \int_{-B/2}^{B/2} \int_0^H \int_0^H \phi_1(z_1)\phi_1(z_2) \left[\int_0^\infty |H_{q_1}(i\omega)|^2 \sqrt{S_{\tilde{w}}(z_1, \omega)} \sqrt{S_{\tilde{w}}(z_2, \omega)} \right. \right.$$

$$\left. \left. \cdot coh(z_1, z_2, x_1, x_2, \omega)\mathrm{d}\omega \right] \mathrm{d}z_1 \mathrm{d}z_2 \mathrm{d}y_1 \mathrm{d}y_2 \right]^{\frac{1}{2}} \tag{2-19}$$

式中，$S_{\tilde{w}}(z_1, \omega)$ 为风压谱；$coh(z_1, z_2, x_1, x_2, \omega)$ 为风压空间相干函数；M_1^* 为一阶广义质量，$M_1^* = \int_0^H m(z)\phi_1^2(z)dz$；$|H_{q_1}(i\omega)|^2$ 为频响函数，$|H_{q_1}(i\omega)|^2 = \dfrac{1}{(\omega_1^2 - \omega^2)^2 + (2\varsigma_j\omega_1\omega)^2}$。

对于一般高层和高耸结构的顺风向风振响应，可作如下简化：

风压谱 $S_{\tilde{w}}(z, \omega) \approx \sigma_{\tilde{w}}^2(z)S_f(\omega)$；相干函数采用 Shiotani 与频率无关的函数形式；顺风向脉动风压准定常假定：$\sigma_{\tilde{w}}(z) = 2w_0\mu_s(z)\mu_z(z)I_z(z)$；湍流度沿高度分布满足：$I_z(z) = I_{10}\bar{I}_z(z)$，$\bar{I}_z(z) = \left(\dfrac{z}{10}\right)^{-\alpha}$；结构单位长度质量 m 沿高度为常数，迎风面宽度 B 沿高度不变，体型系数 μ_s 沿高度不变。

则式(2-19)改写为：

$$\sigma_{q_1} = \frac{2w_0\mu_s I_{10}}{m} \cdot \frac{\left[\int_0^H\int_0^H \mu_z(z_1)\bar{I}_z(z_1)\mu_z(z_2)\bar{I}_z(z_2)\phi_1(z_1)\phi_1(z_2)coh_z(z_1, z_2)dz_1dz_2\right]^{0.5}\left[\int_0^B\int_0^B coh_x(x_1, x_2)dx_1dx_2\right]^{0.5}}{\int_0^H \phi_1^2(z)dz}$$

$$\cdot \left[\int_0^\infty |H_{q_1}(i\omega)|^2 S_f(\omega) \cdot d\omega\right]^{0.5} \tag{2-20}$$

式中，第一部分是对竖向和水平向尺寸的积分项，第二部是为对频率的积分项。对这两部分分别进行下如下处理，可得到规范的风振系数公式。

1）竖向和水平尺寸的积分项

振型系数平方积分以及相干函数积分，可得到积分结果。对于第一振型系数平方的积分：

$$\int_0^H \phi_1^2(z)dz = cH \tag{2-21}$$

其中 c 为待定参数，若采用规范建议的第一阶振型函数，高层结构 $c = 0.347$，高耸结构 $c = 0.257$。

对于水平相干函数积分，可求解得到：

$$\left[\int_0^B\int_0^B coh_x(x_1, x_2)dx_1dx_2\right]^{0.5} = 10(B + 50e^{\frac{-B}{50}} - 50)^{0.5} \tag{2-22}$$

类似地，竖向相干函数积分结果为：

$$\left[\int_0^H\int_0^H coh_z(z_1, z_2)dz_1dz_2\right]^{0.5} = \sqrt{121}(H + 60e^{\frac{-H}{60}} - 60)^{0.5} \tag{2-23}$$

对于湍流度、高度变化系数、振型系数和竖向相干函数四者乘积的多重积分项，引入中间变量 $\gamma(H)$：

$$\gamma(H)=\frac{\left[\int_0^H\int_0^H\mu_z(z_1)\bar{I}_z(z_1)\mu_z(z_2)\bar{I}_z(z_2)\phi_1(z_1)\phi_1(z_2)coh_z(z_1,z_2)\mathrm{d}z_1\mathrm{d}z_2\right]^{0.5}}{c(100H+6\,000e^{\frac{-H}{60}}-6\,000)^{0.5}}$$

$$(2-24)$$

$\gamma(H)$ 随结构总高度的变化满足幂指数函数规律,采用非线性最小二乘法,得到了 $\gamma(H)$ 数值解的拟合公式 kH^{a_1},k 和 a_1 是随地貌类型变化的系数,按照表 2-3 取值。图 2-14 对比了高层结构 $\gamma(H)$ 的拟合公式计算结果与离散数值结果。

表 2-3 系数 k 和 a_1

粗糙度类别		A	B	C	D
高层建筑	k	0.944	0.67	0.295	0.112
	a_1	0.155	0.187	0.261	0.346
高耸结构	k	1.276	0.91	0.404	0.155
	a_1	0.186	0.218	0.292	0.376

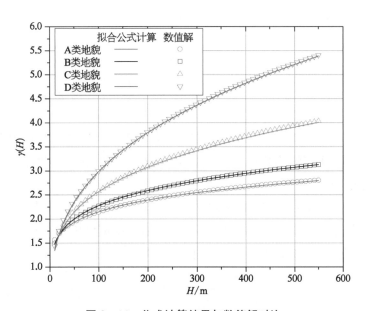

图 2-14 公式计算结果与数值解对比

综合上述式子,与高度和水平尺寸的积分项为:

$$\frac{\left[\int_0^H\int_0^H\mu_z(z_1)\bar{I}_z(z_1)\mu_z(z_2)\bar{I}_z(z_2)\phi_1(z_1)\phi_1(z_2)coh_z(z_1,z_2)\mathrm{d}z_1\mathrm{d}z_2\right]^{0.5}\left[\int_0^B\int_0^Bcoh_x(x_1,x_2)\mathrm{d}x_1\mathrm{d}x_2\right]^{0.5}}{\int_0^H\phi_1^2(z)\mathrm{d}z}$$

$$= BkH^{a_1}\rho_{xl}\rho_z \tag{2-25}$$

式中，$\rho_z = \dfrac{10(H + 60e^{\frac{-H}{60}} - 60)^{0.5}}{H}$，$\rho_x = \dfrac{10(B + 50e^{\frac{-B}{50}} - 50)^{0.5}}{B}$。

2）频率积分项

首先介绍背景和共振响应的基本概念。Davenport 指出响应谱可分成背景和共振量部分分别计算，两者按平方和开方(SRSS)原则组合得到总脉动响应，如图 2-15 所示，图中 $\bar{r}$ 为平均响应，$\tilde{r}_B$ 为背景响应，$\tilde{r}_{R_i}$ 为第 i 阶共振响应。

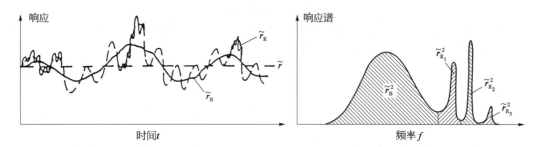

图 2-15 背景响应和共振响应在时域、频域上的示意图

背景响应反映了脉动风的拟静力作用，即假定 $|H_{q_1}(i\omega)|^2$ 中 $\omega = 0$，传递函数为一条直线，结构没有动力放大作用：

$$\sigma_B = \frac{\sqrt{\int_0^\infty S(\omega)\,|H_{q_1}(0)|^2\,\mathrm{d}\omega}}{M_1^*} = \frac{1}{\omega_1^2 M_1^*}\sqrt{\int_0^\infty S(\omega)\,\mathrm{d}\omega} \tag{2-26}$$

从上式可看出，背景响应类似于静力响应。但又存在不同之处：作用在结构上的静(平均)风荷载是全相关的，而各点的脉动风荷载存在一定的相关性，这就是背景响应被称为拟静力响应的原因。

共振响应反映了结构对激励的动力放大作用，通常可以用白噪声假定来简化计算。对于一阶位移响应中的共振分量，由图 2-15 可知，当响应谱中频率接近结构基频时，其所围面积即为共振响应，将它等效为窄带白噪声，其带宽为：

$$\Delta = \frac{\int_0^\infty |H_{q_1}(i\omega)|^2\,\mathrm{d}\omega}{|H_{q_1}(i\omega_1)|^2} = \frac{\int_0^\infty |H_{q_1}(i\omega)|^2\,\mathrm{d}\omega}{\dfrac{1}{4\xi_1^2\omega_1^4}} = \omega_1\xi_1/2 \tag{2-27}$$

则共振响应的方差为：

$$\sigma_{R_1} = \frac{\sqrt{S(\omega_1)\,|H_{q_1}(i\omega_1)|^2\,\Delta}}{M_1^*} = \frac{1}{M_1^*}\sqrt{\frac{S(\omega_1)}{8\xi_1\omega_1^3}} \tag{2-28}$$

背景与共振分量的平方和开方就得到总响应的近似解：

$$\sigma_r = \frac{1}{M_1^*} \sqrt{\int_0^\infty S(\omega) \mid H_{q_1}(i\omega) \mid^2 d\omega} = \frac{1}{M_1^*} \sqrt{\frac{\int_0^\infty S(\omega) d\omega}{\omega_1^4} + \frac{S(\omega_1)}{8\xi_1 \omega_1^3}} \quad (2-29)$$

对频率积分项简化为：

$$\left[\int_{-\infty}^\infty \mid H_{q_1}(i\omega) \mid^2 S_f(\omega) \cdot d\omega\right]^{0.5} \approx \left[\frac{1}{\omega_1^4} + \frac{S_f(\omega_1)}{8\xi_1 \omega_1^3}\right]^{0.5} = \frac{1}{\omega_1^2} \sqrt{1+R^2} \quad (2-30)$$

式中，$R^2 = \frac{2\pi f_1}{8\xi_1} \frac{2}{3} \frac{x_0^2}{f_1(1+x_0^2)^{4/3}} = \frac{\pi}{6\xi_1} \frac{x_0^2}{(1+x_0^2)^{4/3}}$。

3）风振系数公式

将式（2-25）和式（2-30）回代，可得到：

$$\sigma_{q_1} = \frac{2w_0 \mu_s I_{10}}{\omega_1^2 m} (BkH^{a_1}) \rho_x \rho_z \sqrt{1+R^2} \quad (2-31)$$

将上式代入式（2-17）：

$$\beta_z(z) = 1 + 2gI_{10}B_z\sqrt{1+R^2} \quad (2-32)$$

式中，B_z 为背景因子，$B_z = \frac{\phi_1(z)\rho_x\rho_z kH^{a_1}}{\mu_z}$。

式（2-31）即规范公式，适用于外形、质量比较均匀的结构。对沿高度分布不均匀的高耸结构，只要结构的深度、迎风面宽度沿高度的变化接近于线性，且质量分布也大致按连续规律分布时，B_z 按原规范乘以系数 θ_B 和 θ_v 进行修正。

2.2.4.3　横风向和扭转方向风荷载计算方法

1）横风向等效风荷载计算理论

（1）共振响应分量　把高层建筑看作一维多自由度连续线性系统，振型分解后可以得到若干个振动模态。在风力 $F(z,t)$ 的作用下，结构的运动方程为：

$$\ddot{Y}_i^* + 2(\zeta_{si} + \zeta_{ai})\omega_i \dot{Y}_i^* + \omega_i^2 Y_i^* = F_i^*(t)/M_i^* \quad (2-33)$$

式中，Y_i 为广义坐标；M_i^*、ζ_{si}、ω_i 和 ζ_{ai} 分别为广义质量、结构阻尼比、圆频率和气动阻尼比；$F_i^*(t) = \int_0^H w(z,t)\phi_i(z)dz$ 为广义荷载，i 为模态阶数。

在频域求解等式（2-33）可得结构第 i 阶广义位移的 j 阶导数的响应谱：

$$S_{Y_i^{*(j)}}(f) = \frac{(2\pi f)^{2j} \mid H_i(f) \mid^2 S_{F_i^*}(f)}{(2\pi f_i)^4 M_i^{*2}} \quad (2-34)$$

式中，$|H_i(f)|^2 = \dfrac{1}{[1-(f/f_i)^2]^2 + 4(\zeta_{si}+\zeta_{ai})^2(f/f_i)^2}$ 传递函数；$S_{F_i^*}(f)$ 为广义气动力谱。

由等式(2-34)可求得模态广义位移 j 阶导数的均方值为：

$$\sigma_{Y_i^{*(j)}}^2 \approx \int_0^{f_i} \frac{(2\pi f)^{2j}}{(2\pi f_i)^4 M_i^{*2}} S_{F_i^*}(f)\mathrm{d}f + \frac{1}{(2\pi f_i)^{4-2j} M_i^{*2}} \frac{\pi f_i S_{F_i^*}(f_i)}{4(\zeta_{sl}+\zeta_{al})} \qquad (2-35)$$

由此可知，结构响应 r 的 j 阶导数为：

$$\sigma_{r^{(j)}}^2 \approx \sum_{i=1}^n \int_0^{f_i} \frac{(2\pi f)^{2j} \cdot \psi_{ir}^2}{(2\pi f_i)^4 M_i^{*2}} S_{F_i^*}(f)\mathrm{d}f + \sum_{i=1}^n \frac{\psi_{ir}^2}{(2\pi f_i)^{4-2j} M_i^{*2}} \frac{\pi f_i S_{F_i^*}(f_i)}{4(\zeta_{sl}+\zeta_{al})}$$

$$(2-36)$$

上式右端第一二项分别为背景分量和共振分量。

等截面高层建筑风致响应的基阶模态共振分量通常占到总共振分量的95%以上，用基阶模态响应的共振分量近似表达总的共振分量：

$$\sigma_{r_R^{(j)}}^2 \approx \frac{(2\pi f_1)^{2j-4} \cdot \psi_{1r}^2}{M_1^{*2}} \cdot \frac{\pi f_1 S_{F_1^*}(f_1)}{4(\zeta_{sl}+\zeta_{al})} \qquad (2-37)$$

在等式(2-35)中，将影响函数取为模态振型函数 $\psi_{1r} = \phi_1(z)$，并取 $j=0$，则可得到高度 z 处结构的位移响应共振分量均方值的近似值：

$$\sigma_{y_R(z)}^2 \approx \frac{\phi_1^2(z)}{M_1^{*2} \cdot (2\pi f_1)^4} \cdot \frac{\pi f_1 S_{F_1^*}(f_1)}{4(\zeta_{sl}+\zeta_{al})} \qquad (2-38)$$

将影响函数取为振型函数 $\psi_{1r} = \phi_1(z)$，并取 $j=2$，则可得到高度 z 处结构的加速度响应共振分量均方值的近似值：

$$\sigma_{a_R(z)}^2 = \sigma_{y_R''}^2 \approx \frac{\phi_1^2(z)}{M_1^{*2}} \cdot \frac{\pi f_1 S_{F_1^*}(f_1)}{4(\zeta_{sl}+\zeta_{al})} \qquad (2-39)$$

等效静力风荷载的共振分量可以用惯性力计算如下：

$$p_R(z) \approx g_R m(z) a(z) = g_R \cdot \frac{m(z)\phi(z)}{M_1^*} \cdot \sqrt{\frac{\pi f_1 S_{F_1^*}(f_1)}{4(\zeta_{sl}+\zeta_{al})}} \qquad (2-40)$$

式中，g_R 为共振分量的峰值因子，取为 $g_R \approx \sqrt{2\ln(600f_1)} + 0.5772/\sqrt{2\ln(600f_1)}$。

进一步考虑振型修正因子，可推出共振等效静力风荷载 $p_R(z)$ 的计算式：

$$p_R(z) \approx \frac{Hm(z)}{M_1^*} B w_H \phi(z) \cdot g_R \cdot \sqrt{\frac{\pi \Phi S_M^*(f_1)}{4(\zeta_{s1} + \zeta_{a1})}} \tag{2-41}$$

式中，w_H 为建筑顶部高度处的设计风压；H、B 分别为建筑的高度和宽度。

建筑在高度 z 处的弯矩及剪力响应的共振分量，同样可以由上述方法计算得到。

（2）背景响应分量　结构的等效静力风荷载的背景分量是与结构的响应种类相关的。不同的响应种类对应的背景等效静力风荷载不同。基于基底弯矩等效的基本思想，建立基于基底弯矩响应的等效静力风荷载的计算方法。

根据高频动态测力天平的基本原理，可将高频天平测得的外加风力的折减基底弯矩看作实际建筑的折减基底弯矩响应的背景分量。定义背景响应在沿高度方向上的相关性折算系数：

$$C_r(h) = \sqrt{\frac{\int_h^H \int_h^H \overline{\sigma_{Fy}(z_1)\sigma_{Fy}(z)} \psi(h, z)\psi(h, z_1) dz_1 dz}{\left[\int_h^H \sigma_{Fy}(z)\psi(h, z)dz\right]^2}} \tag{2-42}$$

式中，$\sigma_{Fy}(z)$ 为脉动风力均方根；$\psi(h, z)$ 为外加风力对响应的影响函数，h 为响应位置高度，z 为荷载作用位置高度。$C_r(h)$ 是考虑脉动风力相关性时计算得到的响应与不考虑相关性（完全相关）时计算得到的响应之比。

在片条理论适用的假设下，外形沿高度不变化的高层建筑的横风向气动力系数 $C_{Fy}(z) = \sigma_{Fy}(z)/[w(z) \cdot B]$ 沿高度近似不变。再假定 $C_r(h)$ 不随高度 h 变化，基于基底弯矩响应考虑，可以导出如下等效静力风荷载 $p_B(z)$ 背景分量的计算式：

$$p_B(z) = w_H(z/H)^\alpha g_B(2+2\alpha)C_M B \tag{2-43}$$

式中，g_B 为背景分量峰值因子，取 3.5；$w(z)$ 为平均来流风压；C_M 由下式给出：

$$\begin{aligned}
C_M = & (0.002\alpha_w^2 - 0.017\alpha_w - 1.4) \times \\
& (0.056\alpha_{db}^2 - 0.16\alpha_{db} + 0.03) \times \\
& (0.03\alpha_{ht}^2 - 0.622\alpha_{ht} + 4.357)
\end{aligned} \tag{2-44}$$

式中，$C_M = \sigma_M/(0.5\rho U_H^2 BH^2)$；$\alpha_{ht} = H/T$，$T = \min(B, D)$。

利用等式（2-32）计算得到的背景等效静力风荷载对应的响应与基于荷载响应相关法（L. R. C）计算得到的结果进行对比（图 2-16）可知，两种方法计算得到的等效静力风荷载的分布形式略有不同，但根据等效静力风荷载计算得到的弯矩响应则非常接近。与 L. R. C 法相比，等式（2-43）大大简化了计算过程。

2）横风向等效风荷载规范计算方法

根据上述风洞试验研究和计算理论，经归纳和简化得到规范规定的横风向风振等效风荷载计算方法。

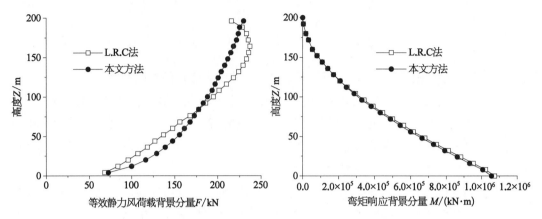

图 2-16　L. R. C 法和本方法计算得到的等效静力风荷载及响应的背景分量比较

矩形截面高层建筑横风向风振等效风荷载标准值可按下式计算：

$$w_{Lk} = g w_0 \mu_z C'_L \sqrt{1 + R_L^2} \qquad (2-45)$$

式中　w_{Lk}——横风向风振等效风荷载标准值（kN/m²），计算横风向风力时应乘以迎风面的面积；

　　　g——峰值因子，可取 2.5；

　　　C'_L——横风向风力系数；

　　　R_L——横风向共振因子。

在计算分析时，应注意以下事项：

（1）由于规范公式基于一定范围内的参数进行试验，因此，在应用规范公式（2-34）之前，应当判断是否满足参数范围。

（2）对于有角沿修正的建筑，应在横风向风力系数和共振因子中分别考虑角沿修正。

（3）在共振因子中，可考虑气动阻尼的影响，对于折算周期接近或大于 10 的超高层建筑，除采用气动阻尼公式估计响应应外，建议另外采用专门研究确定其气动弹性效应；对于大多数超高层建筑，气动阻尼为正值，建议气动阻尼取为 0。

2.2.4.4　扭转风振等效风荷载计算

1）扭转风力的产生原因及基本规律

扭转风力是由于建筑各个立面风压的不对称作用产生，与风的紊流及建筑尾流中的旋涡有关。一般认为，对于大多数高层建筑，平均风致扭矩接近 0，可不用考虑，但对于有些截面不对称，特别是结构质心和刚心偏离时，扭转风振的影响不可忽略。

风致扭矩谱与顺风向谱相比，有很大不同，随建筑几何尺寸的变化很大，下面介绍风洞试验测量的矩形截面高层建筑扭矩谱的基本规律。

（1）扭矩谱随截面厚宽比变化　如图 2-17 所示，风致扭矩谱随厚宽比变化的基本情况为：

当厚宽比小于 1 时，扭矩谱在折算频率等于 Strouhal 数附近出现窄带谱峰，其主要作用机理为背风面尾流区内出现的规则性旋涡脱落；当厚宽比大于 1 时，窄带谱峰消失，出现了两个宽带谱峰，分别体现了分离流和重附着流在高层建筑两个侧面的非对称作用；随着厚宽比进一步增大，位于低频段的谱峰带宽增加，而高频段的谱峰带宽减小，两个峰值频率相互接近，说明随着厚宽比增加，侧面的规则性旋涡脱落减弱，而重附着流的作用效果更加显著。

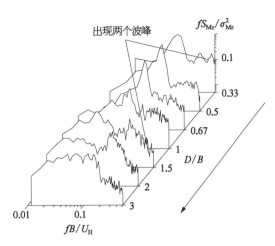

图 2-17　风致扭矩随厚宽比变化情况

（2）风致扭矩与横风向风力之间存在较强相关性　如图 2-18 所示，总体上风致扭矩与横风向风力相关性较大，而风致扭矩与顺风向风力相干性很小，可忽略不计。当塔楼出现结构偏心，结构振型分量耦合时，扭矩与横风向风力之间相关性对风振结果起很大影响。

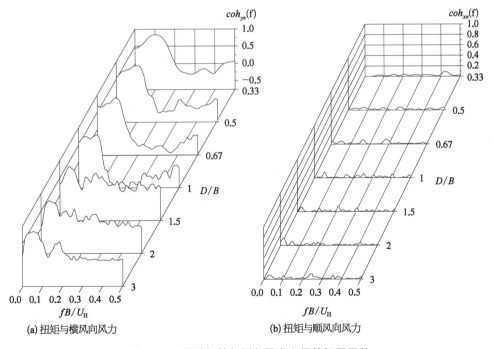

(a) 扭矩与横风向风力　　　　　　(b) 扭矩与顺风向风力

图 2-18　风致扭转与侧向风力之间的相干函数

2) 扭转风振计算公式

由于风致扭矩的变化规律比较复杂，很难得到简单的扭矩谱公式。目前国内外有一些研究拟合得到了扭矩谱的经验公式,但还不适合规范应用。

新规范参考日本 AIJ 建筑荷载规范和 ISO 风荷载标准,给出扭矩风振计算公式:

$$w_{Tk} = 1.8 g w_0 \mu_H C'_T \left(\frac{z}{H}\right)^{0.9} \sqrt{1 + R_T^2} \qquad (2-46)$$

式中,μ_H 为建筑顶部 H 位置的高度变化系数;g 为峰值因子,取为 2.5。

C'_T 为风致脉动扭矩系数:

$$C'_T = [0.006\,6 + 0.015(D/B)^2]^{0.78} \qquad (2-47)$$

R_T 为扭转共振因子,按下式计算:

$$R_T = K_T \sqrt{\frac{\pi F_T}{4 \zeta_1}} \qquad (2-48)$$

式中,K_T 为扭转振型修正系数:

$$K_T = \frac{B^2 + D^2}{20 r^2} \left(\frac{z}{H}\right)^{-0.1} \qquad (2-49)$$

其中,r 为截面回转半径。

F_T 为扭矩谱能量因子:

$$F_T = \begin{cases} \dfrac{0.14 J_T^2 (U^*)^{2\beta_T}}{\pi} \dfrac{D(B^2 + D^2)^2}{L^2 B^3} & [U^* \leqslant 4.5 \quad 6 \leqslant U^* \leqslant 10] \\[3mm] F_{4.5} \exp\left[3.5 \ln\left(\dfrac{F_6}{F_{4.5}}\right) \ln\left(\dfrac{U^*}{4.5}\right)\right] & [4.5 < U^* < 6] \end{cases} \qquad (2-50)$$

式中,U^* 为顶部折算风速,$U^* = \dfrac{U_H}{f_{T_1} \sqrt{BD}}$;$F_{4.5}$、$F_6$ 为当 $U^* = 4.5$、6 时的 F_T 值;L 为 B 和 D 的大值;J_T 和 β_T 分别是随截面厚宽比变化的参数:

$$J_T = \begin{cases} \dfrac{-1.1(D/B) + 0.97}{(D/B)^2 + 0.85(D/B) + 3.3} + 0.17 & [U^* \leqslant 4.5] \\[3mm] \dfrac{0.077(D/B) - 0.16}{(D/B)^2 - 0.96(D/B) + 0.42} + \dfrac{0.35}{(D/B)} + 0.095 & [6 \leqslant U^* \leqslant 10] \end{cases} \qquad (2-51)$$

$$\beta_T = \begin{cases} \dfrac{(D/B) + 3.6}{(D/B)^2 - 5.1(D/B) + 9.1} + \dfrac{0.14}{D/B} + 0.14 & [U^* \leqslant 4.5] \\[3mm] \dfrac{0.44(D/B)^2 - 0.006\,4}{(D/B)^4 - 0.26(D/B)^2 + 0.1} + 0.2 & [6 \leqslant U^* \leqslant 10] \end{cases} \qquad (2-52)$$

下面总结 w_{Tk} 计算过程：

第一步，计算折算风速 $U^* = \dfrac{\sqrt{1\,600 w_0}\,\mu_z(H)}{f_T\sqrt{BD}}$。

第二步，根据 D/B 确定 $J_T(D/B, U^*)$ 和 $\beta_T(D/B, U^*)$。

当 $U^* \leqslant 4.5$ 时，按照式(2-51)和式(2-52)选择对应区间公式计算 $J_T(D/B, 4.5)$ 和 $\beta_T(D/B, 4.5)$；

当 $6 \leqslant U^* \leqslant 10$ 时，按照式(2-51)和式(2-52)选择对应区间公式计算 $J_T(D/B, 6)$ 和 $\beta_T(D/B, 6)$；

当 $4.5 < U^* < 6$ 时，计算 $J_T(D/B, 4.5)$，$\beta_T(D/B, 4.5)$，$J_T(D/B, 6)$，$\beta_T(D/B, 6)$。

第三步，计算 F_T。

当 $U^* \leqslant 4.5$ 或 $6 \leqslant U^* \leqslant 10$ 时，

$$F_T = \frac{0.14 J_T^2 (U^*)^{2\beta_T}}{\pi}\frac{\dfrac{D}{B}\left[1+\left(\dfrac{D}{B}\right)^2\right]^2}{\max\left[\left(\dfrac{D}{B}\right)^2, 1\right]}$$

当 $4.5 < U^* < 6$ 时，分别计算 $U^* = 4.5$ 时的 $F_{4.5}$ 和 $U^* = 6$ 时的 F_6，然后确定：

$$F_T = F_{4.5}\exp\left[3.5\ln\left(\frac{R_6}{F_{4.5}}\right)\ln\left(\frac{U^*}{4.5}\right)\right]$$

第四步，计算 R_T，计算 w_{Tk}。

上面的计算过程非常复杂，在规范修订中，将上述计算过程绘制成等值线图的形式。F_T 可以根据 D/B 和 $f_{T_1}^* = 1/U^*$ 查等值线图得到。

3）扭转风振计算公式适用条件

判断高层建筑是否需要考虑扭转风振的影响，主要考虑建筑的高度、高宽比、深宽比、结构自振频率、结构刚度与质量的偏心等多种因素。

（1）不需要考虑扭转风振的情况 一般情况下，当迎风宽度 B 小于厚度 D 时，扭转风荷载主要由横风风力的不对称作用产生，此时产生的扭矩作用较大。当迎风宽度大于厚度时，扭转风荷载主要由于顺风向风压的不对称作用产生，此时扭矩作用相对较小。因此，新规范在加入扭转风振计算时，缩小了考虑扭转作用的截面范围，即迎风厚度 D 与迎风宽度 B 之比 $D/B < 1.5$ 时，就不考虑风致扭转作用。另一方面，对高度低于 150 m 时或者 $H/\sqrt{BD} < 3$ 或者 $\dfrac{T_{T1} v_H}{\sqrt{BD}} < 0.4$ 时，风致扭转效应不明显，也不考虑风致扭矩作用。

（2）可按照规范公式计算扭转风荷载的情况 截面尺寸和质量沿高度基本相同的矩形截面高层建筑，当其刚度或质量的偏心率（偏心距/回转半径）不大于 0.2，且同时满足

$\dfrac{H}{\sqrt{BD}} \leqslant 6$，$D/B$ 在 $1.5 \sim 5$ 范围，$\dfrac{T_{T1}v_H}{\sqrt{BD}} \leqslant 10$ 时，可按现行国家标准《建筑结构荷载规范》GB 50009 附录 H.3 计算扭转风振等效风荷载。

（3）需考虑扭矩风振但超过规范公式适用范围的情况　当偏心率大于 0.2 时，高层建筑的弯扭耦合风振效应显著，结构风振响应规律非常复杂，不能采用附录 H.3 给出的方法计算扭转风振等效风荷载。

大量风洞试验结果表明，风致扭矩与横风向风力具有较强相关性，当 $\dfrac{H}{\sqrt{BD}} > 6$ 或 $\dfrac{T_{T1}v_H}{\sqrt{BD}} > 10$ 时，两者的耦合作用易发生不稳定的气动弹性现象。规范给出的公式不适宜计算这类不稳定振动。

对于符合上述情况的高层建筑，规范建议在风洞试验基础上，有针对性地进行研究。

2.2.4.5　顺风向、横风向与扭转风荷载的组合

1）顺风向、横风向与扭转风振响应的产生机理

新规范在原有顺风向风振基础上，补充了横风向和扭转风振的计算方法。应当注意到，这三个方向的风荷载无论是从作用机理还是作用效果上有所区别。首先对顺风向、横风向和扭转方向的风振区别进行界定。

2）顺风向、横风向与扭转风荷载组合方法

当风作用在结构上时，在三个方向都会产生风振响应，由于产生机理不同，一般说来，这三个方向的最大响应并不是同时发生的。而在单独处理某一个方向（顺风向或横风向或扭转）的风荷载标准值时，是以这个方向的最大风振响应作为目标得到的等效风荷载。因此，若采用规范公式计算的顺风向、横风向和扭转方向风荷载标准值，然后同时作用在结构上，则过于保守。比较合理的做法是，当在结构上施加某个方向的风荷载标准值时，其他两个方向的荷载分别乘以不同的折减系数，折减系数的大小与三个响应之间的统计相关性有关。

目前国外规范采用风振响应的相关系数来进行折减。新规范参考日本建筑物荷载规范的做法来定义折减系数。其基本思路为，当某个方向上的荷载为主荷载（导致的响应最大）时，其荷载的平均值部分和脉动部分全部施加到结构上进行组合；某个方向上的风荷载为次要荷载（导致的响应不是最大的）时，其荷载平均值仍然全部施加到结构上进行组合，但脉动部分需要进行折算，折算系数为 $(\sqrt{2+2\rho} - 1)$，其中，ρ 为次要荷载与主荷载的相关性。由于顺风向荷载与横风向荷载之间的相关性为零，因此该系数简化为 0.4。

以顺风向和横风向的风荷载组合举例：当长细比大于 3 时，在建筑的风致动力响应中共振分量比较显著，这时可以假定响应的概率分布符合正态分布。假定两个方向的基底弯矩响应 M_x 和 M_y 的联合概率分布服从二维正态分布，则概率等值线图为一条与响应

间的相关系数 ρ 有关的椭圆线，如图 2-19 所示。椭圆线上的每一个点都可以看成一种荷载组合。由于椭圆上可以取出很多个点，直接采用这个椭圆进行荷载组合是不实际的。因此，为了简化计算，可以将椭圆的外切八边形的节点作为荷载组合工况，计算当其中一个方向取得极值时另一个方向的取值。例如：当 M_x 取得极值 $M_{x\max}$ 时，y 方向用于与之组合的基底弯矩 M_{yc} 可以定义为：

$$M_{yc} = \overline{M}_y + m_{y\max}(\sqrt{2+2\rho}-1) \tag{2-53}$$

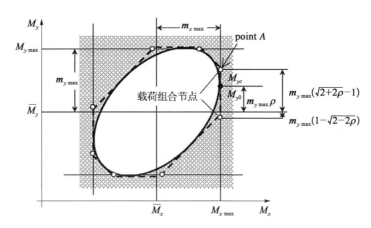

图 2-19　两个方向上风致响应的概率等值线示意图

新规范参考日本建筑物荷载规范思路，以下面的原则确定组合系数。

（1）顺风向与横风向及顺风向与扭转方向的风力的互相干性是可以忽略的。因此，$\rho=0$，即响应得互相关性也可以忽略。也即，当顺风向荷载为主时，不考虑横风向与扭转方向的风荷载。

（2）当横风向荷载作用为主时，由于横风向和顺风向相干性可忽略，因此，不考虑顺风向荷载振动放大部分，但应考虑顺风向风荷载仅静力部分参与组合，简化为在顺风向风荷载标准值前乘以 0.6 的折减系数；对于扭转方向荷载，虽然研究表明，横风向和扭转方向的相关性不可忽略，但横风向和扭转方向相关性的影响因素较多，在目前研究尚不成熟情况下，暂不考虑扭转风荷载参与组合。

（3）扭转方向风荷载为主时，不考虑与另外两个方向的风荷载的组合。

2.3　复杂结构的风洞试验与流场数值仿真

2.3.1　风洞试验的基本原理与分类

2.3.1.1　风洞试验的基本原理

风洞模拟试验是风工程研究中应用最广泛、技术也相对比较成熟的研究手段。其基本做法是,按一定的缩尺比将建筑结构制作成模型,在风洞中模拟风对建筑作用,并对感兴趣的物理量进行测量。

用几何缩尺模型进行模拟试验,相似律和量纲分析是其理论基础。相似律的基本出发点是,一个物理系统的行为是由它的控制方程和初始条件、边界条件所决定的。对于这些控制方程以及相应的初始条件、边界条件,可以利用量纲分析的方法将它们无量纲化,这样方程中将出现一系列的无量纲参数。如果这些无量纲参数在试验和原型中是相等的,则它们就都有着相同的控制方程和初始条件、边界条件,从而二者的行为将是完全一样的。从试验得到的数据经过恰当的转换就可以运用到实际条件中去。

2.3.1.2 风洞试验的分类

根据试验目的的不同,建筑结构的风荷载试验大致可以分为刚性模型试验和气动弹性模型试验两大类。刚性模型试验主要是获取结构的表面风压分布以及受力情况,但试验中不考虑在风的作用下结构物的振动对其荷载造成的影响;弹性模型试验则要求在风洞试验中,模拟出结构物的风致振动,进而评估建筑物的气动弹性效应。这两类试验目的不一样,因此试验中要求满足的相似性参数也有很大区别。气动弹性模型试验在模型制作、测量手段上都比较复杂,难度比较大。

具体来说,高层建筑的风荷载风洞试验主要有以下三类:

1) 测压试验

测压试验是利用压力传感器测量模型表面风压的试验。通过缩尺刚性模型的测压风洞试验,能够获得墙面、幕墙和屋盖等结构的平均和脉动压力。在此基础上结合动力学分析方法进行风振计算,可进一步获得建筑结构的风致响应,包括位移、加速度等,并可根据一定原则得到用于主要受力结构设计的等效静风荷载。

通常的测压试验都是刚性模型试验。

2) 高频测力试验

高频测力天平试验是为测得建筑物整体风荷载而进行的试验。通过测力天平测得作用于模型整体上的风荷载(阻力、升力、倾覆弯矩等),再根据一定简化假设推断结构的响应,进而得到主要受力结构设计时应采用的风荷载值。为了避免模型振动造成的影响,应保证模型-天平系统具有较高的固有频率。这类试验主要适用于只需考虑一阶振型的悬臂型结构。高频测力试验一般也是刚性模型试验。

3) 气动弹性模型试验

气动弹性模型试验采用的模型需模拟建筑物的动力特性。试验时可直接测量总体平均和动力荷载及响应,包括位移、扭转角和加速度。所以这类试验与刚性模型试验的最大差别就在于,可以直接获得附加气动力与外部气流共同作用下的模型振动响应。对于有可能发生涡激振动和驰振等气动弹性失稳振动的建筑物,进行气动弹性模型试验可获得更为准确的风振特性。

因此,气动弹性模型试验主要应用于气动弹性效应显著的建筑结构体系,例如超高层建筑、格构式塔架、大跨屋盖结构等。对于刚度较柔且细长的高层建筑,可根据建筑结构的振动特性进行简化处理,使用锁定振动试验(一阶振型/模态满足力学相似)、多质点振动(重要振型相关的振动特性模型化)或完全弹性模型试验(所有振动特性全部模型化)等方法获得结构的动力响应。对于格构式结构、以壳或膜等覆面材料为主的大跨屋盖结构,一般采用完全弹性模型气动弹性试验。

2.3.1.3 相似准则

不同的试验类型,需要满足不同的相似准则。

刚性模型试验,是不考虑结构在脉动风作用下发生振动的模拟试验。该类试验主要应考虑满足几何相似、动力相似、来流条件相似等几个主要相似性条件。

1) 几何相似

几何相似条件是要求试验模型和建筑结构在几何外形上完全一致,并且周边影响较大的建筑物也应按实际情况进行模拟。在研究中,通常是根据风洞试验段尺寸以及风洞阻塞度的要求,把建筑结构按一定比例缩小,加工制作成试验模型,以确保几何相似条件得到满足。

2) 动力相似

在诸多的动力相似参数中,比较重要的是雷诺数(Reynolds Number),雷诺数表征了流体惯性力和黏性力的比值,是流动控制方程的一个重要参数。其定义为:

$$Re = \frac{UL}{\nu} \tag{2-54}$$

式中,U 为来流风速,L 为特征长度,ν 为空气的运动学黏性系数。

可以看到,由于模型缩尺比通常在百分之一以下的量级,而风洞中的风速和自然风速接近,因此,在通常的风洞模拟试验中,Re 数都要比实际 Re 数低两到三个数量级。Re 数的差别是试验中必须考虑的重要问题。

Re 数的影响主要反映在流态(层流还是湍流)和流动分离上。对于锐缘建筑物,其分离点是固定的,流态受 Re 数的影响比较小。因此,一般的结构风工程试验中,如果模型具有棱角分明的边缘,则通常不考虑 Re 数差别所带来的影响。

对于表面是连续曲面的结构物,Re 数的影响就要更复杂一些了。对于有实测数据支持的建筑物,通常通过增加表面粗糙度的办法,降低临界雷诺数,使流动提前进入湍流状态,以保证模型表面压力分布数据和实际条件下一致。对没有实测数据可供比较的建筑物,则是根据实践经验对表面粗糙度进行调整,以达到降低临界雷诺数的效果。

3) 来流条件相似

由于真实的建筑物是处在大气边界层中的,因而要真实再现风与结构物的相互作用,就必须在风洞中模拟出和自然界大气边界层特性相似的流动。

对于刚性模型试验来说,来流条件相似主要是要模拟出大气边界层的平均风速剖面和湍流度剖面;而对于气动弹性模型来说,还需要考虑风速谱和积分尺度等大气湍流统计特性的准确模拟。

平均风速剖面通常用指数律和对数律来表示。指数律可以表示为:

$$U(z) = U_g(z/z_g)^\alpha \qquad (2-55)$$

式中,U_g 为大气边界层梯度风速度,z_g 为大气边界层高度。幂指数 α 和大气边界层高度 z_g 与地表环境有关。中国的《建筑结构荷载规范》GB 50009 中采用的是指数形式的风剖面表达式,并将地貌分为 A、B、C、D 四类,分别取风剖面指数为 0.12、0.15、0.22 和 0.30,对应以下四种地貌范围(表 2 - 4)。

表 2 - 4　地貌类型对风速的影响

地　　貌	海　　面	空旷平坦地面	城　　市	大城市中心
幂指数	0.1～0.13	0.13～0.18	0.18～0.28	0.28～0.44
梯度风高度 z_g /m	200～325	250～375	350～475	450～575

除了上述几个相似参数,在进行气动弹性模型试验时,还应当考虑质量、刚度、阻尼等结构特征的模拟。

4)质量

对建筑物质量模拟的基本要求是要使结构的惯性力和流体的惯性力具有相同的缩尺比。为使惯性力的相似性得到满足,只要保持结构密度和空气密度的比值在试验和原型中一致就可以了。密度比值的方程可以表示为:$\left(\dfrac{\rho_s}{\rho}\right)_m = \left(\dfrac{\rho_s}{\rho}\right)_p$,其中 ρ_s 和 ρ 分别为建筑物和空气的密度,下标 m 和 p 分别表示模型和原型。由于原型和模型所承受的均是空气作用,因而对质量相似的要求就是要使模型密度和实物密度相同。

5)阻尼

只要使模型和实物中的特殊振型的阻尼比系数 ζ 相等,即可满足耗散力或阻尼力的相似性。在动态响应具有显著的共振分量以及气动阻尼很小或可忽略的情况下,对于结构阻尼的模拟是非常重要的。

6)刚度

抵抗结构变形的力必须与惯性力具有相同的缩尺比。满足了质量相似准则,则刚度的相似性要求就体现为对结构刚度主要来源的模拟。当抵抗变形的力主要来源于弹性力并且与重力影响无关时,保持模型和原形的毛细数(Ca 数)一致就构成了刚度模拟的基本要求,即要保证:$\left(\dfrac{E}{\rho V^2}\right)_m = \left(\dfrac{E}{\rho V^2}\right)_p$,这里的 E、ρ、V 分别是杨氏模量、空气密度、特征风速。当模型和实物均受空气作用时,则模型和实物风速比变为：$\dfrac{V_m}{V_p} = \left(\dfrac{E_m}{E_p}\right)^{\frac{1}{2}}$。

2.3.2　高频动态天平测力试验

2.3.2.1　高频动态天平测力试验概述

高频动态天平模型试验是 20 世纪 70 年代随着高频动态天平设备及其支持理论的发展和完善而逐步发展起来的。假设结构的一阶振型为理想的线性振型,则其广义力与基底倾覆力矩之间存在着简单的线性关系。利用高频动态天平直接测得模型的倾覆力矩就可获得广义力,而不必了解随时空变化的气动力分布的复杂特性。

天平试验忽略气动弹性效应,直接测作用于结构的气动力。这种方法要求测力天平有较高的自振频率,保证有足够的信噪比。这就要求模型的自重小,以使得模型和设备系统的频率足够高,从而避免所测得的广义动力荷载被放大而不能反映实际情况。

高频动态天平所测的气动力仅与结构的建筑外形和来流的湍流性质有关,而结构的质量、刚度和阻尼在以后用解析方法求结构响应时考虑。它假定结构的振动模态为直线型,忽略了高阶模态的影响,忽略了力分量之间的相关性,忽略了气动反馈的影响。高频天平技术由于其模型制作简单(仅需模拟建筑外形),试验周期短,而且特别方便配合设计(仅需要建筑外形即可进行试验,结构动力特性修改后不必重新试验),而得到了非常广泛的应用。

高频动态天平可以方便地测量建筑基底响应,但并不能直接给出建筑沿高度分布的风荷载情况,因此本方法适用于结构初步设计阶段对结构风荷载的总体把控,在满足一定假设的基础上,也可通过高频天平计算出结构的风致响应。

2.3.2.2　试验结果与原型的换算

根据风洞试验基本原理,在满足了相似参数的前提下,模型和原型的物理行为将彼此相似。通过适当转换,即可根据试验结果推知原型上的物理量。

试验中,可根据来流动压和尺寸将模型受力(力矩)无量纲化,进而得出模型和原型上的力和力矩的转换关系。无量纲的力系数和力矩系数的基本公式如下：

力系数：
$$C_F = \frac{F}{\dfrac{1}{2}\rho V^2 L^2}$$

力矩系数：
$$C_M = \frac{M}{\dfrac{1}{2}\rho V^2 L^3}$$

式中,ρ、V、L 分别为空气密度、来流风速和特征尺度。由于相似关系得到了满足,因而这两种系数在模型和原型上都是相同的。由此可得出模型和原型上受力(力矩)的转换关系：

$$F_p = C_F \times \frac{1}{2}\rho V_p^2 L_p^2 = \frac{F_m}{\frac{1}{2}\rho V_m^2 L_m^2} \times \frac{1}{2}\rho V_p^2 2L_p^2 2 = \left(\frac{V_p L_p}{V_m L_m}\right)^2 \times F_m = \lambda_F F_m$$

$$(2-56)$$

$$M_p = C_M \times \frac{1}{2}\rho V_p^2 L_p^3 = \frac{M_m}{\frac{1}{2}\rho V_m^2 L_m^3} \times \frac{1}{2}\rho V_p^2 L_p^3 = \frac{V_p^2 L_p^3}{V_m^2 L_m^3} \times F_m = \lambda_M F_m$$

$$(2-57)$$

式中，下标 p 代表原型上的值，下标 m 代表模型上的值。根据风速比（即试验风速与自然条件下的风速比值）和几何缩尺比，也可推导得出试验与原型的频率比。将风洞试验的数据经过恰当的尺度转换，即可用于风致响应分析。

2.3.2.3 风致响应计算

高频底座天平测力试验中的天平固有频率和灵敏度都很高，模型加工时，除了外形特征完全仿照建筑物制作而外，还要求其质量轻、刚度高，以保证模型-天平系统的整体固有频率比较高。在此条件下测得的基底力和力矩，与结构分析相结合，就可以得出模型的风致响应。

1）假设条件

风致响应分析时，有如下基本假设：

（1）忽略高阶振型

（2）假设一阶振型为线性　当一阶振型偏离线性较多时，误差较大，通常需要进行修正。但修正过程需要假设气动力剖面和相关性，因此存在较大不确定性，尤其是对于存在周边环境干扰的建筑来说，修正过程可能会引入更大误差，在使用中需要非常谨慎。

（3）忽略流固耦合效应　即认为建筑结构在风作用下的振动，对流场的干扰较小，不足以改变气动力的基本特征。这对大多数高层建筑结构是适用的。

2）动力方程解耦

高层建筑在风荷载作用下的运动方程可由下式表示：

$$M\ddot{x} + C\dot{x} + Kx = F \qquad (2-58)$$

式中，M、C、K 分别为结构质量、阻尼和刚度矩阵，F 为风荷载。$x = \{x_1, x_2, \cdots, x_n, y_1, y_2, \cdots, y_n, \theta_1, \theta_2, \cdots, \theta_n\}'$ 为 n 层高层建筑结构在 x、y 方向的平动和绕 z 轴方向的转动，下标代表不同的层。

对位移进行模态分解，有：

$$x(t) = \sum_j \boldsymbol{\varphi}_j \xi_j(t) \qquad (2-59)$$

式中，$\boldsymbol{\varphi}_j = \{\phi_{jx}(z_1),\ \phi_{jx}(z_2),\ \cdots\phi_{jx}(z_n),\ \phi_{jy}(z_1),\ \phi_{jy}(z_2),\ \cdots\phi_{jy}(z_n),\ \phi_{j\theta}(z_1),$ $\phi_{j\theta}(z_2),\ \cdots\phi_{j\theta}(z_n)\}'$ 是结构第 j 阶振型向量。$\phi_{jx}(z_i)$，$\phi_{jy}(z_i)$，$\phi_{j\theta}(z_i)$ 分别为该振型在第 i 层(高度 z_i)的三个方向的分量。将上式代入运动方程并左乘 $\boldsymbol{\varphi}_j^T$，得出解耦后的广义坐标的运动方程

$$m_j \ddot{\xi}_j(t) + c_j \dot{\xi}_j(t) + k_j \xi_j(t) = f_j(t) \tag{2-60}$$

式中，

广义质量，$m_j = \sum_i \left[m(z_i)\phi_{jx}^2(z_i) + m(z_i)\phi_{jy}^2(z_i) + I(z_i)\phi_{j\theta}^2(z_i) \right]$；

广义阻尼，$c_j = 2m_j\omega_j\zeta_j$；

广义刚度，$k_j = m_j\omega_j^2$；

广义力，$f_j = \sum_i \left[f_x(z_i, t)\phi_{jx}(z_i) + f_y(z_i, t)\phi_{jy}(z_i) + f_\theta(z_i, t)\phi_{j\theta}(z_i) \right]$。

对于绝大多数高层建筑，只有 x、y 方向侧移和绕 z 轴扭转的三个低阶振型对结构风振有决定性影响。当假定这三阶振型均为线性时，即假设：

$$\begin{Bmatrix} \phi_{jx}(z_i) \\ \phi_{jy}(z_i) \\ \phi_{j\theta}(z_i) \end{Bmatrix} = \frac{z_i}{H} \begin{Bmatrix} C_{jx} \\ C_{jy} \\ C_{j\theta} \end{Bmatrix}$$

右端括号内三项代表建筑物顶部的变形量。则可得出：

$$f_j = C_{jx}\frac{M_y(t)}{H} - C_{jy}\frac{M_x(t)}{H} + \alpha C_{j\theta}M_\theta(t) \tag{2-61}$$

式中，$M_x(t)$、$M_y(t)$、$M_\theta(t)$ 分别为建筑基底 x 和 y 方向的弯矩和绕 z 轴的扭矩。α 是调整系数，需根据 $f_\theta(z_i, t)$ 的分布形式确定。当其沿高度均匀分布时，可得出调整系数取 0.5。显然，对于振型不耦合的建筑物，广义力中仅包含其中一项而另外两项为零。

3) 平均和脉动风致响应的计算

由广义力的表达式可看到，由于 $M_x(t)$、$M_y(t)$、$M_\theta(t)$ 均已经由天平测量得到，因此可对解耦后的广义坐标的运动方程求解。求解在频域进行，在求取脉动响应时，应利用中心化之后的广义力进行计算。

由传递函数，可得出广义坐标的功率谱可表示为：

$$S_{\xi_j}(\omega) = |H_j(\omega)|^2 S_{f_j}(\omega) \tag{2-62}$$

其中
$$|H_j(\omega)|^2 = \frac{1}{k_j^2 \left\{ \left[1 - \left(\dfrac{\omega}{\omega_j}\right)^2\right]^2 + \left(\dfrac{2\omega\zeta_j}{\omega_j}\right)^2 \right\}} \tag{2-63}$$

$$S_{f_j}(\omega) = \frac{1}{H^2}\{C_{jx}^2 S_{M_y}(\omega) + C_{jy}^2 S_{M_x}(\omega) + \alpha^2 H^2 C_{j\theta}^2 S_{M_\theta}(\omega) + 2\alpha H C_{jx}C_{j\theta}\mathrm{Re}[S_{M_y M_\theta}(\omega)]$$

$$- 2\alpha H C_{jy}C_{j\theta}\mathrm{Re}[S_{M_x M_\theta}(\omega)] - 2C_{jx}C_{jy}\mathrm{Re}[S_{M_x M_y}(\omega)]\} \qquad (2-64)$$

广义力功率谱中，S_{M_x}，S_{M_y}，S_{M_θ}，$S_{M_x M_y}$，$S_{M_x M_\theta}$，$S_{M_y M_\theta}$ 分别为 x、y 两个方向的弯矩和 z 轴扭矩的自功率谱以及它们的互谱，Re 表示取互谱的实部。以上功率谱均可由测力试验的数据计算得出。

相应的均方根和均方加速度分别为：

$$\sigma_{\xi_j}^2 = \int_0^\infty S_{\xi_j}(\omega)\mathrm{d}\omega, \quad \sigma_{\ddot{\xi}_j}^2 = \int_0^\infty \omega^4 S_{\xi_j}(\omega)\mathrm{d}\omega \qquad (2-65)$$

在小阻尼前提下，上式可进一步简化，

$$\sigma_{\xi_j}^2 = \frac{\sigma_{f_j}^2}{k_j^2}\int_0^\infty k_j^2 \mid H_j(\omega)\mid^2 \frac{S_{f_j}(\omega)}{\sigma_{f_j}^2}\mathrm{d}\omega$$

$$\approx \frac{\sigma_{f_j}^2}{k_j^2}\left[\mid H_j(0)\mid^2 \int_0^\infty k_j^2 \frac{S_{f_j}(\omega)}{\sigma_{f_j}^2}\mathrm{d}\omega + \frac{S_{f_j}(\omega_j)}{\sigma_{f_j}^2}\int_0^\infty k_j^2 \mid H_j(\omega)\mid^2\mathrm{d}\omega\right]$$

$$= \frac{\sigma_{f_j}^2}{k_j^2}\left[1 + \frac{S_{f_j}(\omega_j)}{\sigma_{f_j}^2}\frac{\omega_j}{8\zeta}\right] \qquad (2-66)$$

仅考虑前三阶振型，且对于固有频率稀疏的小阻尼结构而言，振型交叉项可忽略，因此结构最高点总的均方位移可根据平方和开平方(SRSS)的振型组合公式得出：

$$\sigma_x = \left[\sum_{j=1}^3 (C_{jx}\sigma_{\xi_j})^2\right]^{\frac{1}{2}}, \quad \sigma_y = \left[\sum_{j=1}^3 (C_{jy}\sigma_{\xi_j})^2\right]^{\frac{1}{2}}, \quad \sigma_\theta = \left[\sum_{j=1}^3 (C_{j\theta}\sigma_{\xi_j})^2\right]^{\frac{1}{2}} \qquad (2-67)$$

平均风振响应同样可根据振型分解方法求出。

$$E[\xi_j(t)] = \int_{-\infty}^\infty E[f_j(t-\tau)]h_j(\tau)\mathrm{d}\tau = E[f_j(t)]\int_{-\infty}^\infty h_j(\tau)\mathrm{d}\tau$$

$$= E[f_j(t)]H_j(0) = \frac{1}{k_j}E[f_j(t)] \qquad (2-68)$$

式中，E 表示数学期望。得出广义坐标的平均值后，按振型叠加即可得出平均风振响应。

2.3.3 刚性模型测压试验与风致响应计算

2.3.3.1 刚性模型测压试验概述

刚性模型测压试验是应用最为广泛的风洞试验类型。90%以上的超高层建筑风洞试验都会包含刚性模型测压试验的内容。

1) 试验目的

刚性模型测压试验主要有两个目的。首先通过测量表面风压数据并进行统计，可以得到表面风压分布极值,从而为围护结构设计提供风荷载标准值。其次,动态的测压试验数据可以为后续的结构风致响应计算提供荷载时程。

2) 试验方法

刚性模型测压试验首先按照建筑图纸制作缩尺的建筑模型,然后在关心的位置布置测压管路,连接至压力传感器。然后将模型(包括周边干扰建筑模型)按建筑总图安装在风洞试验段的转盘上,通过转动转盘,获取不同风向下表面的建筑物表面的风压数据。再将风压数据进行无量纲化,并应用到建筑原型上。

3) 试验内容

为了保证试验数据能够反映真实的建筑表面风压分布情况,首先需要在风洞中通过布置尖劈和粗糙元等方法,模拟得出与规范要求一致的边界层风速剖面。然后再测量不同风向下的建筑物表面风压时程数据,通常风向角间隔可以取为 10°和 15°。测量时间可以根据相似比进行换算,对应到原型通常不少于 30 min,以获得统计定常的试验结果。

4) 适用范围和局限性

绝大部分的超高层建筑都需要进行风洞测压试验,以获得围护结构的风荷载标准值,并为进一步的抗风分析提供基础数据。而某些并不太高但外形复杂或者周边干扰效应很突出的建筑物,也可以考虑进行风洞测压试验,以便获得准确的围护结构风荷载标准值。

风洞测压试验的局限性可以根据结构风荷载的因素进行分析。结构表面的风荷载主要受以下几个因素影响:① 来流风的特性,包括平均风速、湍流度、脉动风功率谱和湍流积分尺度等;② 气流在结构表面分离产生的特征湍流,这与结构的外形密切相关;③ 结构与气流的气动弹性效应。刚性模型测压风洞试验可以考虑前两种因素的影响,但由于没有模拟结构的动力特性,无法考虑气动弹性效应。因此,当超高层建筑特别柔,其在风作用下的振动幅度已经足以影响周边流场,则测压试验得到的数据需要借助气动弹性模型试验加以分析。

2.3.3.2　刚性模型测压试验的数据处理

为方便设计使用,测得风压时程后,一般将其转换成无量纲的风压系数:

$$C_p(t) = \frac{p(t) - p_0}{0.5\rho U_r^2} \tag{2-69}$$

式中　$C_p(t)$——风压系数时程;

　　　　$p(t)$——测量得到的风压时程;

　　　　p_0——来流静压;

　　　　ρ——空气密度;

　　　　U_r——参考高度风速。

U_r 的取值不同,风压系数也各不相同。当 U_r 取为各测点高度的来流风速时,平均风压系数与现行国家标准《建筑结构荷载规范》GB 50009 中规定的体型系数基本一致(此时体型系数等于同一受风面上所有测点平均风压系数的加权平均）。当 U_r 取其他值时，得出的平均风压系数将和体型系数相差一个调整系数。

对得到的压力系数时程进行统计，可以得到系数的平均值和脉动值，进而得到极值压力系数。再将各种风向下的结果进行汇总，即可得出每个测点极值压力系数的包络值。在进行围护结构设计时，一般只考虑风压本身的脉动。此时测压试验得到的极值风压经过一定转换可作为围护结构的风荷载标准值。

2.3.3.3 风致响应计算的基本方法

1）风致响应计算的动力学方程

建筑结构在风荷载作用下的运动方程可由下式表示：

$$M\ddot{x} + C\dot{x} + Kx = F \tag{2-70}$$

式中，M、C、K 分别为结构质量、阻尼和刚度矩阵，F 为风荷载。x 为结构在各节点自由度上的位移（转角）。

对 x 进行模态分解，有

$$x(t) = \sum_j \varphi_j \xi_j(t) \tag{2-71}$$

式中，φ_j 是结构第 j 阶振型列向量。取各阶振型对质量矩阵归一化，即要求振型向量满足：

$$\varphi_j^T M \varphi_k = \begin{cases} I, & j=k \\ 0, & j \neq k \end{cases} \tag{2-72}$$

式中，I 为单位矩阵。将模态分解公式代入运动方程后左乘 φ_j^T，并假设振型向量对阻尼矩阵 C 正交。考虑到振型向量性质，可得出解耦后的广义坐标运动方程

$$\ddot{\xi}_j(t) + 2\zeta_j \omega_j \dot{\xi}_j(t) + \omega_j^2 \xi_j(t) = f_j(t) \tag{2-73}$$

式中，ω_j、ζ_j 分别为第 j 阶振型的自振频率和阻尼比。而第 j 阶振型上的广义力为

$$f_j(t) = \varphi_j^T F \tag{2-74}$$

2）结合风洞试验构造气动力时程

在一般的风振分析中，经常将测点的风荷载时程直接作为集中力加载于距离最近的节点上，这种处理方式对于结构刚度分布不均匀的体系而言误差很大。更为合理的方法是将测点的风荷载时程通过不同的插值方法作用于所有受风节点。比如可寻找离节点最近的 3 个测点按下式进行插值：

$$p_j(t) = A_j \frac{\sum_k w_k(t)/l_{kj}}{\sum_k 1/l_{kj}} \tag{2-75}$$

式中，$w_k(t)$ 为测点 k 的压力时序，而 l_{kj} 为结构受风节点 j 与测点 k 的距离，A_j 是节点 j 的附属面积。将插值方法代入动力学方程的右端项，可得出：

$$\{f(t)\} = [\boldsymbol{\Phi}]^T [R] \{P(t)\} = [T] \{P(t)\} \tag{2-76}$$

式中，$[R]$ 为插值矩阵。如果采用三点插值方法，则 $[R]$ 为每行仅有 3 个非零元素的稀疏矩阵，$[T]$ 为最终转换矩阵。利用上式可由测点压力时程直接得出振型广义力时程。因为 $[T]$ 仅取决于结构振型和测点、节点的相对位置关系，因此只需要计算一次。且其为 $K \times M$ 阶矩阵（K 为振型数，M 为测点数），比起直接用振型函数计算广义力，减小的运算量相当可观。

对于超高层建筑而言，往往可以简化为"糖葫芦串"，插值时可以将同一楼层的节点力归并，可以进一步减小计算量。

试验模型和建筑物原型存在一定的相似关系，根据相似比可将模型试验的时间序列 $\{t_j\}$ 转化为建筑物原型所受气动力的时间序列。

得到气动力时程后，可按式（2-76）计算得到各阶振型广义力，之后按即可计算响应。

3）响应均方根和响应时程的求取

可采用广义坐标合成法计算风振响应。响应和广义坐标的协方差矩阵满足以下关系式：

$$\boldsymbol{V}_{xx} = \boldsymbol{\Phi} \boldsymbol{V}_{\xi\xi} \boldsymbol{\Phi}^T \tag{2-77}$$

广义坐标运动方程为单自由度方程。该方程可在时域和频域求解。时域的求解可采用杜哈梅积分方法，而频域的求解则可借助傅里叶变换。频域方法相对较为简单。由于风洞试验得出的是有限个离散数据点，因此运用单自由度运动方程的频域数值分析方法，可利用快速傅里叶变换 FFT 对方程进行求解。从而广义坐标的时程可由下式得到：

$$\xi_j(t) = F^- \{H_j(i\omega) F^+ \{f_j(t)\}\} \tag{2-78}$$

式中，$F^+\{\}$ 和 $F^-\{\}$ 表示快速傅里叶正变换和逆变换。在得到各阶振型的广义坐标时程后，即可计算其协方差矩阵，且由模态分解公式可得出响应时程。

式中，H_j 为 j 阶振型的频率响应函数，其定义为：

$$H_j(i\omega) = \frac{1}{\omega_j^2 \left[1 - \left(\dfrac{\omega}{\omega_j} \right)^2 + i \cdot 2\zeta_j \left(\dfrac{\omega}{\omega_j} \right) \right]} \tag{2-79}$$

对功率谱函数进行积分后，即可得出各点位移的方差。

当所求为其他物理量而非位移时，只需将式振型函数改写为其他影响函数，即可按上述步骤求得均方根。

对于加速度响应，由于不能直接由广义坐标时程合成而来，可利用傅里叶变换的微分特性，首先求出广义坐标的二阶时间导数：

$$\ddot{\xi}_j(t) = -\widetilde{F}\langle \omega^2 H_j(i\omega)f_{jF}(\omega)\rangle \tag{2-80}$$

然后再利用振型分解公式，即可得出各方向的加速度响应时程。

2.3.3.4 等效静力风荷载的计算

为方便结构设计，通常需要根据一定的等效目标将动力风荷载简化为静力风荷载。设 t 时刻结构的位移响应为 $\{x(t)\}$，根据静力学方程，产生该响应的静荷载可表示为：

$$\begin{aligned}\{P_{eq}(t)\} &= [K]\{x(t)\} = \sum_j [K]\varphi_j q_j(t) \\ &= \sum_j \omega_j^2[M]\varphi_j q_j(t)\end{aligned} \tag{2-81}$$

对于超高层建筑而言，容易得出按层分布的质量阵 $[M]$，再运用上式即可得出各层的等效静风荷载时程。如果将 t_0 时刻的等效静风荷载作用于结构上，将恰好得出 t_0 时刻的结构位移响应值。因此 $\{P_{eq}(t)\}$ 不但包含了风压的平均成分、脉动成分，也包含了风振引起的惯性力、阻尼力等。结构的整体荷载时程 $(F_x, F_y, M_x, M_y, M_z)$ 可以通过将各层等效静风荷载求和得出。

对于高层建筑而言，通常选取顶部位移或基底弯矩作为等效目标，求取产生顶部最大位移或基底最大弯矩的等效静风荷载用于结构设计。

同一荷载工况下的等效静风荷载，包含了沿两个主轴方向的力以及绕质心轴的扭矩。这三个方向的荷载不会同时达到最大值，一般采用经验系数对次方向荷载进行折减。在风洞试验中，可根据相关分析得出更符合实际情况的估计。

若将两个方向的响应看作近似服从二维正态分布，则由联合概率分布函数可知，这两个方向响应的概率等值线为一椭圆，且满足方程：

$$x^2 - 2\rho xy + y^2 = c \tag{2-82}$$

式中，x 和 y 是归一化的随机变量，而 ρ 为 x 和 y 的相关系数，c 为取决于概率水平的常数。在求出某主方向的响应极值 $\hat{x}$ 之后，由相关分析可得出在次方向上的伴随响应：

$$y_e = \bar{y} + |\rho|(\hat{y} - \bar{y}) \tag{2-83}$$

式中，$\bar{y}$ 为次方向平均响应；而 $\hat{y}$ 则为次方向的响应极值，其取值方向与相关系数有关。当相关系数为正时，取值方向和 $\hat{x}$ 相同（同为极大值或极小值）；当相关系数为负时，取值方向和 $\hat{x}$ 相反（$\hat{x}$ 为极大值时，$\hat{y}$ 应取极小值）。

2.3.3.5 测力试验与测压试验的比较

高频底座天平测力试验和测压试验（配合风致响应计算）是超高层建筑最常用的两种风洞试验，其主要区别参见表 2-5。

表 2－5　测力试验与测压试验的对比

项　目	测　力　试　验	测压试验和风致响应计算
可获得结果	顶部位移、加速度 主体结构设计的各层静风荷载	顶部位移、加速度 主体结构设计的各层静风荷载 围护结构风荷载标准值
优点	直接测量得到的整体气动力	可考虑多阶振型
缺点	只考虑一阶振型且假定振型为线性振型	整体气动力是通过积分得到的
局限性	对振型复杂和高阶振型贡献较高的结构，误差较大	对于外形特别复杂的结构，由于测压点数量有限，积分精度较差，误差较大

　　简而言之，由于测力试验模型外形调整比较方便，因此在建筑外形尚未完全定型的情况下，可通过高频动态天平测力试验进行初步研究，获得最佳的气动外形。

　　而在建筑外形完全确定的前提下，可直接进行测压试验和风致响应计算，获得更为准确的试验结果，且费用也更低廉。

　　对于外形特别复杂的高层建筑，由于测压试验的测点压力积分精度降低，通常需要同时进行测力试验和测压试验（配合风致响应计算），以供对比。

2.3.4　气动弹性模型试验

2.3.4.1　气弹模型相似比

　　在气弹模型风洞试验的物理学表达中，除了流场的流体运动方程外还有结构的振动方程。为了使模型能表现出原型的振动特性，模型与原型在结构本身对应点上对应的物理量也应该满足一定的相似关系。

　　不失一般性，取结构第 j 阶振动方程：

$$\ddot{q}_j(t) + 2\xi_j(2\pi f_j)\dot{q}_j(t) + (2\pi f_j)^2 q_j(t) = P_j(t) \tag{2-84}$$

式中　$q_j(t)$——结构第 j 振型的广义坐标；

　　　　ξ_j——结构第 j 振型的阻尼比；

　　　　f_j——结构第 j 振型的自振频率；

　　　　$P_j(t)$——结构第 j 振型的广义脉动风荷载，由下式表达：

$$P_j(t) = \frac{\int_0^s p(s, t)\varphi_j(s)\mathrm{d}s}{\int_0^s m(s)\varphi_j^2(s)\mathrm{d}s} \tag{2-85}$$

式中　$p(s, t)$——结构表面的脉动风压分布；

$\varphi_j(s)$——结构第 j 振型的振型函数；

$m(s)$——结构的质量分布。

注意到(N‐S)方程右端荷载项的第一项代表了重力的影响，而在结构振动方程(2‐84)中没有重力项的影响。严格地说，结构振动必然会受到重力的作用。但是若结构在风荷载作用下水平位移不大，那么重力的作用效果实际上没有明显的改变。由振动力学的基本原理可知，对于将静力平衡位置作为基线列出的动力学方程不受重力的影响，也就是说重力作为常量并不影响结构的振动。式(2‐84)是以静力平衡位置作为基线建立的，因此方程右端的荷载项中没有重力项。所以在超高层建筑气动弹性试验中，通常可以不考虑重力的影响。

与上一小节的方法类似，将模型与原型的各物理量分别表达为比例系数与特征量的乘积代入结构振动方程，模型的结构振动方程为：

$$\frac{L_1}{T_1^2}\ddot{q}_j(t)+2\xi_j\left(2\pi\frac{1}{T_1}f_j\right)\frac{L_1}{T_1}\dot{q}_j(t)+\left(2\pi\frac{1}{T_1}f_j\right)^2 L_1 q_j(t)=\frac{p_1}{M_1\varphi_{j1}}P_j(t)$$

$$(2\text{-}86)$$

式中 L_1——$q_j(t)$ 的比例系数，下标 1 表示针对模型而言(下同)；

T_1——t 的比例系数；

p_1——p 的比例系数；

M_1——$m(s)$ 的比例系数。

原型的结构振动方程：

$$\frac{L_2}{T_2^2}\ddot{q}_j(t)+2\xi_j\left(2\pi\frac{1}{T_2}f_j\right)\frac{L_2}{T_2}\dot{q}_j(t)+\left(2\pi\frac{1}{T_2}f_j\right)^2 L_2 q_j(t)=\frac{p_2}{M_2\varphi_{j2}}P_j(t)$$

$$(2\text{-}87)$$

式中，各物理量的物理意义与式(2‐86)各物理量类似，只是下标 2 表示针对原型而言。

以上方程中的各系数为有量纲的常数项，分别代表各项的原来物理意义。现对模型和原型结构振动方程分别用 $\ddot{q}_j(t)$ 前面的系数去除其他各项系数，得：

$$\ddot{q}_j(t)+2\xi_{j1}(2\pi f_j)\dot{q}_j(t)+(2\pi f_j)^2 q_j(t)=\frac{p_1 T_1^2}{M_1\varphi_{j1}L_1}P_j(t) \qquad (2\text{-}88)$$

$$\ddot{q}_j(t)+2\xi_{j2}(2\pi f_j)\dot{q}_j(t)+(2\pi f_j)^2 q_j(t)=\frac{p_2 T_2^2}{M_2\varphi_{j2}L_2}P_j(t) \qquad (2\text{-}89)$$

以上方程为无量纲方程，各系数为无量纲常数。

由于两个相似结构的所有对应无量纲量相等，所以模型和原型的各物理量都满足同一个无量纲方程，因此上列两个结构振动方程实际上就是一个方程，它们对应的系数应成相同比例关系。

由于两方程左端第一项系数均为 1,故两方程其他各对应项的系数应该相等,可得到下列无量纲系数等式:

$$\left.\begin{array}{l} \xi_{j1} = \xi_{j2} \\[2mm] \dfrac{p_1 T_1^2}{M_1 \varphi_{j1} L_1} = \dfrac{p_2 T_2^2}{M_2 \varphi_{j2} L_2} \end{array}\right\} \tag{2-90}$$

以上两个由特征量组成的无量纲系数相等表达式便是结构动力相似准则,这两个表达式也是结构动力相似的充分必要条件。式(2-90)中第二式的物理意义很难理解,下面将其采用相似比的形式表达,并作进一步推导:

$$\frac{\delta_p \delta_T^2}{\delta_M \delta_{\varphi j} \delta_L} = 1 \tag{2-91}$$

式中　δ_p ——模型表面与原型表面的压力比;

δ_T ——模型振动与原型振动的时间比,实际上等同于模型与原型的频率比 δ_f 的倒数,即 $\delta_T \delta_f = 1$;

δ_M ——模型与原型的质量分布比;

$\delta_{\varphi j}$ ——模型第 j 振型与原型第 j 振型的振型比;

δ_L ——模型与原型的尺度比。

对于式(2-91),实际上 $\delta_{\varphi j}$ 为无量纲参数,$\delta_{\varphi j} = 1$;在气弹模型设计中通常取质量比为尺度比的三次方,因而质量分布比等于尺度比,即 $\delta_M = \delta_L$(单位面积质量比与尺度比相等);压力比 δ_p 实际上是联系流体运动方程与结构振动方程的重要桥梁,由欧拉数相似准则,风洞试验中,压力比应当等于速度比的平方,即 $\delta_p = \delta_U^2$。 将以上分析代入式(2-91)得:

$$\frac{\delta_U^2}{\delta_f^2 \cdot 1 \cdot \delta_L \cdot \delta_L} = 1 \tag{2-92}$$

即

$$\delta_f = \frac{\delta_U}{\delta_L} \tag{2-93}$$

综合上述分析,并将式(2-90)中第一式亦表达为相似比的形式,得到结构动力相似准则的具体表达形式为如下四个等式:

$$\delta_{\xi j} = 1 \tag{2-94}$$

$$\delta_{\varphi j} = 1 \tag{2-95}$$

$$\delta_M = \delta_L \tag{2-96}$$

$$\delta_f = \frac{\delta_U}{\delta_L} \tag{2-97}$$

以上各式中，$\delta_{\xi j}=1$ 表示模型与原型对应的各阶结构阻尼比要分别相等；$\delta_{\varphi j}=1$ 表示模型与原型对应的各阶振型函数要分别相同；$\delta_M=\delta_L$ 表示模型与原型的质量分布比应当等于尺度比；$\delta_f = \dfrac{\delta_U}{\delta_L}$ 表示模型与原型的频率比由试验的风速比和尺度比共同决定，等于风速比除以尺度比。

2.3.4.2 气弹模型分类

目前进行气动弹性模型实验主要采取三种手段：完全弹性模型、等效模型和节段模型。

（1）完全弹性模型　完全弹性模型在几何尺度上与实物比例完全一样，并且满足上述反映结构特性的相似参数，使得弹性体的动态特性得以完全实现。这样的模型如果流动条件和几何尺度均得到满足，则可以对风致振动情况进行直接测量，模型测量所得到无量纲系数可以直接用到与实验条件相对应的原型上。

（2）等效模型　大多数等效模型使用轻质外壳来满足几何相似性，而其内部则用具有一定质量和刚度的材料来模拟结构物的刚度和质量特征。这类模型并不严格满足质量分布的相似准则，但它对于研究弯曲、扭转、轴力占主导地位的结构还是很有效的。

（3）节段模型　节段模型只考察结构的一部分，再从实验结果推算结构整体的风致力，通常用于研究绕流的二维性比较强的建筑结构（如大跨度桥梁）。由于只研究结构的一部分，因此可以采用缩尺比稍大的模型。典型的几何缩尺比在 1∶10 到 1∶100 的范围内变化。

由于超高层建筑属于线状结构，可采用等效模型模拟实际结构，依据考虑的自由度，又可分为等效多自由度和等效单自由度气弹模型。

2.3.4.3 气弹模型实例

以某超高层建筑为例，介绍气弹模型的制作过程。

首先，确定缩尺比。综合考虑主塔的几何尺寸、风洞断面及风场模拟的需要，气弹模型的几何缩尺比为 1∶600。

模型设计采用不同截面的空心钢管模拟结构的刚度，在空心钢管上固定轻质横隔板以支撑整个外皮。模型设计时考虑质量分布及刚度分布的模拟。

对于质量分布，在每层上进行配重，使模型总的质量达到 3.1 kg，同时保证不同高度的质量分布与原型结构一致。如图 2-20 所示对比了气弹模型与原结构的单位高度质量。

对于刚度分布，根据原结构楼层剪切刚度的分布，选择有代表层对原结构进行简化（图 2-21），根据简化结构的层刚度分布规律，换算到模型尺度的刚度及对应截面惯矩。模型尺度的截面惯矩为气动弹性模型核心钢管提供了基本的截面参数，以这一截面参数

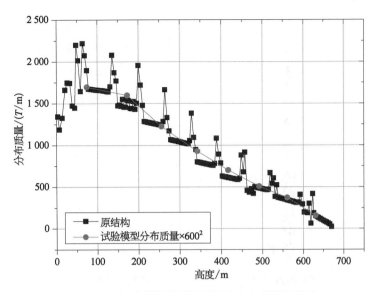

图 2‑20　气动弹性模型的质量分布与原结构比较

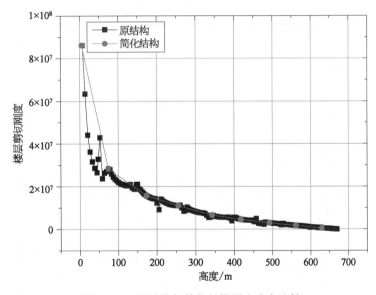

图 2‑21　原结构与简化结构刚度分布比较

为初始值进行反复迭代计算,以结构第一阶自振特性为主要模拟目标,最终确定截面的形式。

按照上述的模拟思路与方案,确定气动弹性模型提供核心骨架截面及配重分布,如图 2‑22 所示。

在 SAP2000 及 ANSYS 中建立最终方案气弹模型,并分析其动力特性。设计的气弹模型第一阶自振频率为 12 Hz,其振型系数与原结构的模态振型比较结果如图 2‑23 所示。由图中可知,设计的气弹模型第一阶振型与原结构非常吻合,第二阶振型在反弯处存在一定差别,整体趋势能够保持一致。

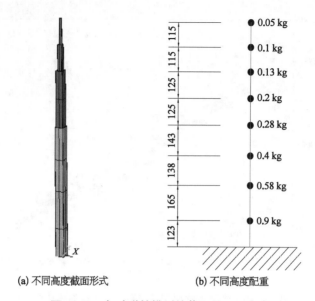

(a) 不同高度截面形式   (b) 不同高度配重

图 2‑22 气动弹性模型的截面及配重方案

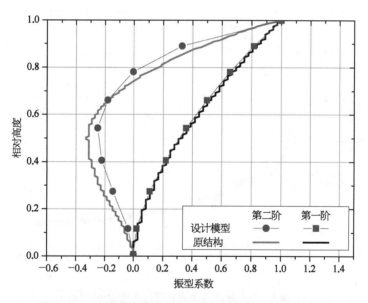

图 2‑23 气动弹性模型设计方案与原结构自振特性比较

气弹模型和原型的相似关系见表 2‑6。

表 2‑6 气弹模型和原型的相似关系表($n=600$，风速比 5.4)

相似参数名称	相 似 关 系	
尺度相似比 δ_L	$1/n$	$1/600$
面积相似比 δ_A	$1/n^2$	$1/600^2$

（续表）

相似参数名称	相似关系	
密度相似比 δ_ρ	1	1
质量相似比 δ_m	$1/n^3$	$1/600^3$
阻尼比相似比 δ_ς	1	1
风速相似比 δ_V	$1/m$	$1/5.4$
时间相似比 δ_t	m/n	$1/112$
频率相似比 δ_f	n/m	$112/1$
位移相似比 δ_z	$1/n$	$1/600$
加速度相似比 δ_a	$\delta_f \cdot \delta_f \cdot \delta_L$	$20/1$

2.3.5　流场数值仿真

2.3.5.1　简介

数值模拟即采用计算流体力学（Computational Fluid Dynamics，CFD）技术进行模拟研究。所谓 CFD 是通过计算机数值计算和图像显示，对包含有流体流动和热传导等物理现象的系统所做的分析。CFD 的基本思想可归结为：把原来时间域及空间域上连续的物理量的场，如速度场和压力场，用一系列有限个离散点上的变量值的集合来代替，通过一定的原则和方式建立起关于这些离散点上场变量之间关系的代数方程组，然后求解代数方程组获得场变量的近似值。

近几十年来，CFD 在湍流模型、网格技术、数值算法、可视化、并行计算等方面飞速发展，给工业界带来革命性的变化。目前比较著名的 CFD 软件有 FLUENT、CFX、PHOENIX、STAR－CD 等。

2.3.5.2　求解流程

总体计算过程主要包括：建立控制方程、确定边界条件和初始条件、划分计算网格、建立离散方程、离散初始条件和边界条件、给定求解控制参数、求解方程、判断解的收敛性、显示和输出计算结果等。数值风工程的总体计算流程可参照如图 2－24 所示的流程图。

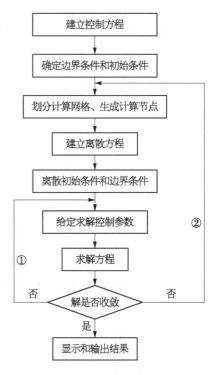

图 2－24　数值计算流程图

2.3.5.3 数值模拟关键技术参数

1) 基本方程的确定

大气边界层内的建筑物绕流为三维黏性不可压流动,控制方程包括连续方程和雷诺方程。

2) 湍流模型的选取

湍流模型是计算风工程研究的一个重要方面。常用的湍流模型主要有:① 雷诺平均模型(RANS),仅表达大尺度涡的运动。将标准 κ-ε 模型用计算风工程中,预测分离区压力分布不够准确,并过高估计钝体迎风面顶部的湍动能生成。为此,提出了各种修正的 κ-ε 模型(如 RNG κ-ε 模型,Realizable κ-ε 模型,κ-ω 模型等)以及 RSM 模型等二阶矩通用模型。② 大涡模拟(LES)。这一模型将 N-S 方程进行空间过滤而非雷诺平均,可较好地模拟结构上脉动风压的分布,计算量巨大。LES 是近年来计算风工程中最活跃的模型之一。③ 分离涡模拟(DES)。这一新的模拟方法是 Spalart 于 1997 年提出的,其基本思想是在流动发生分离的湍流核心区域采用大涡模拟,而在附着的边界层区域采用雷诺平均模型,是 RANS 模型和 LES 模拟的合理综合,计算量相对较小而精度较高。

3) 边界条件和初始条件

进出口边界条件应按地貌类型给出规范规定的来流风速、湍流度剖面;对任意方向的来风,通过流域顶部所有量的流量为零,故可以设为对称边界,等价于自由滑移的壁面;在钝体表面,如建筑物表面和地面,采用无滑移的固壁边界。

4) 网格生成方法

网格生成方法主要有结构网格和非结构网格。其中非结构网格是网格生成方法的发展方向。其优点有:构造方便;便于生成自适应网格;提高局部计算精度。

5) 数值计算方法

目前常用的数值计算方法主要包括有限差分法、有限元法、有限体积法和涡方法等。有限体积法保证了离散方程的守恒特性,物理意义明确,同时继承了有限差分法和有元法的优点,使用最广泛。

2.3.5.4 CFD 技术在建筑抗风设计中的适用范围及局限性

1) 建筑外表面平均风压的数值模拟

复杂建筑的设计一般要进行多方案比较,在方案阶段对建筑外立面风压的分布进行分析,对后续的抗风设计有一定指导意义,在这方面数值模拟有更好的效率和经济性。

目前的数值模拟对建筑外立面风压分布的研究结果表明,通过设置合适的数值模型,数值模拟方法可以较为准确地预测超高层建筑外立面平均风压的分布,但是与场地实测和风洞试验相比,对外立面脉动风压的预测还有一定的差别(图 2-25)。

2) 建筑行人高度风环境的评估

城市复杂建筑很多位于城市核心区,周围高层建筑密集,楼群的存在导致气流易被改

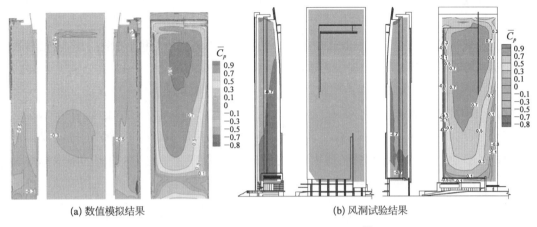

(a) 数值模拟结果 　　　　　　　　　　(b) 风洞试验结果

图 2 - 25　270°风向角 A 塔 4 个立面平均风压系数 $\overline{C}_p$ 等值线云图

变方向造成下冲、涡旋、峡谷效应等现象,使得超高层建筑周围出现局部强风,影响到行人的舒适性甚至危害行人安全。

　　CFD 数值模拟可以获得不同风向角下关心区域的风速比。以无量纲的风速比为基础,配合风向风速资料计算各级风速发生频率,就可以对高层建筑周边的行人高度风环境进行舒适性评估。如图 2 - 26 所示为某超高层住宅群"穿堂风"的数值模拟结果。

　　目前的风环境评估准则一般是基于平均风速分布结果的,因此,数值模拟在解决此类问题时可取得与风洞试验一致性良好的结果,同时,数值模拟理论上可以评估任

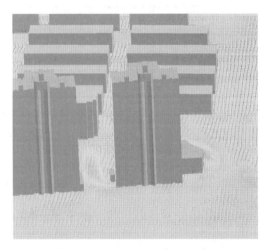

图 2 - 26　某超高层住宅群"穿堂风"的数值模拟结果

意位置的风环境,比采用有限测点位置的风洞试验更有一些优势。

　　3) 风致噪声的 CFD 数值模拟

　　噪声对人的生活有重要影响,《环境评价技术导则——声环境》及《中华人民共和国环境噪声污染防治法》都对建筑声环境有明确标准。超高层建筑由于高度较大,在顶部高风速下,存在出现严重风致噪声的现象,通过数值模拟方法,可以得到建筑不同高度处的噪声分布,结合建筑措施可以在设计阶段解决可能存在的风致噪声问题。对于超高层建筑的风致噪声问题,普通建筑风工程风洞背景噪声较大,高层建筑的风致噪声不容易识别,风洞试验需要在声学风洞中进行。

　　通常大气湍流噪声没有明显的频段,声能在一个宽频段范围内按频率连续分布,这涉及宽频带噪声问题。湍流参数通过雷诺时均 N - S 方程求出,再采用一定的模型计算表

面单元或是体积单元的噪声功率值。通常采用 Proudman's 和 Lilley 方程模型进行数值计算。

我国现行的含有空气声限值或相关内容的标准很多,比较常用且专业的规范包括《民用建筑隔声设计规范》GBJ 118—2010、《声环境质量标准》GB 3096—2008,分别见表 2-7 和表 2-8,前者主要为室内噪声限值,后者为室外环境噪声限值。此外,GB 9663—1996《旅店业卫生标准》规定了旅店 3~5 星级饭店、宾馆噪声不得超过 45 dB;GB 9664—1996《文化娱乐场所卫生标准》对影剧院、音乐厅、录像厅、游艺厅、舞厅、酒吧等的动态噪声做了规定;GB 9669—1996《图书馆、博物馆、美术馆、展览馆卫生标准》对相应的噪声标准做出规定;GB 9673—1996《公共交通工具卫生标准》对旅客车厢、轮船客舱、飞机客舱内部的噪声做出相应规定。

表 2-7 《民用建筑隔声设计规范》GBJ 118—2010

建筑类别	房间名称	允许噪声级/(A 声级,dB)	
		高级要求	低限标准
办公建筑	不超过 10 人的办公室	40	45
商业建筑	商店、购物中心、会展中心	50	55
	员工休息室	40	45
	走廊	50	60

表 2-8 城市 5 类环境噪声标准值　　　　单位:A 声级,dB

类别	昼间	夜间
0	50	40
1	55	45
2	60	50
3	65	55
4	70	55

注:0 类声功能区,指康复疗养区等特别需要安静的区域。
1 类声功能区,指以居民住宅、医疗卫生、文化教育、科研设计、行政办公为主要功能,需要保持安静的区域。
2 类声功能区,指以商业金融、集市贸易为主要功能,或者居住、商业、工业混杂,需要维护住宅安静的区域。
3 类声环境功能区,指以工业生产、仓储物流为主要功能,需要防止工业噪声对周围环境产生严重影响的区域。
4 类声功能区,指交通干线两侧一定距离之内,需要防止交通噪声对周围环境产生严重影响的区域,包括 4a 类和 4b 类两种类型。4a 类为高速公路、一级公路、二级公路、城市快速路、城市主干路、城市次干路、城市轨道交通(地面段)、内河航道两侧区域;4b 类为铁路干线两侧区域。

根据《绿色建筑评价标准》GB/T 50378—2014，及住建部编写的《绿色建筑评价技术细则》，对具体功能建筑应采取的标准进行了详细评定。细则显示，住宅、办公、商业、医院建筑主要功能房间的噪声极限值，应分别与《民用建筑隔声设计规范》GB 50118—2010 中不同类型建筑涉及房间的要求——对应；其余类型民用建筑，可参照相近功能类型的要求进行评价。对于公共建筑如办公建筑中的大空间、开放办公空间等噪声级没有明确要求的空间类型，不做要求。

根据 CFD 数值模拟结果，再根据国家的相关规定，即可对区域的风致噪声是否满足舒适性要求做出评价(图 2-27)。

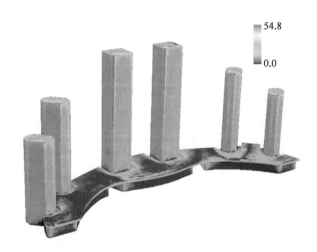

54.8

0.0

图 2-27　某超高层建筑群的风致噪声的 CFD 数值模拟结果

2.4　复杂结构抗风技术的应用

2.4.1　超高层建筑

2.4.1.1　基于建筑外形的抗风优化

现代超高层建筑具有高、柔的特点，建筑物风致响应越来越显著，严重影响了结构安全性和居住舒适性，建筑抗风优化问题成为设计中关注的问题之一。降低超高层建筑横风向荷载和响应的措施主要有空气动力学措施(简称气动措施)、结构措施以及机械措施三种。① 气动措施即通过改变建筑的外形以减小建筑的风荷载与风致效应，该措施可以与建筑设计相结合进行。气动措施用于建筑的方案设计阶段，基于风对超高层建筑的作用机理，能从根源上减小结构的风荷载与风致效应。② 结构措施是通过选择抗侧移能力更强的结构体系来提高结构的抗风能力，是传统的抗风设计方法。这种方法造价较高，用于结构设计阶段。③ 机械措施是通过在主体结构上添加辅助阻尼系统来减小结构的风致响应。机械措施也可以用来提高建筑的抗震性能，但是辅助阻尼系统须要额外的费用。

有效、安全、可靠、经济的抗风设计方法是在方案设计阶段采用气动措施，以改变建筑的气动力输入，从而减小结构的风荷载和改善结构的舒适性。基于超高层建筑风荷载和风致响应的已有研究成果，减小高层建筑风致效应的气动措施主要有改变建筑截面、改变建筑立面形式等几种形式。

1) 建筑截面形状的影响

不同截面形状的高层建筑，风荷载与风致响应特性是不一致的。从现有研究成果来看，圆形截面的顺风向位移最小，等边三角形最大，对于矩形截面，建筑短（弱）轴的位移也很大。三角形截面的横风向位移响应最小，Y 形截面次之，方形截面最大，对三角形截面与 Y 形截面的角部处理能够显著的减小结构的风致响应。椭圆形、三角形截面与宽厚比较大的矩形截面可出现较大的扭转风荷载。

方形截面高层建筑的横风向脉动基底弯矩系数均比其他截面的大；正多边形建筑以顺风向气动力为主，气动扭矩可以忽略不计。

2) 矩形截面建筑角部处理措施

角部设置扰流板主要是打乱气流流经建筑截面时产生旋涡脱落的规律性，能够减小一定设计风速范围内的横风向风振响应，但是由于增大了结构的迎风面积，从而增大了建筑顺风向的风荷载。是否采用角部设置扰流板的气动措施，要综合考虑顺风向与横风向的风效应。

还可以通过切角、凹角、圆角等角部修正措施来改变建筑的旋涡脱落特性，从而减小结构横风向荷载与响应。常见的横截面角部修正的主要形式如图 2-28 所示。

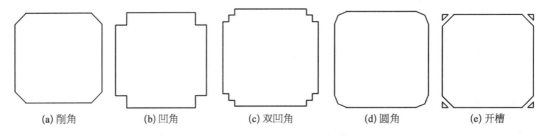

| (a) 削角 | (b) 凹角 | (c) 双凹角 | (d) 圆角 | (e) 开槽 |

图 2-28　常见角沿修正形式

切角、凹角、圆角等角部修正措施能够有效地减小结构横风向风致效应，10% 的角部修正率可能是较好的选择；5% 的角部修正率能较有效地防止高层建筑的气动不稳定性。

3) 建筑截面沿高度改变

不同截面形状以及角部处理可以降低旋涡脱落强度，从而降低建筑物的横风向荷载及响应（图 2-29）。

（1）锥度化与阶梯缩进　锥度化与阶梯缩进能够显著的减小横风向的脉动基底弯矩，并且随着锥度比增大而增大，但是随着湍流度的增大而降低；锥度化与阶梯缩进使

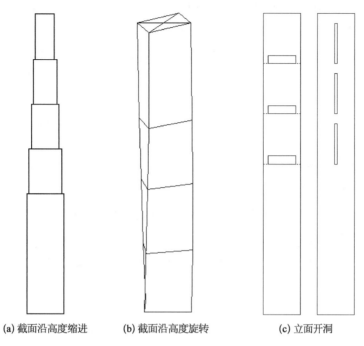

(a) 截面沿高度缩进　　　　　(b) 截面沿高度旋转　　　　　(c) 立面开洞

图 2-29　常见角沿修正形式

侧面的风压谱带变宽,峰值频率随着高度而变化,使风谱沿高度的相关性降低;但随着锥度比的增大,由于建筑顶部刚度逐渐变小,建筑顶部横风向的风振响应可能增大。

(2) 截面沿高度旋转　对于顺风向最大平均基底弯矩系数,锥度化与阶梯缩进气动措施效果最佳;对于脉动基底弯矩系数,凹角处理、阶梯缩进、锥度化模型在顺风向与横风向都有较好的气动特性;截面沿高度旋转模型的横风向风力较小,特别是 $180°$ 旋转模型的横风向脉动基底弯矩系数只有方形截面的 $1/3$。

(3) 建筑立面开洞　建筑立面开洞通过破坏旋涡脱落强度以及规律性,同时减小建筑迎风面面积,能够同时减小高层建筑横风向与顺风向的风荷载;开洞方式有迎风面单向开洞、侧风面单向开洞与四面双向开洞三种方式,其中四面双向开洞效果最优;在建筑上部开洞效果较好,而在建筑下部开洞效果较差;开洞处局部风压可能会增大,这在建筑设计时需要注意。

4) 结构设计建议

针对以上建筑气动优化的特点,在建筑设计或结构设计时应该注意以下几个方面。

(1) 不同截面形状的高层建筑有不同的气动特性。方形截面高层建筑的横风向荷载最大;矩形截面高层建筑随着厚宽比的增大,扭转向风荷载变得不容忽视;随着正多边形截面边数的增多,结构的荷载变小;应关注不规则复杂截面的扭转风荷载。当建筑的初步设计方案不能满足结构抗风要求时，可以和建筑设计协调，通过对基本建筑截面采取适当的气动措施处理，使建筑结构满足抗风设计要求。

（2）在建筑角部设置扰流板的气动措施一般能够减小建筑的横风向荷载和响应，但是由于设置扰流板增大了建筑顺风向的迎风面积，可能导致建筑物顺风向荷载增大，所以该类气动措施要谨慎使用。切角、凹角、圆角等角部修正措施能够有效地减小结构横风向风致效应，10%的角部修正率可能是较好的选择；5%的角部修正率能较有效地防止高层建筑的气动不稳定性。

（3）锥度化与阶梯缩进气动措施能够有效地减小高层建筑的横风向荷载，但由于刚度缩减，有时可能会导致顶部的加速度响应不能满足舒适度的要求；截面沿高度旋转气动措施能够减小横风向的气动力，但可能增大建筑表面的局部风压。面对实际建筑设计时，应该关注这些问题。

（4）工程设计时，应按照《建筑结构荷载规范》规定的条文考虑角沿修正对风荷载的影响。

2.4.1.2 风振控制技术

超高层建筑抗风减灾主要解决两个大问题：一是在弄清楚风力的产生机理基础上，预测强风下建筑物所承受的风力，使工程师在建筑设计时预先将风力的影响考虑进去，以保证建筑物在建成时已经具备抵抗灾害的能力；二是如果在风作用下建筑的振动确实超出允许范围，那么应采取怎样的处理措施。一般采取的措施主要有两类：① 改变建筑外形，从而改善风的绕流性能（称为气动措施）；② 设计附加设备（附加阻尼器），增加结构耗能能力，减小结构振动。

比较经济实用的附加减振设备为调谐被动质量阻尼器（Tuned Mass Damper，TMD），之所以叫"调谐"，是由于这种设备主要吸收结构在某一阶固有频率处的振动（谐振）能量；之所以叫"被动"，是因为它不需要再加入任何动力设备，在高层建筑在风作用下发生运动时，阻尼器的质量块"被动"随之运动以消耗主结构（高层建筑）运动能量。与"被动"相对应，还有另外一种主动质量阻尼器（Active TMD，ATMD），它需要人为设置主动马达驱动阻尼器质量块按照一定的规律运动。与主动质量阻尼器相比，被动质量阻尼器更为经济简单，应用更为广泛。图 2-30 给出了两种质量阻尼器的原理图。

下面从较简单也应用最广的 TMD 控制问题入手，介绍超高层建筑风振控制的计算方法，并结合实例说明方法的应用。

1）基本控制方程

结构在调谐质量阻尼器控制下的风振反应满足如下的运动方程：

$$\left.\begin{array}{l}[M]\{\ddot{x}\}+[c]\{\dot{x}\}+[k]\{x\}=\{p(t)\}-\{H\}U(t)\\ M_{\mathrm{T}}\ddot{w}+c_{\mathrm{T}}\dot{w}+k_{\mathrm{T}}w=-M_{\mathrm{T}}\{H\}^{T}\{\ddot{x}\}\end{array}\right\} \quad (2-98)$$

式中，$U(t)=-c_{\mathrm{T}}\dot{w}-k_{\mathrm{T}}w$；$w$、$\dot{w}$、$\ddot{w}$ 分别是调谐质量阻尼器相对于设置层的位移、速度

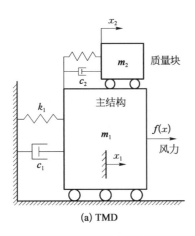
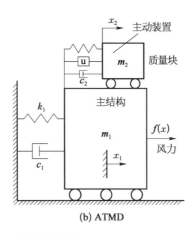

(a) TMD

(b) ATMD

图 2 - 30 TMD 与 ATMD 原理比较图

和加速度；$\{H\}^T = [0, \cdots, 0, 1, 0, \cdots, 0]_{1 \times N}$（其中 1 为第 k 列）为调谐质量阻尼器设置位置向量，它表示调谐质量阻尼器设置在结构的第 k 层。

考虑到对大多数的高层建筑来说，其风振反应是以第一振型为主的假定，因此：

$$\{x\} = \{\varphi\}_1 q_1(t) \tag{2-99}$$

将其代入式（2-98），并经变换可得：

$$\left.\begin{array}{l} \ddot{q}_1 + 2\zeta_1\omega_1\dot{q}_1 + \omega_1^2 q_1 = F_1^*(t) + \mu_T\varphi_{k1}(2\zeta_T\omega_T\dot{w} + \omega_T^2 w) \\ \ddot{w} + 2\zeta_T\omega_T\dot{w} + \omega_T^2 w = -\varphi_{k_1}\ddot{q}_1 \end{array}\right\} \tag{2-100}$$

式中 ζ_1, ω_1——结构第一振型阻尼比和圆频率；

ζ_T, ω_T——调谐质量阻尼器阻尼比和圆频率；

$F_1^*(t) = \dfrac{1}{M_1^*}\{\varphi\}_1^T\{p(t)\}$，其中 M_1^* 为第一振型广义质量；

$\mu_T = \dfrac{M_T}{M_1^*}$，为调谐质量阻尼器质量与广义质量之比；

φ_{k_1} 为结构第一振型向量对应于结构设置 TMD 的第 k 层处的幅值。方程（2-100）就是调谐质量阻尼器对结构第一振型风振反应的控制方程。

若将方程（2-100）的第二个方程式代入第一个方程式，那么可得：

$$\left.\begin{array}{l} (1 + \mu_T\varphi_{k_1}^2)\ddot{q}_1 + \mu_T\varphi_{k_1}\ddot{w} + 2\zeta_1\omega_1\dot{q}_1 + \omega_1^2 q_1 = F_1^*(t) \\ \ddot{w} + 2\zeta_T\omega_T\dot{w} + \omega_T^2 w + \varphi_{k_1}\ddot{q}_1 = 0 \end{array}\right\} \tag{2-101}$$

写成矩阵形式：

$$\begin{bmatrix} 1+\mu_{\mathrm{T}}\varphi_{k_1}^2 & \mu_{\mathrm{T}}\varphi_{k_1} \\ \varphi_{k_1} & 1 \end{bmatrix}\begin{Bmatrix} \ddot{q_1} \\ \ddot{w} \end{Bmatrix}+\begin{bmatrix} 2\zeta_1\omega_1 & 0 \\ 0 & 2\zeta_{\mathrm{T}}\omega_{\mathrm{T}} \end{bmatrix}\begin{Bmatrix} \dot{q_1} \\ \dot{w} \end{Bmatrix}+\begin{bmatrix} \omega_1^2 & 0 \\ 0 & \omega_{\mathrm{T}}^2 \end{bmatrix}\begin{Bmatrix} q_1 \\ w \end{Bmatrix}=\begin{Bmatrix} F_1^*(t) \\ 0 \end{Bmatrix}$$

$$(2-102)$$

如果在高层建筑不同高度设置多个调谐质量阻尼器控制第一振型风致振动,则这些阻尼器的频率和阻尼都应取成相同的值。这些阻尼器的运动方程可表示为:

$$\left.\begin{aligned} &\ddot{w_1}+2\zeta_{\mathrm{T}}\omega_{\mathrm{T}}\dot{w_1}+\omega_{\mathrm{T}}^2 w_1=-\ddot{q_1}(t) \\ &\{w\}=[H]^T\{\varphi\}_1 w_1 \end{aligned}\right\}$$

$$(2-103)$$

这些阻尼器对建筑的广义作用力为:

$$F_{\mathrm{TMD}}^*=\frac{-1}{M_1^*}\{\varphi\}_1^T[H][M_{\mathrm{T}}]([H]^T\{\varphi\}_1\ddot{q_1}+[H]^T\{\varphi\}_1\ddot{w_1})$$

$$(2-104)$$

于是得到多个调谐阻尼器对建筑第一阶振型风致振动的控制方程:

$$\begin{bmatrix} 1+\sum_{j=1}^{n}\mu_{\mathrm{T}}^{(j)}\varphi_{k_{j,1}}^2 & \sum_{j=1}^{n}\mu_{\mathrm{T}}^{(j)}\varphi_{k_{j,1}}^2 \\ 1 & 1 \end{bmatrix}\begin{Bmatrix} \ddot{q_1} \\ \ddot{w_1} \end{Bmatrix}+\begin{bmatrix} 2\zeta_1\omega_1 & 0 \\ 0 & 2\zeta_{\mathrm{T}}\omega_{\mathrm{T}} \end{bmatrix}\begin{Bmatrix} \dot{q_1} \\ \dot{w_1} \end{Bmatrix}+\begin{bmatrix} \omega_1^2 & 0 \\ 0 & \omega_{\mathrm{T}}^2 \end{bmatrix}\begin{Bmatrix} q_1 \\ w_1 \end{Bmatrix}=\begin{Bmatrix} F_1^*(t) \\ 0 \end{Bmatrix}$$

$$(2-105)$$

式中,$\mu_{\mathrm{T}}^{(j)}=\dfrac{M_{\mathrm{T}}^{(j)}}{M_1^*}$ 为第 j 个 TMD 与建筑第一振型广义质量的质量比。

若在第 i 层布置两个调谐质量阻尼器,两个阻尼器的振动参数相同,则这两个阻尼器的控制方程为:

$$w=\phi_i w_1 \qquad (2-106)$$

$$\begin{bmatrix} 1+2\mu_{\mathrm{T}}\varphi_i^2 & 2\mu_{\mathrm{T}}\varphi_i^2 \\ 1 & 1 \end{bmatrix}\begin{Bmatrix} \ddot{q_1} \\ \ddot{w_1} \end{Bmatrix}+\begin{bmatrix} 2\zeta_1\omega_1 & 0 \\ 0 & 2\zeta_{\mathrm{T}}\omega_{\mathrm{T}} \end{bmatrix}\begin{Bmatrix} \dot{q_1} \\ \dot{w_1} \end{Bmatrix}+\begin{bmatrix} \omega_1^2 & 0 \\ 0 & \omega_{\mathrm{T}}^2 \end{bmatrix}\begin{Bmatrix} q_1 \\ w_1 \end{Bmatrix}=\begin{Bmatrix} F_1^*(t) \\ 0 \end{Bmatrix}$$

$$(2-107)$$

式中,ϕ_i 为第一振型在第 i 层的幅值。

2) 差分方法

采用 Nemark - β 法对微分方程组进行求解。为表达方便,令 y_1、$\dot{y_1}$、$\ddot{y_1}$ 分别为一阶广义位移、广义速度和广义加速度。令 y_2、$\dot{y_2}$、$\ddot{y_2}$ 分分别为调谐质量阻尼器的相对设置层的位移、速度和加速度。

根据 Nemark - β 法,得:

$$\left.\begin{aligned} &y_{t+\Delta t}=y_t+\Delta y \\ &\ddot{y}_{t+\Delta t}=a_0\Delta y-a_2\dot{y}_t-a_3\ddot{y}_t \\ &\dot{y}_{t+\Delta t}=\dot{y}_t+a_6\ddot{y}_t+a_7\ddot{y}_{t+\Delta t} \end{aligned}\right\}$$

$$(2-108)$$

式中，$a_0 = 1.0/\alpha \Delta t^2$；$a_1 = \gamma/\alpha \Delta t$；$a_2 = 1.0/\alpha \Delta t$；$a_3 = 0.5/\alpha - 1.0$；$a_4 = \gamma/\alpha - 1.0$；$a_5 = 0.5\Delta t(\gamma/\alpha - 2.0)$；$a_6 = \Delta t(1.0 - \gamma)$；$a_7 = \gamma \Delta t$。其中，$\alpha$ 取为 $1/6$，γ 取为 0.5。

对于式(2-108)，可改写成差分形式：

$$
\begin{bmatrix} a_0(1+2\mu_{\mathrm{T}}\phi_i^2) + 2a_1\zeta_1\omega_1 + \omega_1^2 & 2a_0\mu_{\mathrm{T}}\phi_i^2 \\ a_0 & a_0 + 2a_1\zeta_{\mathrm{T}}\omega_{\mathrm{T}} + \omega_{\mathrm{T}}^2 \end{bmatrix} \begin{Bmatrix} \Delta y_1 \\ \Delta y_2 \end{Bmatrix}
$$

$$
= \begin{Bmatrix} F_1^* \\ 0 \end{Bmatrix}_{t+\Delta t} - \begin{Bmatrix} f_{s1} \\ f_{s2} \end{Bmatrix}_t + \begin{Bmatrix} f_{e1} \\ f_{e2} \end{Bmatrix}_t \tag{2-109}
$$

其中，

$$
\begin{Bmatrix} f_{s1} \\ f_{s2} \end{Bmatrix}_t = \begin{bmatrix} \omega_1^2 & 0 \\ 0 & \omega_{\mathrm{T}}^2 \end{bmatrix} \begin{Bmatrix} y_1 \\ y_2 \end{Bmatrix}_t \tag{2-110}
$$

$$
\begin{Bmatrix} f_{e1} \\ f_{e2} \end{Bmatrix}_t = \begin{Bmatrix} [a_2(1+2\mu_{\mathrm{T}}\varphi_i^2) + 2a_4\omega_1\zeta_1]\dot{y}_1 + [a_3(1+2\mu_{\mathrm{T}}\varphi_i^2) + 2a_5\omega_1\zeta_1]\ddot{y}_1 + 2a_2\mu_{\mathrm{T}}\varphi_i^2\dot{y}_2 + 2a_3\mu_{\mathrm{T}}\varphi_i^2\ddot{y}_2 \\ (a_2 + 2a_4\omega_{\mathrm{T}}\zeta_{\mathrm{T}})\dot{y}_2 + [a_3 + 2a_5\omega_{\mathrm{T}}\zeta_{\mathrm{T}}]\ddot{y}_2 + a_2\dot{y}_1 + a_3\ddot{y}_1 \end{Bmatrix}_t
$$

$$
\tag{2-111}
$$

方程(2-109)右端项除一阶广义气动力外，其他项均是调谐质量阻尼器和建筑在 t 时刻已知的位移、速度和加速度。结合方程(2-110)、(2-111)对方程(2-109)逐步求解就得到建筑在任意时刻的位移、速度和加速度响应。

3）实例

利用模态分析方法，得到某实际超高层建筑多质点模型的模态形状，如图 2-31 所示，主要的振动参数见表 2-9。

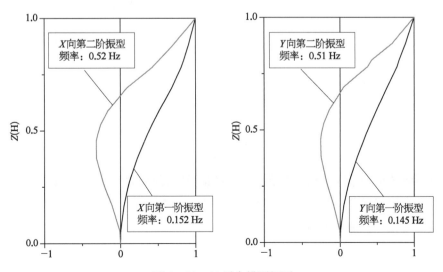

图 2-31　14 质点模型振型

表 2‑9　某超高层建筑 14 质点模型振动参数

参　　数	第一阶(Y 向)	第二阶(X 向)
频率/Hz	0.148 3	0.152
周期/s	6.74	6.58
广义质量/kg	4.833×10^7	4.47×10^7
阻尼比	0.01	0.01

对 14 质点模型的时程响应计算发现，该工程 197°风向角的最大加速度响应达到 9.28 Gal，大于要求的一年重现期舒适性要求，需要安装阻尼器减小风振响应。

一般说来，TMD 的质量越大，风振控制效果越好，但在规定的舒适度标准下，有一个最经济的质量。在确定 TMD 质量的基础上，按照 Den Hartog 方法得到 TMD 沿 Y 向运动的最优频率和阻尼比及控制效果。图 2‑32 给出了该建筑饭店顶层最大加速度响应随 TMD 质量变化的关系曲线，其中横坐标为单个 TMD 一阶广义质量与塔楼的一阶广义质量之比，由图可知，TMD 质量比大于 0.002 后，最大加速度响应落在住宅楼舒适度指标范围内，随着质量比的进一步增加，加速度响应减小趋势变缓。综合考虑经济实用性，选择 TMD 质量比为 0.002 1(2 个 TMD 总质量为 253 t)，以保证饭店顶层的最大合加速度响应为 7 Gal，满足住宅楼舒适标准的上限和宾馆舒适度标准的下限。

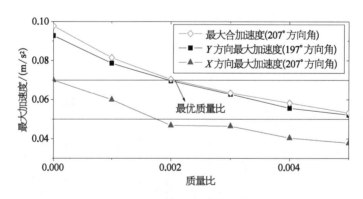

图 2‑32　不同质量比对应最大加速度

最终得到调谐质量阻尼器 Y 向最优频率和阻尼比分别为 0.148 Hz 和 2.74%，X 向的最优频率和阻尼比分别为 0.151 7 Hz 和 2.83%。

为便于量化比较加速度减小程度，定义系数：

$$D_{\mathrm{rms}} = 1 - \sigma_{\mathrm{c}}/\sigma_0 \qquad (2\text{-}112)$$

式中　σ_c/σ_0——受控加速度响应根方差与不受控响应之比。

图 2-33 给出了各个风向角的 D_{rms}，从该图可看到，两主轴方向的 D_{rms} 值相差不大，Y 向和 X 向的 D_{rms} 的平均值分别为 29.8% 和 29.5%。

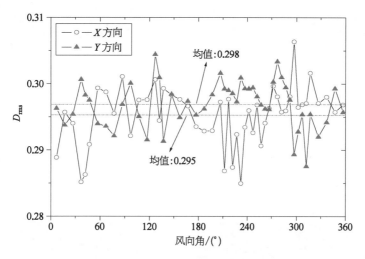

图 2-33　饭店顶层各风向角 D_{rms}

图 2-34 是不利风向下的 TMD 控制频域效果示意图。从图中可知，在结构振动频率峰值处，加入 TMD 后响应谱大大降低，这与预先 TMD 设计目标是一致的。从时域响应的对比也可看出（图 2-35），受控的时程响应峰值显著降低。

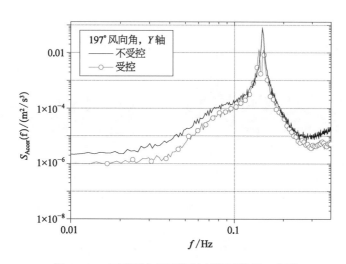

图 2-34　不利风向下风振控制频域效果示意图

2.4.1.3　烟囱效应

"烟囱效应"即热压，是指由于建筑室内外空气密度差所产生的空气浮升作用。超高层建筑内部构造通常包括电梯、楼梯及管道井等垂直竖井，地下停车场，建筑底部大厅及

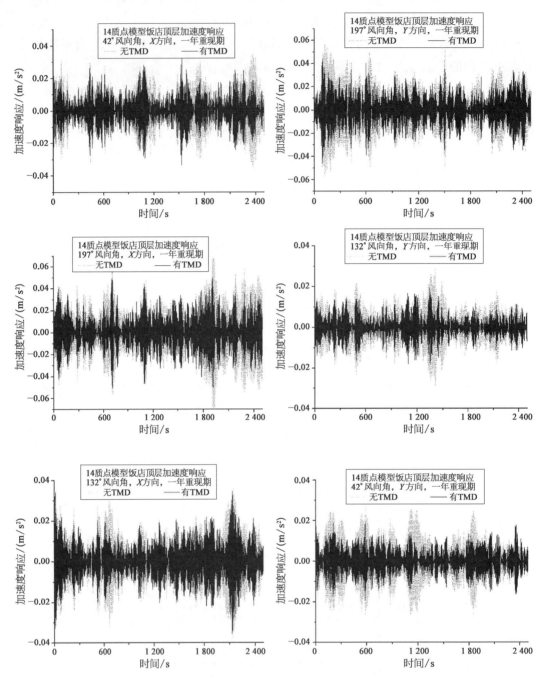

图2‑35 饭店顶层加速度响应时程(风速:26.3 m/s)

机械室与避难层。冬季,室外环境温度较低,室内空气密度低于室外空气密度,室外寒冷空气将通过超高层建筑下部的入口、孔洞、缝隙渗入室内,通过电梯、楼梯等垂直井道向上浮动,从建筑上部的孔洞、缝隙渗出,如图2‑36所示。

在夏季情况下则相反,称之为"逆烟囱效应",室内空气密度高于室外,建筑内部空气

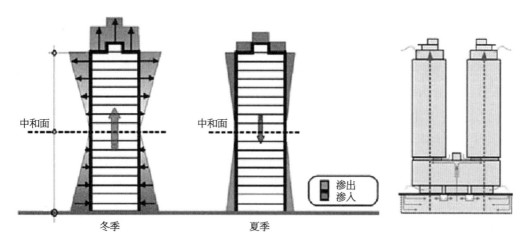

图 2‑36　超高层建筑"烟囱效应"原理图

下沉,从建筑底部渗出,但由于夏季气候条件下室内外温差不大,"逆烟囱效应"现象并不明显。因此,本文主要研究在冬季气候条件下"烟囱效应"对超高层建筑的影响。

　　室内外温度差越大,建筑高度差越大,"烟囱效应"现象越剧烈。我国北方地区冬季气候寒冷,室内外温差可达 20~30 ℃,因此以往的研究多是针对寒冷的北方地区的高层建筑。而我国的华东地区,如上海、南京等城市,是超高层建筑的集中分布地区,气候属于夏热冬冷型,冬季室外温度虽然在 0 ℃左右,但是仍然需要对"烟囱效应"的发生状况进行研究。

　　1)"烟囱效应"引起的压差计算

　　冬季外界温度较低,建筑物的室内外温差大,在"烟囱效应"作用下,室外空气从建筑底层入口、门窗缝隙进入,通过建筑物内电梯、楼梯井等竖直贯通通道上升,然后从顶部一些楼层的缝隙、孔洞排出。假设建筑物各层完全通畅,"烟囱效应"主要由室外空气与电梯、楼梯间等竖井之间的空气密度差造成,则建筑物内外空气密度差和高度差形成的理论热压,可按下式计算:

$$p_s = p_r - \rho g H \tag{2-113}$$

式中　p_s——热压(Pa);

　　　p_r——参考高度热压(Pa);

　　　ρ——室内或室外空气密度(kg/m³);

　　　g——重力加速度,9.81 m/s²;

　　　H——距离参考点高度(m)。

　　ASHRAE 中定义,忽略垂直的密度梯度,建筑某一高度处渗透位置的热压差可由下式计算:

$$\Delta p_s = (\rho_o - \rho_i)g(H_{NPL} - H) = \rho_0 \left(\frac{T_o - T_i}{T_i}\right)g(H_{NPL} - H) \tag{2-114}$$

式中　T_o——室外温度(K)；

$\qquad$ T_i——室内温度(K)；

$\qquad$ ρ_o——室外空气密度(kg/m)；

$\qquad$ ρ_i——室内空气密度(kg/m)；

$\qquad$ H_{NPL}——纯热压作用下中和面高度(m)；

$\qquad$ H——计算高度(m)。

如图 2-37 所示为"烟囱效应"作用下建筑室内外压力的分布图，从图中可以看出室外压力线与室内压力线的交点为中和面位置，在中和面以下，室外压力大于室内压力，为正压；中和面以上，室外压力小于室内压力，为负压。距离中和面越远的位置，"烟囱效应"作用压差越大。

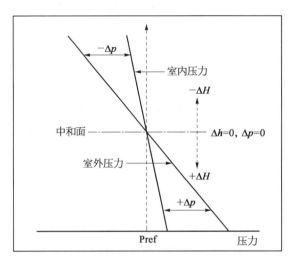

图 2-37　"烟囱效应"作用下室内外压力分布

2）"中和面"

建筑中室内外压力差为零的位置称为"中和面"（Neutral Pressure Level，NPL）。中和面的位置对于了解超高层建筑内"烟囱效应"作用状况有重要的作用，在中和面以下，空气会在正压作用下由室外渗入室内，中和面以上，室内空气会在负压作用下渗出室外。建筑的中和面位置通常难以预测，受热压、风压和通风系统的综合影响，不同的建筑内部构造对中和面影响也很大。

风压和热压对建筑的作用情况由很多因素决定，包括建筑高度、地形及遮挡情况、建筑内部阻隔情况、建筑外围护结构的渗透特性等。对于高度较高的建筑，内部空气流动阻力越小，热压作用越强烈；建筑周围遮挡物越少、越暴露，则越易受风压作用影响。根据风速及室内外温差的变化范围不同，任何建筑都会受到热压作用、风压作用或者两者共同作用的影响。

3）热压差系数

当建筑室内外的温差较大时，"烟囱效应"作用下建筑的压差分布对于认识"烟囱效应"的作用状况具有重要的意义。建筑物外墙两侧的压差仅是理论热压 p_t 的一部分,其大小还与建筑物内部垂直通道的布置、外墙、门窗缝隙的渗透特性有关,即与空气从渗入到渗出的流动阻力特性有关,可以通过热压差系数(Thermal Draft Coefficients,TDC)来分析。ASHRAE 中对 TDC 的定义是建筑底部与顶部外墙两侧压差的总和与理论压差值总和的比值,可由下式表示:

$$\gamma = \frac{p_r}{p_t} \qquad\qquad (2-115)$$

式中　p_r——实际压差总和;

　　　p_t——理论压差总和。

TDC 表示了建筑外墙相对于内部阻隔的气密性,能够体现"烟囱效应"作用下的压差分布状况,因而具有重要的意义。超高层建筑根据其外墙渗透特性及内部阻隔情况的不同,TDC 值均不同,TDC 越大,说明"烟囱效应"消耗在外墙上的压差越大;TDC 越小,说明"烟囱效应"消耗在内部阻隔的压差越大。

4)"烟囱效应"的影响因素

影响超高层建筑"烟囱效应"气流流动的因素主要包括:① 室内外温度差;② 建筑物高度;③ 建筑外围护结构渗透特性;④ 建筑内部隔断等。

空气温度与密度存在着定量关系:随着温度的升高,空气密度减小;而随着温度的降低,空气密度逐渐增大。冬季室内温度高于室外温度,故室内空气密度小于室外,从而形成空气的浮升运动。ASHRAE 手册中计算了在不同温差下建筑物不同高度处烟囱效应理论压差,随着建筑室内外温度差的增加,"烟囱效应"理论压差值增大,"烟囱效应"现象愈加明显。

"烟囱效应"理论压差值与建筑物高度成正比,随着建筑物高度的增加,建筑内竖井高度将会增加,"烟囱效应"现象越明显。超高层建筑功能多样,结构复杂,内部设置有数量较多的电梯井、楼梯井及其他设备管道井,并且在建筑底部设有地下停车场,这也将增加垂直井道的高度,加剧"烟囱效应"的发生。

超高层建筑物外围护结构的渗透特性是"烟囱效应"引起空气渗透的重要影响因素。建筑底部的出入口,外墙、门窗、屋顶上的孔洞缝隙,电梯井道顶部与大气相通的孔洞等,都是室内外空气进行交换的流通路径,这些流通路径的渗透特性对"烟囱效应"造成的空气渗透量有密切关联。室内外温度差的不同使建筑外墙两侧存在压差,在压差的作用下,室内外空气中的热量、水分、污染物通过这些路径进行着传质传热。

超高层建筑的内部阻隔增加了"烟囱效应"作用下空气流通的阻力,不同的建筑内部阻隔情况不同,"烟囱效应"的作用状况也不同。

5)减小烟囱效应影响的措施

在上节分析的四个主要因素中,前两个因素是无法改变的,因此主要技术措施应针对后两个因素进行,即增强建筑外围护结构渗透特性,合理设置建筑内部隔断。

(1)建筑外围护结构渗透特性的改善　对超高层建筑而言,主要可采取如下措施:大厅出入口宜采用旋转门、双层平开门、双层旋转门等措施,尽量减少外部气流的流入;在满足使用条件的情况下,减小外墙、门窗、屋顶上的孔洞缝隙,电梯井道顶部与大气相通的孔洞面积;楼梯到屋顶的出口宜设置双层门;建筑外围护幕墙施工过程中,结构胶黏结玻璃尽量密实,减小空气从外围护结构的渗入、渗出。

(2)合理设置建筑内部隔断　建筑内部隔断的合理布置可以分水平隔断和竖直隔断两个部分,具体措施如下:

① 水平隔断是通过建筑的外围护结构侵入的外部空气,经由房门、走廊门、前室门、电梯门或者楼梯门等层层阻隔所形成的横向隔断。其作用原理是,当室外侵入的气流流经每一道门时,热压被门缝的阻力消耗,使得作用于该楼层的总热压被层层分割,因此减少作用于其他各道门两侧的压差,从而减弱烟囱效应。

超高层建筑首层是冷空气侵入的重要通道,因此首层的建筑设计非常重要,在前一节中已经对大门提出了改善措施,除此之外,一般应在首层电梯、楼梯处设置前室门,增强对首层电梯、楼梯的保护。

超高层建筑内其他楼层的门也同样重要,在部分区域如果烟囱效应影响过大,应合理设置水平隔断措施,如增设前室门或通过"空气锁"装置,设置可错时打开的双层门,保证一个开启时,另一个关闭,使两层门之间形成压力保护,达到安全的压差水平。

② 竖直隔断是把建筑物内各种纵向的竖井(电梯井、电缆井、管道井、通风井等)进行分隔形成的隔断,从而改变建筑内部的建筑贯通高度,起到分割竖向热压的作用。

超高层建筑的电梯应将电梯根据高度不同分成多组,高、中、低竖直分区,分段运行,两区之间设置转换层。

超高层建筑的消防电梯一般直通顶层,烟囱效应非常明显,且不能设置竖向分隔,所以对消防电梯而言,只有增加对底层和顶层的防护,设置双层前室门。超高层建筑的穿梭电梯也可采取类似措施。

③ 其他的改善措施。改善超高层建筑的烟囱效应,还可以考虑采用机械加压、冷却电梯井道等措施,但需要注意的是,这些措施都会增加建筑能耗。

2.4.2　大跨结构

2.4.2.1　大跨屋面抗风揭性能

在大跨结构中,经常用到金属屋面。它是由金属面板与支撑体系组成,不分担主体结构所受作用且与水平方向夹角小于75°的建筑围护结构。金属屋面系统在我国已经有30多年的历史。随着金属屋面的广泛应用,其出现的风揭破坏问题也日渐突出。尤其是我国沿海地区,频繁活动的强风、台风经常造成金属屋面板扣合连接松动、脱离、板材变形甚至屋面被掀翻等情况。这不仅带来了巨大的经济损失,还会威胁人身安全。目前,金属屋面系统整体抗风承载力很难通过算式直接得出,只能通过试验进行测试。

直立锁边金属屋面板是金属屋面系统的一种,具有自重轻,强度高、防水性好以及能有效抵御温度应力等优点,多用于机场、火车站等大跨度屋面。一般由与下部结构檩条和屋面板连接的 T 形码、U 形屋面板以及屋面板下的一系列构造层组成。对其进行抗风揭试验时,试验装置的原理为将待检测屋面安装于试验框架上,框架周边可安装挡边以利于试件的密封。试验框架放置在压力箱上,用夹具压紧端面上的密封垫使之密封。压力箱内充入空气,形成对屋面系统向上的推力,从而模拟风荷载作用时对屋面产生的吸力效果。通过测试,得到在不同气压下屋面板的位移数值及构件情况,直至屋面板连接处出现破坏。

试验装置底盘内部尺寸为 3.7 m×7.3 m,支撑结构的边框架采用槽钢焊接,在底盘上连接软管作为气压管使用,外接压差传感器。采用高压离心风机作为试验仪器的进气设备,将屋面系统安装在试验平台上,并布置测量点,采用数字式位移传感器测量位移,不同测点的位移数据通过数据采集卡传至电脑进行记录。

以某站房屋面板为例进行如下抗风揭试验。试验试件制作所采用的相关板材、支座类型、连接紧固件、檩条等的材质、厚度、锁(咬)边类型、规格、截面类型、布置形式等必须与所设计的金属屋面系统完全一致。安装固定好以后如图 2-38 所示。

图 2-38　安装固定面板完毕

试验过程中,分别在 0.7 kPa、1.4 kPa、2.2 kPa、2.9 kPa、3.6 kPa、4.3 kPa、5.0 kPa 压力值下保持 60 s 后,面板产生不同幅度隆起,未发现部件损坏;在 5.7 kPa 压力值下保持 60 s 时,面板明显隆起,面板角部发生明显变形,未出现功能性破坏,具体位置如图 2-38、图 2-39 所示;压力升至 6.1 kPa,达到本次试验的最大加压能力,面板仍未出现功能性破坏,试验结束。综上,待测样品在风压 6.1 kPa 作用下发生变形,但未出现功能性破坏(图 2-40)。

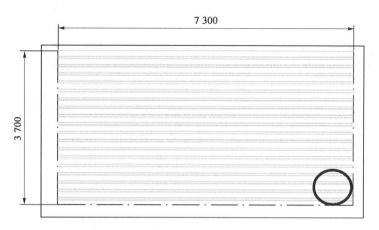

图 2 - 39 面板角部隆起处

图 2 - 40 压力值 5.7 kPa 样品发生变形

2.4.2.2 行人高度风环境评估

随着我国城市化进程的加快及科学技术的快速发展,各种布局多样、体形复杂的高层和超高层建筑大量崛起,由此产生了诸如安全、健康、节能等诸多风环境问题。钝体建筑的存在,改变了原来的流场,使得建筑物附近的气流加速,并在建筑前方形成停驻的旋涡,将恶化建筑周围行人高度的风环境,危及过往行人的安全;建筑群的相互干扰,会在建筑物附近形成强烈变化的、复杂的空气流动现象。一旦遇到大风天气,强大的乱流、涡旋再加上变化莫测的升降气流将会形成街道风暴,殃及行人(图 2 - 41)。1972 年,英国 Portsmouth 市一位老太太在一座 16 层的大厦拐角处,被强风刮倒,颅骨摔裂致死。1982 年 1 月 5 日,在美国纽约的曼哈顿,一位 37 岁的女经济学家行走在世界贸易中心双塔附近的一栋 54 层的超高层建筑前的广场上时,被突然刮来的强风吹倒而受伤。为此,她以"由于建筑设计和施工上的缺点"而造成了"人力无法管理的风道"为由,向纽约最高法院对该建筑的设计人、施工者、建筑所有人、租借人,甚至包括相邻的世界贸易中心大厦的有关人员都提出了控告。诸如此类的问题在我们身边也时有发生。

图 2-41　大风中的行人百态（来源于《沈阳日报》）

　　建筑群的布局不当,会造成局部地区气流不畅,在建筑物周围形成旋涡和死角,使得污染物不能及时扩散,直接影响到人的生命健康。香港淘大花园因为密集的高楼之间形成的"风闸效应"加剧了病毒的扩散与传播,这才引发了人们对"健康建筑"的广泛关注。

　　在国外,行人风环境问题早已成为公众关注的问题。日本的一些地方政府都颁布政府条例规定,高度超过 100 m 的建筑与占地面积超过 100 000 m² 的开发项目,开发商必须进行包括行人风环境在内的对周边环境影响的评估。在澳大利亚,每一栋 3 层以上的建筑都需要进行风环境评估。在北美,许多大城市如波士顿、纽约、旧金山、多伦多等,新建建筑方案在获得相关部门批准之前,都需要进行建前和建后该地区建筑风环境的考察,以就新建建筑对区域行人风环境的影响进行评估。

　　在我国风环境的研究处于刚刚起步阶段,虽然在一些重点工程的设计中也进行过风洞试验,但其主要目的都是利用空气动力学的手段,对待建建筑或构造物所引起的风载和风振问题进行研究,从而为结构上的抗风设计提供更为安全可靠的数据。由于室外风环境的预测长期得不到重视和缺乏有效的技术手段,设计师们一般是把注意力过多地集中在总平面的功能布置、外观设计及空间利用上,而很少考虑高层、高密度建筑群中空气气流流动情况对人和环境的影响。而以建筑学为切入点的关于结合建筑风环境的设计研究,更是极少涉及。

　　目前风环境问题在我国未能引起足够的重视,还没有一个地方政府和权威机构将此问题的管理提升到立法与规范的层面上。随着人们对室外环境的关注程度的日益提高,作为室外环境的一个重要方面的行人风环境应引起建筑界的重视,对风环境进行优化设计,必将成为住宅小区和城市规划的重要环节。为了营造健康舒适的居住区微气候环境,就需要在规划设计阶段对建筑风环境做出预测和评价,以指导、优化住宅小区的规划与设计。

1) 建筑风环境的形成机理

在大气边界层中的梯度风,由于建筑钝体的阻挡而发生空气动力学畸变,造成了建筑物周边的气流在空间和时间上都具有非常复杂的非定常流性状。建筑物对上游的气流具有阻挡作用,在下游形成下洗现象,使周围的流场变得非常复杂,尤其是随着城市建筑密度的增加,建筑物之间的气流影响也增大,建筑物与主导风的角度、建筑物之间的距离、排列方式等产生的各种风效应对建筑物和周围的环境影响很大,大多数建筑物的形状都是非流线形体,各个方向的气流流经建筑物时都将引起振动问题,也会形成气流死区,易使附近某些空气污染物滞留不利于周围的空气环境。

按照钝体空气动力学流动性质的理想假设,对于建筑物周围的流场,常忽略小尺度的非定常性,而用定常流的观点对流态进行定性分析(图 2 - 42)。因此,可以分为四个不同性质的流域。

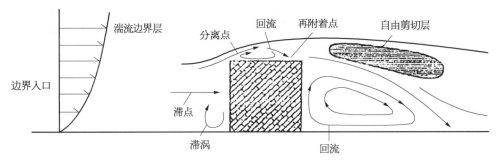

图 2 - 42　建筑绕流示意图

(1) 自由流区　自然来流在遭遇建筑钝体的阻挡时产生偏向,并在建筑物前方、侧方形成了自由流区。它位于边界层外部的势流区,在理想的假设下,不考虑二次流所产生的紊乱,此流域可以用流体力学运动方程进行描述。

(2) 分离剪切层区　一般情况下,有风速为零的边界层建筑物表面一直到建筑物外侧自由流域中间,有一个剪切层区,此剪切层是边界层从建筑物表面分离的时候,在分离后尾流与自由流区之间所形成的。对于二维圆柱和矩形建筑分离点却不是一样的,圆柱建筑周围气流流动,因无角点,其分离点不固定,在不同雷诺数、来流湍流度和圆柱表面粗糙度下会有不同的流型。而一般绕矩形建筑的流动,分离点总是固定在前缘角点处,相对圆柱来说,流动特性对雷诺数不敏感。但是在此流动中,尾流和自由流区间发生的剪切作用会产生强烈的紊乱。

(3) 尾流区　处于建筑物后方整个分离剪切层以内的流动区域即是尾流区。它与到达建筑物后方的自由流相比流速较弱,并且具有明显的环流。

(4) 滞止区　处于建筑物迎风表面前方的区域称为滞止区。在这个流域的中心形成了气流的滞止点,滞止点上部是向上的流,下部是向下的流,并且在迎风面前侧形成驻涡,高处高能量的气体被输运到下方,并随着分离流线向侧面、后面传送。由于大气边界层气流具有很大的湍流度,且以钝体形式出现的建筑物具有各种形状的前缘,所以来流湍流度和物体的形状对流体的分离、剪切层的形状以及尾流特性都有重要的影响。上述建筑物周边流域的性质随着建筑物的具体形状、自然风向等性质的变化而发生改变,流体从建筑物表面的分离和再附着现象是最有代表性的一种情况,流体再附着现象随着流体入射方向与建筑物侧壁面的交角以及顺风方向建筑物边长有着密切的关系。一旦再附着现象在建筑钝体上产生,分离流与建筑物壁面间将产生强烈的旋涡,分离流线进一步向外侧推使分离点近旁自由流收敛加强,风速加大。此外,当入射风的湍流度增大,边界层内湍流掺混加剧,它将有助于使动量高的流体输运到建筑钝体表面,从而使分离推后出现,尾流域相应变窄。因此,自然风来流的性质对建筑物流域有很大的影响。

建筑物周边区域中强风的发生有以下几种情况:① 逆风。受高楼阻挡反刮所致,由下降流而造成的风速增大。高处高能量的空气受到高层建筑阻挡,从上到下在迎风面处形成了垂直方向的旋涡,也造成了此处的风速加大。特别是与高层建筑迎风方向相邻接的低层建筑物与来流风呈正交的时候,在底层建筑物与高层建筑物之间的旋涡运动会更加剧烈。② 穿堂风。即在建筑物开口部位通过的气流。穿堂风造成的风速增大,在空气动力学上认为是由于建筑物迎风面与背风面的压力差所造成的。③ 分流风。来流受建筑物阻挡,由于分离而产生流速增加的自由流区域。使建筑物两侧的风速明显增大。④ 下冲风。由建筑物的越顶气流在建筑物背风面下降产生。这种风类似从山顶往下刮的大山风,危害特别大。

2) 建筑风环境的评估方法

进行建筑风环境的评估,首先通过风洞测试或数值模拟分析获得绕流速度场分布信息,然后结合当地风的气象统计资料,并引用适当的风环境评估准则,最后获得风环境品质的定量评估结果,如图2-43所示。

(1) 舒适性评估准则 行人高度风环境的舒适性是一个较为主观的概念。通常采用反向指标来定义它,即根据设计用途、人的活动方式、不舒适的程度,结合当地的风气象资料,判断局部大风天气的发

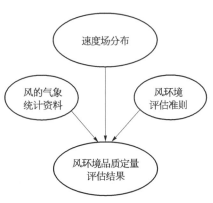

图2-43 建筑风环境评估框图

生频率。如果这些时间发生的频率过高,则认为该区域的不舒适性是不可接受的。界定不舒适性的最高可接受的发生频率就是通常所说的"舒适性评估准则"。

举例来说,某些区域偶尔会有强风出现,但是因为发生的概率不大,所以人们会觉得它可以被接受。而某些区域虽然风势不强,但是因为它发生的频率高,人们会觉得那些地方总是在刮风,觉得不能接受。除此之外,该地的设计使用目的也必须考虑。譬如对于公

园的风环境舒适性要求,就要比人行道来得高,即作为休闲场所的公园,人们更希望不会经常出现强风。

如何适当评估风场环境对行人的影响,是一个相当主观的问题,所以到目前为止并没有一致的标准。如上所述,原则上,无论采用哪一种评估方法进行定量的舒适性评估时,应当建立在两个条件之下:① 适当的行人舒适性风速分级标准;② 各级风速标准的容许发生频率。在不同参考文献中可以发现各种不同的风速分级标准和对发生频率的不同规定。表 2 - 10 是常用的风环境评估准则:

表 2 - 10　风环境舒适性评估准则

活动性	适用的区域	相对舒适性(蒲福风级)			等　级
		可容忍	不舒适	危　险	
快步	人行道	6	7	8	4
慢步	公园	5	6	8	3
短时间站立,坐	公园,广场	4	5	8	2
长时间站立,坐	室外餐厅	3	4	8	1
可接受性准则		<1 次/1 周	<1 次/1 月	<1 次/1 年	

由上表给出的舒适性判定标准可以发现,不同的活动性、适用区域对于风环境的要求各不相同。而可接受准则由于涉及风速概率问题,因此必须结合当地的气象资料进行研究。当按表中给定的功能进行设计时,可以认为 1～4 类区域都满足舒适度要求。而级别越高的区域,风速相对越高。比如 4 级区域仅适合用作人行道,当作为其他功能使用(如室外餐厅、广场等)时,则不满足舒适度要求。

如果某区域的风速超过了 1～4 类区域的要求,则应归入第 5 类,即该区域不满足舒适度要求,不能作为行人活动区域使用。

(2) 风环境评估流程　以无量纲的风速比为基础,配合风向风速资料计算各级风速发生频率,并进行舒适度评估。分析的流程大致如下:

① 提取各测点的风速值,并求出风速比。

② 根据风速风向联合概率分布表,计算不同风向下各测点发生高于指定风速的概率。

③ 最后将各风向的概率分别累加,则可知测点发生高于指定风速的概率。

④ 根据步骤③计算得出的不同测点概率,结合选择的舒适度评估标准,评估该测点的风环境舒适度是否为可接受。若是可接受则认为满足舒适度要求,若不可接受则应考虑优化设计。

在步骤②中,需要掌握当地的风速风向联合概率分布表。通常该项资料由原始气象资料整理而得。而原始资料应包括的内容为超过 15 年的当地逐日最大风速及其对应的风向,再利用极值统计分析方法得出风速风向联合概率分布。通常日最大风速满足极值分布,可通过广义极值分布函数(Generalized Extreme Value Distribution,简称 GEV 分布函数族)的最大似然估计得出概率模型参数。

$$G(z) = \exp\left\{-\left[1 + \xi\left(\frac{z-\mu}{\sigma}\right)\right]^{-\frac{1}{\xi}}\right\}, \ \{z: 1 + \xi(z-\mu)/\sigma > 0\} \qquad (2-116)$$

在得出概率分布参数后,即可估算各区域出现大于特定风速的概率,并进行定量的舒适度评估。

3) 城市风环境的改善

城市风环境的改善,需要规划设计部门在城区的改造和建设初步阶段就要考虑城区建筑群的分布对城市风环境的影响,表 2-11 用文字和图形结合的方式列举了一些改善城市风环境的规划措施,可以为相关的部门提供一些参考。

表 2-11　改善城市风环境的规划措施

改善城市风环境的一些措施	图　示　说　明
通过道路、空旷地方及低层楼宇走廊形成主风道,避免在主风道上设立障碍物阻挡风的通行	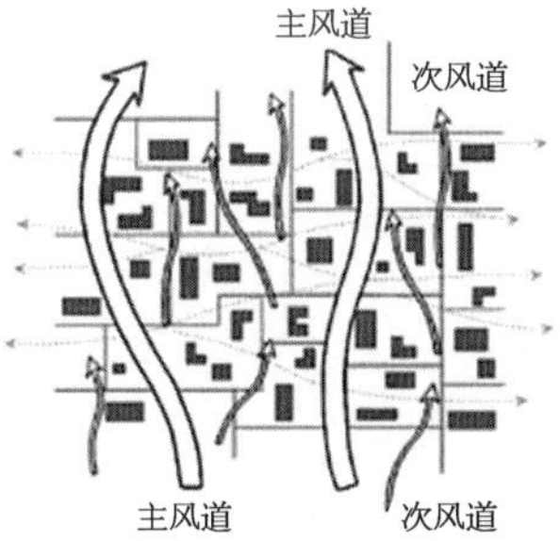
街道布局应与盛行风的风向平行排列或最多成 30°角。与盛行风的风向成直角排列的街道,其长度应尽量缩短,从而减小街道两边建筑物对盛行风的阻挡作用	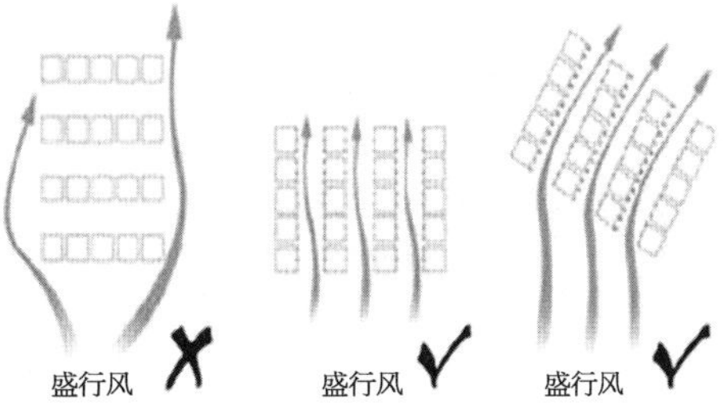
在海旁区兴建楼宇时,应审慎考虑规模、高度及排列是否适中,以免阻挡海/陆风和盛行风	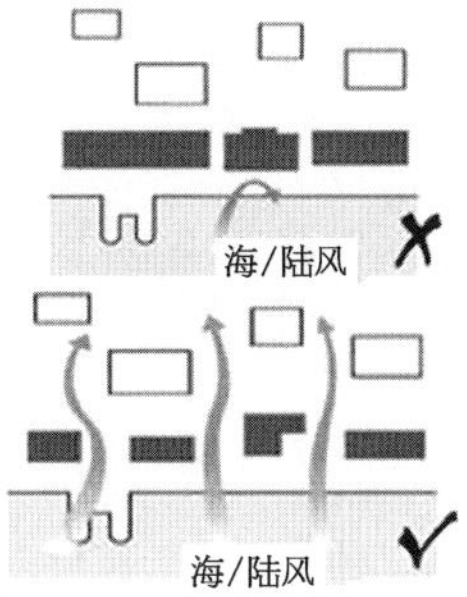

（续表）

改善城市风环境的一些措施	图 示 说 明
参差的建筑物高度水平,将低矮楼房和高楼大厦作策略性布局,可有助促进风的流动。层次分明的建筑物高度有助疏导风流,避免出现静止无风的状态	
在楼宇之间保留更多空间,这样可以达到提高建筑群通风效率的目的	盛行风
设计较细小、更通风及梯级型平台构筑物,这样可以改善局部的行人风环境	
增加城市的绿化面积,这样有助调节都市气候,改善空气的流动情况。市区的休闲场所应尽量栽种植物;路面、街道和建筑物外墙应采用冷质物料,以减少吸收日光	
建筑物外伸的障碍物(例如广告招牌)最好垂直悬挂,以免阻碍通风	

2.4.3 特殊结构

2.4.3.1 冷塔的抗风特性评估

冷却塔是发电厂用于冷却水的重要设备。它是一种典型的薄壳结构,其外形多采用旋转双曲面,而塔的尺寸则是从冷却效果、建设投资、占地面积、优化设计、环境保护等诸多方面综合考虑的。一座大型的冷却塔高度和底部直径都在百米的量级。根据 1998 年 Busch D. 等人的文章报道,德国科隆 Frimmersdorf 电厂设计的一座冷却塔高度已经达到了 200 m,超过了之前法国的一个高约 180 m 的冷却塔,据称是当时世界上最高的冷却塔。它的底部直径在 150 m 左右,足可以容纳一个足球场。和它巨大的外形尺寸比起来,塔的厚度却是相当小的,塔身中部的厚度仅为 0.24 m,不到其直径的 1/600。由于冷却塔这类薄壳结构的特殊性,其结构分析比较困难,国内外的研究人员对此做了大量的工作,研究冷却塔在不同的荷载条件下的结构行为。冷却塔所受的荷载主要是自重、地震荷载、风荷载以及温度荷载。在大部分情况下,风荷载是主要的控制荷载。

对冷却塔所受的平均风荷载的研究在 20 世纪 50 年代末就已经开始了。冷却塔的风荷载及风致响应真正引起工程界的极大关注是在英国渡桥电厂冷却塔倒塌之后的事情。渡桥电厂共有八座高 108 m 的冷却塔,1965 年 11 月 1 日,八座塔中的三座在一次强风过程中先后倒塌,其他幸存的塔也被严重破坏,造成了大的停电事故(图 2 - 44)。

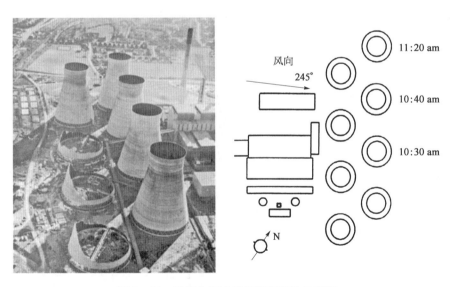

图 2 - 44　渡桥电厂冷却塔倒塌事故示意图

1) 研究进展

经过几十年的研究,人们关于冷却塔的风荷载及风致响应的研究取得了很大的进展,对其规律的认识也逐步深入。这里对以往所取得的主要成果做一个简要的总结。

通过一些冷却塔风荷载实测以及大量的风洞模拟实验,目前对冷却塔的表面平均风压分布已经有了比较好的描述。为了方便比较,通常以同高度的来流动压为参考压得到冷却塔表面的压力系数。图 2 - 45 给出了以往实测得到的冷却塔平均压力系数沿环向的分布。实测和风洞实验均表明,冷却塔的平均风压分布和其表面粗糙度是有直接联系的。一般认为,粗糙度的增加降低了临界 Re 数,使得冷却塔表面的分离能更快地从层流分离转变为湍流分离。此外对原型塔的实测也证实,敷设了肋条的冷却塔,其最大负压绝对值要低于光塔的数值,这对冷却塔的安全性是有利的因素。平均压力分布和 Re 数也有关系,根据一些实测资料,Billington(1976)认为 Re 数增加,最大负压系数绝对值减小;而孙天风(1983)则指出:表面粗糙度较小时,Re 数增加,最大负压绝对值减小;而粗糙度较大时,Re 数增加,最大负压绝对值增加。大量的研究还表明,尽管风洞模型实验和实际冷却塔的情况 Re 数要差 2～3 个数量级,但通过在模型上施以适当的表面粗糙度,可以在风洞实验中,模拟出原型塔的平均压力分布。

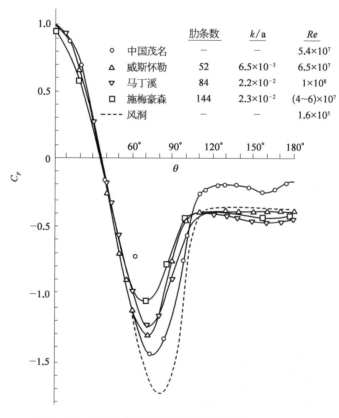

图 2 - 45　冷却塔喉部界面平均风压分布(Simiu, 1992)

　　冷却塔背压和内部压力沿高度是比较均匀的,在冷却塔中间部分的压力分布也基本不随高度变化,但在顶部和底部,驻点压力和最大负压则和其他高度有所区别。

　　比较起来,冷却塔表面的脉动压力变化就比较复杂了。脉动压力在驻点和两侧 90°附近分别有三个峰值,脉动压力系数分布的形状和冷却塔表面粗糙度有关,尤其是在流动分离区附近受表面粗糙度的影响尤其显著,以往的研究表明,越光滑的塔表面压力脉动越大。压力脉动的大小和来流湍流度也有关。Propper 得到的结果是驻点的脉动压力系数大约是同高度的来流湍流度的 1.8 倍。

脉动风压谱以及不同位置脉动风压的相关性对人们认识冷却塔表面风压分布规律也很重要,而且对利用谱方法分析冷却塔响应来说是必需的因素。以往的研究表明压力谱的分布沿高度基本不变,但在迎风区、流动分离区和背风区由于流动状态的不同而有比较明显的差异。而涡脱落仅在有限的范围对压力谱有影响。Propper 还给出了脉动风压谱的经验公式。

为获得不同点之间脉动压力的相关性,要求各点压力进行同时采集或者以较高频率对不同点的压力进行扫描。但由于实验条件所限,到目前为止,这方面的实测和实验资料还不是很多。不过从已有的一些资料看,迎风区和背风区的相关性是比较弱的。

冷却塔的响应可以分成三部分:平均量,频率较低的准静态分量以及共振分量。过去的研究表明,平均量和准静态分量基本是随风速的平方关系变化的,而共振分量则是按照风速的 4 次方(Armitt,1980)变化的。由于双曲型冷却塔的最低固有频率(通常在 1 Hz 左右)远高于涡脱落频率,而且大气湍流的主要能量也集中在 1 Hz 以下,所以大多数学者认为冷却塔的响应基本可以认为是准静态的,共振分量在响应中所占比例很小(10%以下)。但是对于一些固有频率比较低(如渡桥电厂冷却塔,最低固有频率仅为 0.6 Hz)冷却塔,共振的影响不可忽略。冷却塔弹性模型实验是相当困难的,掌握这项技术的实验室为数很少。目前可查的工作集中在三个国家的研究者:加拿大的 Davenport 和 Isymov,英国的 Armitt 和德国的 Niemann。因此,对于冷却塔的风振研究很多是通过计算完成的。但鉴于冷却塔风振问题的复杂性,计算所得到的结果并不一定能满足要求,因而通过弹性模型实验来研究冷却塔的风致振动是十分必要的。

对于塔群布置以及其他建筑物干扰对冷却塔风荷载以及风致响应的影响,人们很早就开始着手进行研究,但由于这些情况下的流动图案极其复杂,迄今还未能建立起比较好的理论模型进行解释。目前大多数结果还是通过风洞模型实验得到的,最为重要的结果是关于渡桥电厂冷却塔的。尽管渡桥电厂冷却塔倒塌事故原因很多,但其中很重要的一点就是塔群的干扰。Armitt 的研究表明,当风从上游塔群之间的缝隙吹来时,冷却塔的平均和脉动风荷载都大大增加了,从而导致应力超过了设计值。

近年来,随着全球性的非线性科学研究热,冷却塔作为特殊的薄壳结构,其非线性问题也得到了一些学者的关注。目前国外已经将非线性的分析方法引入了冷却塔的设计。不过这方面的研究还刚刚起步,假以时日,将会对冷却塔的研究发展起到积极的促进作用。

2) 案例分析

本部分以某电厂建设的两座冷塔为原型说明冷却塔的抗风特性。两座塔塔高 150 m,底部直径 117 m,喉部直径 63 m。两塔中心连线沿南—北走向,塔心间距 100 m。在两塔的东侧有一高大的厂房建筑,在东风状态下,其对冷却塔风荷载的影响也必须加以考虑。

根据距离电厂 10 km 的气象站提供的资料,该地区最高频率风向为东风,30 年一遇最大风速 29 m/s。而厂区的风速和风向和气象站有些差异,其风向以西北风为主。

几何相似性要求模型的几何尺寸和原型之间要满足相同的缩尺比。对于刚性模型试验,由于风压分布取决于冷却塔的外形,因此刚性模型在外形上和原型保证了一致。试验中来流的积分尺度为 0.14 m,而实测计算的尺度范围在 100~400 m,平均为 180 m。因而大气边界层的缩尺比约为 1/1 200,这比模型的缩尺比 1/600 更小。但由于大气积分尺度有一定的变化范围,而且根据 Armitt(1980)对不同缩尺比模型研究的结果,这个问题对试验结果影响不大。

来流相似是要求风洞模拟的来流和真实塔的来流满足一定的相似条件,包括速度剖面、湍流度等。由于电厂所处地理位置特殊,冷却塔所在地区的大气边界层与通常的指数律或对数律的大气边界层剖面有一定差异。地形模拟试验表明,当风向为偏西偏北风时,在冷却塔高度范围内,平均速度在接近地面的很小范围内迅速衰减,高处的平均风速基本不变;在冷却塔高程范围的湍流度都比较大。由于湍流度对脉动压力分布有显著影响,因此本试验以获得较高湍流度的大气边界层为主要目标,同时也比较了在不同湍流度下冷却塔表面脉动压力分布的差异。试验所采用的三种大气边界层剖面如图 2-46 所示。图 2-47 则给出了高湍流度时模拟的大气边界层风谱与实测风谱的比较,可以看到二者吻合得很好。

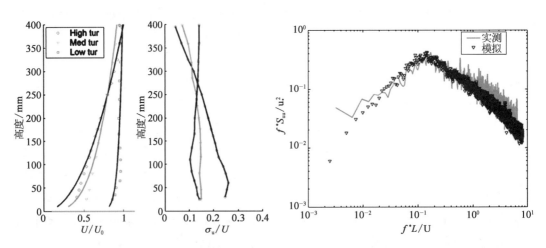

图 2-46 试验采用的三种大气边界层剖面　　图 2-47 风洞模拟大气边界层风谱与实测风谱比较

为弥补风洞试验 Re 数较低的缺陷,常采取增加表面粗糙度的方法增加有效 Re 数,这种办法在冷却塔的风荷载试验中也被广泛采用。本试验中,经过多次尝试,最后选定在模型表面均匀粘贴 36 条粗糙条,粗糙条宽 1 mm,高 0.12 mm。得到的平均压力分布基本满足了试验要求。

图 2-48 给出了模型的几何尺寸以及风向角、测压孔角度的定义。实际测量点共 124个。另一塔为干扰塔,尺寸与测量塔完全一致。图 2-49 为双塔加厂房的模型照片。

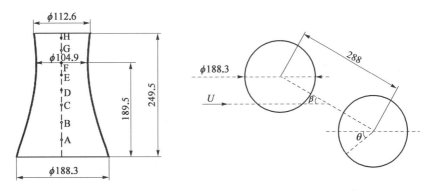

图 2 - 48　模型尺寸及风向角、测压孔角度定义

图 2 - 49　模型照片

　　首先对孤立塔进行试验,发现孤立塔的平均压力系数分布沿高度是有所变化的。由于冷却塔绕流具有较强的三维特性,因而在顶层和底部最大负压系数绝对值比其他位置要低。但在中间几层,平均压力系数分布比较一致。因而可以将这几层的数据进行平均,得到冷却塔的压力分布代表性曲线。

　　到目前为止,还没有文献对冷却塔表面压力的相关性做出完整描述。主要原因在于过去的实验条件有限,很难对大量的测压点进行同时采集,而且相关性分析要耗费大量的计算资源,因此过去的关于压力相关的实验研究通常局限于研究个别点之间的脉动压力相关性。近几年来,随着电子技术的不断发展,电子压力扫描阀逐渐取代传统的机械式压力扫描阀,使得对大量测压点进行高频采集成为可能。而计算机水平的飞速发展也使得进行相关性分析变得简单起来。本文即利用电子压力扫描阀分析了冷却塔表面压力的相关性。

　　试验结果表明,三种流动条件下的表面压力相关性比较相似。这是因为三种流动条件下的湍流积分尺度很接近,而湍流积分尺度对相关性的影响是比较大的。因而我们以高湍流度条件下得到的空间压力相关系数为例来分析冷却塔表面不同点的压力相关系数的分布规律。图 2‐50 给出了喉部驻点和其他所有测压点的压力相关系数的分布。从图中可以看出，即使到了背风区，驻点和 180°位置的脉动压力序列相关系数仍为−0.28，说明二者存在比较弱的负相关。众所周知，驻点的压力脉动主要是由于来流的风速脉动造成的，因此驻点和背风区压力脉动的这种负相关从一个侧面也反映出来流特性对背风区的压力脉动仍然有影响。

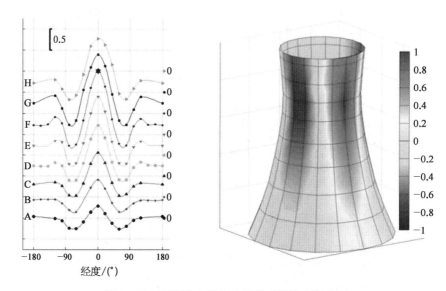

图 2‐50　喉部驻点处压力相关系数的空间分布

　　双塔试验时，将测量塔和干扰塔在旋转中心两边对称放置。考虑到双塔的对称性，只需做 0°~180°风向的情况。篇幅所限，仅将双塔串联的结果进行展示。

　　研究表明，当两塔串列时，前塔受到微弱影响，但最大负压的绝对值比孤立塔情况时小，而脉动压力分布和孤立塔时的情况基本一致。与此相比，前塔对后塔的影响非常显著。由于前塔的阻挡，使得后塔的迎风面平均正压和两侧负压系数绝对值大大降低，并且正压系数为双峰形(图 2‐51)。而且位置越低，受前塔影响越明显，在底层，0°位置的平均压力系数 比较接近 0，向两侧渐渐增加，到±45°时达到最大正压峰值。而随着测量位置的高度增加，0°位置和两侧的平均压力系数差距逐渐减小，正压峰值也由±45°逐渐向0°移动，但两侧仍然存在两个峰值。在喉部位置，正压峰值出现在±30°附近，并且在±30°的范围内正压分布较为平坦。这一特点在三种来流条件均可以见到。最大负压峰值与孤立塔相比也有明显下降，但其位置从原来的±80°左右移至±90°。总之，在串列情况下，后塔的平均风荷载是大大下降的。

　　图 2‐52 给出了喉部 20°位置和其他测压点的压力相关系数的空间分布。可以看到，在不同高度，相关系数沿环向的变化是不同的，尤其是位置较低的 A、B、C 三层，相关系数的变化和其他高度差异很大。在 20°子午线上的较低位置，压力相关系数出现了负值，这种负相关很有可能是由于前塔脱落的涡结构造成的。

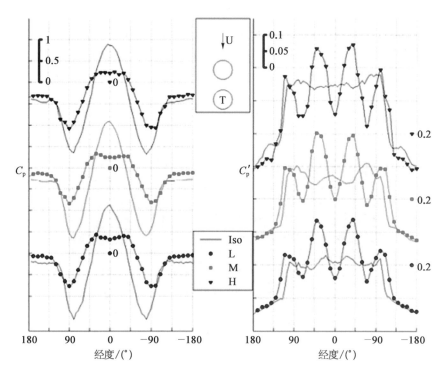

图 2-51 0°风向角时三种来流条件下后塔的压力系数代表性曲线

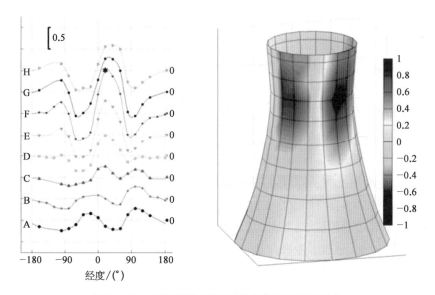

图 2-52 串联后塔 20°位置的相关系数空间分布

　　细长或柔性结构以及气动敏感的结构具有很强的气动弹性效应,它们在风荷载作用下的运动气动力的大小可能会发生变化,因此通过实验来研究它们的风响应是非常有必要的(ASCE,1987)。目前主要有两种办法对结构物的风致响应进行研究:一种是采用刚性模型——高频底座天平的方法,通过测量广义气动力来计算结构的响应 (Tschanz,1983);另一种是采用弹性模型,直接测量结构物的风致响应(图2-53)。前一种途径模型制作容易、实验方法比较简单,但是对于复杂结构,误差很大,应用范围受到限制,对于冷却塔这样的薄壳结构更是无能为力。后一种途径模型制作复杂,测量难度也比较大,但是可以直接获得各种响应量。经过大量地摸索和试验,可以成功地加工出冷却塔弹性模型。

图 2-53 弹性模型试验

试验分别采用了激光测振仪和应变仪对冷却塔的风致响应情况进行测量。由于激光测振仪属于非接触式测量,因此对模型的结构特性不产生任何影响。为排除风洞本身振动对模型的干扰,实验时将模型固定在一个与地面直接接触的重型铁架上,与风洞完全隔离,中间的空隙用柔软的胶带密封,防止漏风对流场的影响。实验采用刚性模型下的高湍流度剖面,实验风速为25 m/s。

在此,将单塔试验结果进行展示。实验结果表明,冷却塔的变形和其平均压力分布比较类似(实际上根据激光测速原理,这里所指的变形是指的测点总位移在光路方向上的分量,也就是冷却塔的径向位移)。在驻点位置,正压最大,通常这里的负位移(定义朝向冷却塔塔心方向为负)绝对值也就最大;而在达到最大负压的位置(80°附近),冷却塔正位移最大。不过总的说来,冷却塔在风荷载下的变形极小。图2-54给出了孤立塔冷却塔的变形情况(图中的位移已放大500倍),图中以色彩表示压力值(绝对压力值而非压力系数)的大小。

双塔布置下的冷却塔,其变形情况和孤立塔有很大不同。鉴于压力测量得到的结果表明后塔受影响较大,因而本文对于弹性模型试验主要研究了后塔以及并列塔的变形情况。图2-55给出了15°风向角下后塔的变形情况,从中可以直观地看到冷却塔位移的不对称性。

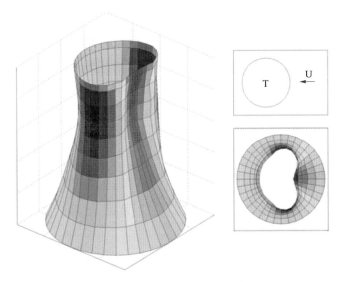

图 2‐54　孤立塔在风荷载下的变形图

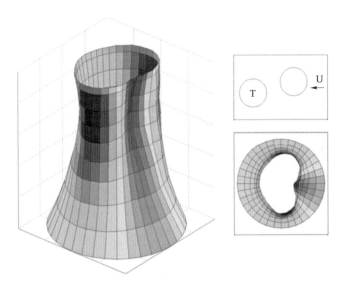

图 2‐55　15°风向角下后塔的平均位移图

2.4.3.2　摩天轮的抗风特性评估

摩天轮是一种大型转轮状的机械建筑设施,上面挂在轮边缘的是供乘客乘搭的座舱。最早的摩天轮由美国人乔治·法利士(George Washington Ferris)在 1893 年为芝加哥的博览会设计,目的是与巴黎在 1889 年博览会建造的巴黎铁塔一较高下。第一个摩天轮重 2 200 t,可乘坐 2 160 人,高度相等于 26 层楼。根据运作机构的差异,摩天轮可分为重力式摩天轮和观景摩天轮两种。重力式摩天轮的座舱是挂在轮上,以重力维持水平;而观景摩天轮上的座舱则是悬在轮的外面,需要较复杂的连杆类机械结构,随着车厢绕转的位置来同步调整其保持水平。图 2‐56 左侧为目前世界最大的重力式摩天轮,应是位于日本福冈的天空之梦福冈,是座轮身直径 112 m,离地总高 120 m 的摩天轮。右侧为天津之眼摩天轮,它是世界上唯一一个桥上瞰景摩天轮,是天津的地标之一,直径为 110 m,轮外装挂 48 个 360°透明座舱,每个座舱可乘坐 8 个人,可同时供 384 个人观光。

图 2-56　摩天轮

1) 技术难点

摩天轮的转轮结构(图 2-57)一般非常纤细,风荷载是结构起控制作用的荷载之一。但摩天轮的研究工作存在两大难点:第一,摩天轮受风面多,局部构件尺寸规格相对小,无法开展传统的测压试验;第二,摩天轮的第一阶振型(图 2-57)是绕水平轴的转动,使得要求第一阶振型沿高度呈线性特征的传统测力试验方案也无法完全解决这样的工程问题。

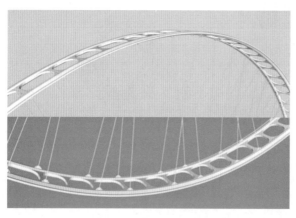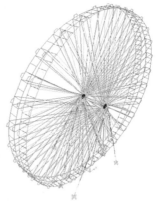

图 2-57　摩天轮转轮及第一阶振型

为此,我们开创性地提出了一整套解决方案,方案主要分三步:第一步,逆向荷载生成法,主要解决摩天轮表面静风荷载的分布问题;第二步,基于谐波合成的风荷载时程模拟法,主要解决摩天轮表面脉动风荷载的问题;第三步,广义坐标合成法,求取解决摩天轮在风荷载作用下的各类响应并得到等效风荷载值。

2) 案例分析

本案例为某摩天轮项目,该项目属于观景摩天轮,运行时环境风速不高于 15 m/s,轮辐直径 128 m,坐落区域属强台风区,近年来出现的强台风中心风速达 60 m/s 左右,曾造成风力发电机组倒塌的严重事故。

本项目为业内第一例摩天轮风荷载专项研究。通过开创性的专项研究工作,切切实实地解决了实际的工程问题;并且整套方案具有推广意义,对于类似的工程有普适性;通过实际的工程实践,确立了该技术方案行业内的领先优势。

根据风洞阻塞度要求、转盘尺寸及原型尺寸,试验模型缩尺比确定为 1∶150。为保证测力试验结果的准确性,模型本身较轻,刚度较大。图 2-58 为本次试验模型的情况。

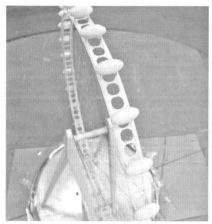

图 2-58　模型在风洞中的照片

(1) 逆向荷载生成法　仿照传统的测力试验(图 2-59),测量了试验模型在不同风向角下的基底受力情况。从 0°风向开始,每隔 10°测量一次,共有 36 种工况。通过试验获取摩天轮在风荷载作用下基底的力和力矩。

图 2-59　试验照片

依据边界层内梯度风的指数分布规律(图2-60),假定摩天轮沿高度的静风荷载分布也满足指数分布规律,通过求解力和力矩的联立方程组,获得摩天轮表面的静风荷载分布(图2-61,图中问号指待求解的载荷)。

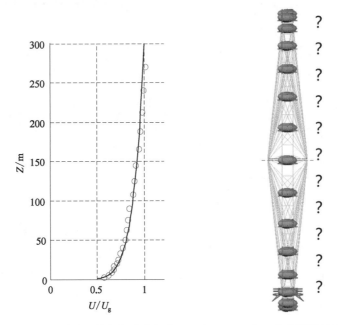

图2-60 梯度风的指数分布规律　　图2-61 摩天轮表面的静风荷载分布

方案实施过程中,最先得到基底总的反力和力矩,再去求取各个位置的荷载分布,所以比较形象地称之为逆向荷载生成法。

(2) 基于谐波合成的风荷载时程模拟法　通过逆向荷载生成法确定了摩天轮表面静风荷载分布情况后,还必须确定相应的脉动风荷载信息,才能组成完整的风荷载时程信息。为此,本文编制了基于谐波合成的风荷载时程模拟法。选定达文波特谱为目标功率谱,引入空间相关性函数(只考虑高度和宽度尺度)来描述风荷载值的空间不均匀性。

$$S_v = (i, j, \omega) = \sqrt{S_v^i(\omega) S_v^j(\omega)} \cdot coh(d, \omega) \tag{2-117}$$

$$coh(z_1, z_2, x_1, x_2, \omega) = \exp\left\{ -\frac{\omega\left[c_z^2(z_1 - z_2)^2 + c_x^2(x_1 - x_2)^2 \right]^{\frac{1}{2}}}{\pi(v_1 + v_2)} \right\}$$

$$\tag{2-118}$$

具体方法为,由于高频天平测力试验仅可获得基底响应的时程,考虑到本项目结构振型复杂,一阶振动即发生扭转振型,传统的线性振型假定不能满足分析需要。因此,需通过基于风力谱的时程构造方法来获得加载位置的荷载时程,这一过程可通过谐波叠加法进行。谐波叠加法是通过一系列三角余弦函数的叠加来模拟随机过程的样本。对于一维 n 变量的零均值高斯随机过程,其互谱密度矩阵可表示为:

$$S(\omega) = \begin{bmatrix} S_{11}(\omega) & S_{12}(\omega) & \cdots & S_{1n}(\omega) \\ S_{21}(\omega) & S_{22}(\omega) & \cdots & S_{2n}(\omega) \\ \vdots & \vdots & \ddots & \vdots \\ S_{n1}(\omega) & S_{n2}(\omega) & \cdots & S_{nn}(\omega) \end{bmatrix} \tag{2-119}$$

$S(\omega)$ 为正定矩阵，可通过 Cholesky 分解，获得下三角矩阵 $H(\omega)$，即

$$S(\omega) = H(\omega) H^{T*}(\omega) \tag{2-120}$$

$$H(\omega) = |H_{jm}(\omega_{m1})| e^{\theta_{jm}(\omega_{m1})} \tag{2-121}$$

其中，

$$H(\omega) = \begin{bmatrix} H_{11}(\omega) & 0 & \cdots & 0 \\ H_{21}(\omega) & H_{22}(\omega) & \cdots & 0 \\ \vdots & \vdots & \ddots & \vdots \\ H_{n1}(\omega) & H_{n2}(\omega) & \cdots & H_{nn}(\omega) \end{bmatrix} \tag{2-122}$$

当 N→∞时，

$$v_j(t) = \sqrt{2\Delta\omega} \sum_{m=1}^{j} \sum_{l=1}^{N} |H_{jm}(\omega_{m1})| \cos[\omega_{m1}t - \theta_{jm}(\omega_{m1}) + \phi_{m1}] \tag{2-123}$$

式中，$\theta_{jm}(\omega_{m1})$ 为 $H_{jm}(\omega_{m1})$ 的相位角，ϕ_{m1} 为 $[0, 2\pi]$ 范围内的随机数。

基于上述公式即可模拟各个加载点的风速时程，结合准定常假定获得加载点风压时程 $p_j(t)$ 或风力时程 $F_j(t)$。

通过模拟获得了摩天轮表面不同位置的脉动风荷载信息（图 2-62）。

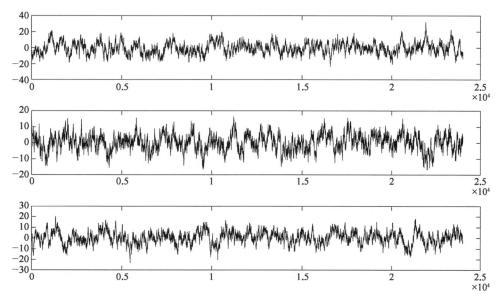

图 2-62　某 3 条脉动风荷载时程

（3）台风分析　本项目地处强台风区，为此我们进行了专门的台风模拟分析。分析表明考虑台风影响下的风压，仍然在规范所规定的数值内（图2-63）。

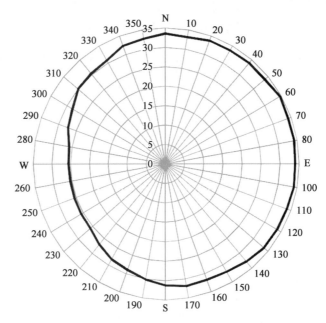

图2-63　考虑台风的各风向50年重现期风速

（4）风致振动分析　通过前面的工作，获得了风荷载的完全时程信息，结合结构动力特性，运用广义坐标合成法，最终得到了结构的各类响应。

加速度响应（图2-64）表明摩天轮底端、中部、顶端的加速度值相对其他部位要大，这主要受前几阶振动形态的影响。摩天轮的第一阶振型为绕水平轴的转动，第二、三阶振型为绕竖向轴的转动。

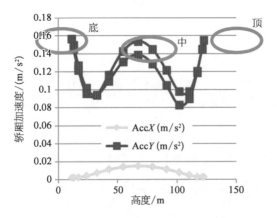

图2-64　摩天轮各关键部位的加速度值

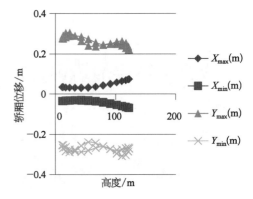

图2-65　摩天轮各关键部位的位移值

位移响应呈现出完美的对称性（图2-65）。

最后,根据基底总反力/力矩的最大和最小工况,为设计方提供了 10 组等效静力风荷载。

2.4.3.3 列车过站引起的风压特性

所谓列车风,是列车在地面上行驶时,由于空气的黏性作用使周围的空气被列车表面带动并随之一起运动,在距列车表面一定距离内,随列车一起流动的空气。

高速火车线路从站房的站台层穿过,一般在高架层中有过往旅客候车。当火车高速通过时,通道里的列车风效应必将对结构物和人造成一定的影响,如何评估和衡量这种影响的大小和程度,研究改善和降低这种影响的技术措施,都是设计过程中必须解决的问题。安全性和舒适性在结构物的设计过程中有着同样的重要性,以前由于方方面面的原因,对于舒适性重视程度不够,而随着社会的进步和设计理念的发展,舒适性的问题受到越来越多的关注。尤其是铁路站房这类大型公共建筑,是一个城市风貌的集中体现,又是人流极其密集的场所。解决好人居环境,其中就包括风环境,正是提倡建设以人为本、节约型社会的优良体现。

另一方面,随着 GTC(综合交通枢纽)的建设,在机场正下方,伴有高速铁路正线通过的方案越来越多,而由于列车在隧道中运行时,对人和结构的气动力一般比明线过站时气动力高 1 个量级以上,且存在压缩波与膨胀波的传播、反射,叠加后的冲击压力荷载对结构局部影响更大。如果在设计中没有考虑列车风压的动荷载,可能会影响主体与围护结构的安全性和相关人员的舒适性,同时缺少列车风激励的列车振动计算也不能真实反映列车振动的响应。

因此,高速列车过站列车风的相关问题,如列车风的空间分布形态是怎样的、站内人员安全退避距离如何确定、结构物受到的列车风风荷载的大小等,都是急需解决的。

从国外所进行的研究来看,列车空气动力学的问题可以归纳为两大类:一是列车自身的空气动力特性问题,包括列车气动阻力的研究,横风和侧风下列车运行的空气动力学特征,列车表面、轮轨和受电弓等部件的空气动力特性研究;二是列车运行对周围建筑、人员、环境影响的空气动力学问题,包括明线和隧道列车压力波的问题研究,会车压力波的研究,列车风风场研究,气动噪声的产生及与轮轨噪声的传播特性研究等。本部分研究主要针对后者,即列车运行带来的列车风问题,包含明线、隧道列车压力波、列车运行气动噪声确定、列车气动噪声和轮轨噪声的传播。此外,根据列车运行线路的特点,可以分为明线列车空气动力学和隧道空气动力学,这两类问题有很大区别。

高速列车通过隧道时的空气动力学问题比明线更为强烈,对建筑、人员、环境的影响也更大,因此,这个分支学科得到了大力的发展。列车风问题的研究是伴随铁路高速化和城市轨道交通建设发展而来的,德国、法国、日本、英国、美国等国家的高速列车发展较早,因此,早期的列车风问题的研究也多由这些国家的研究学者推进。早在 20 世纪 20 年代,德国学者 Tollmein 将列车进入隧道引起的空气动力问题简化为无旋不可压问题,给出二维势流解。60 年代起,日本、法国、德国等国家开始修建高速铁路运营线路,随着速度提高,列车引起的空气动力学问题越加突出。这些国家的研究人员,运用实车测试、动模型试验、CFD 数值模拟等多种技术进行了大量研究工作。

实车测试方面,日本和欧洲都进行了高速列车的列车风问题实车测试,日本学者 Ozawa 根据新干线实车测试试验提出了列车隧道入口压缩波的经验公式,英国的 Wood 等根据单线隧道实测结果将列车穿越隧道问题总结为一维准静态问题。90 年代以来,国内在汲取国外实车测试研究基础上也进行了多次实车测试,徐鹤寿等通过现场实测,对钝性准高速列车对线路旁人员的受力进行了测试,提出了准高速线路和站台的安全退避距离,2005 年 5 月,铁道部在遂渝线提速综合试验中对瞬变压力、列车风、气动荷载等许多问题进行了综合研究。

现车实测是最为直观可靠的技术手段,能够为模型试验和数值模拟提供实证对比基础,但是,现车试验也有不足之处:组织和实施试验费用很高;试验测试受到自然环境的影响;试验只能针对已建成的特定形式隧道和列车进行研究,但在新建工程项目中,只能选取以往现场实测研究结果作为参考。

动模型试验研究方面,轨道交通的空气动力学问题与常规建筑的空气动力学问题有明显区别,传统的风洞、水洞等试验技术不适合于研究列车运行引起的列车风等瞬态空气动力学问题,列车风问题的模型试验一般通过动模型完成。

隧道空气动力学模型试验设计的主要原则是流体力学的相似原理,要求做到几何相似、运动相似和动力相似。而试验中完全实现这些相似条件是不可能的,隧道空气动力学模型一般以水或空气为介质,发射列车模型,实现试验目的,一般要做到列车模型和原型的几何相似,实现马赫数相等。

英国的 C. W. Pope 建造了小比例列车模型实验装置,研究列车运行的压力波问题,我国中南大学 1996 年建成列车动模型试验装置,并进行了系列试验研究。

CFD 数值模拟随着计算机技术和数值计算方法的发展而迅速兴起,20 世纪 60 年代后,日本在高速列车空气动力学问题数值模拟方面有较多成果,Yamamoto 等建立了一维流动理论和特征线求解方法,研究列车在隧道中运行的列车风问题。但是该理论存在不能解决入口问题等缺点,后续各国专家学者围绕此模型进行改进修正,并做了大量研究。我国梅元贵博士对一维不可压缩不等熵非定常流动模型和广义黎曼特征线法进行了详细论述,并应用于列车风问题的研究。近年来,随着现代计算机技术的发展和数值计算方法的进步,采用二维、三维数值模拟的研究方法也得以实现,国外很多学者采用有限差分法、有限元法、面元法和有限体积法进行研究。国内三维数值模拟计算方法在列车风数值模拟中的应用伴随着商业流体软件的推广普及而发展。数值模拟研究在当前的列车风研究中占据越来越重要的地位,与实测数据的对比也显示数值模拟可以得到与实测一致性良好的结果,采用数值模拟技术已成为列车风研究领域的主流技术手段。

尽管列车风领域的研究已经取得了相当成果,但是其主要研究理论均产生于特定假设条件下,在工程实际应用时,仍然存在多种问题,如大部分的研究着重于列车运行于明线、隧道时压力波的产生和发展,而难见列车运行对既有或待建建筑的空气动力作用影响研究,实际工程往往需要大规模的数值计算,在模型简化、网格设计、计算参数选取方面也还存在很多问题,这些都是目前列车风研究中急需解决的问题。

1) 列车风研究技术路线及一般关键参数

流体力学一般的解决方法有:理论分析、风洞试验、数值模拟和现场实测。列车风问题涉及三维钝体绕流,理论分析不能给出定量的分析结果。风洞试验采用运动相对性原理,可以对列车等车辆在行驶中的受力进行测定,但是无法测定列车运动引起的列车风对周围环境的影响。列车空气动力学研究中还可以使用动模型试验技术,即根据流动相似原理,通过弹射方式使模型列车在模型线路上无动力高速运行(动模型),真实再现高速列车交会与过隧道等空气三维非定常非对称流动现象,能够模拟两交会列车之间和列车与周围环境(地面、隧道、道旁建筑等)之间的相对运动,真实地反映地面效应,这种试验不仅需详细考察相似参数的影响,并且费用昂贵。现场实测需要在车站建成后进行,对于设计阶段没有指导意义,但是可以作为数值模拟的验证。近年来,随着计算机技术的发展,计算流体力学在流体力学问题的研究中应用越来越广泛,目前在车辆空气动力学领域,计算流体力学也开始扮演越来越重要的角色。对于高速列车进(出)站列车风问题,采用数值模拟的方法,可以比动模型试验更加经济、快捷,而且可以在车站建筑结构设计做出调整后,迅速重建模型,得到调整后的分析结果。

高速通过的列车所产生的气动力作用主要取决于三个方面:列车车速、列车的几何形状、距离车体的远近。

数值计算中又涉及建筑模型简化、列车模型简化、人体模型简化、湍流模型选取、边界条件设定等诸多对计算结果产生影响的参数。

(1) 建筑结构空间模型　车站的建筑结构,只保留主要结构物,对一些相对整个结构很细小的结构物,如站台的柱子、电梯等不模拟;分析列车风的影响,站台的模拟是一个重要问题,站台边缘距离列车车厢壁的距离,站台与轨顶的相对高度,都是影响列车风的重要因素。

(2) 高速列车模型　影响高速列车空气动力特性的有三个因素:列车速度、与列车的距离以及列车的几何外形。在一定速度范围内,空气动力与列车速度的平方成正比,因此列车速度对于空气动力影响最大。随着与列车距离的接近,空气动力也会增大。最后,车鼻的外形对列车头部流体扰动引起的空气动力有重要影响。三个因素中,前两个可以通过不同工况进行分析,而车鼻外形及列车的几何外形是影响数值模拟计算结果的重要因素(图 2-66)。

目前我国铁路运行的列车种类繁多,已投入运行的高速列车主要有如下四种车型,见表 2-12。

研究过程中对过站列车外形进行了简化,列车表面设定为光滑无棱角的,忽略诸如门把手、手电弓、车灯等突起物,机车与拖车之间及拖车相互之间均无间隙,不考虑风挡,列车底部的转向架和轮对也不予模拟。这也是列车风数值模拟研究中的通用做法。

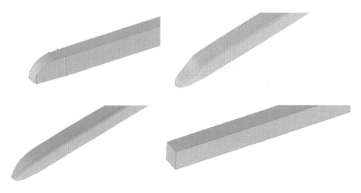

图 2‑66 高速列车及普速列车

表 2‑12 中国高速列车型号

型 号	名 称	速度/(km/h)
CRH1	青岛庞巴迪	200
CRH2	青岛川崎重工	200&300
CRH3	唐山西门子	300
CRH5	长春阿尔斯通	200

实际运营中的高速列车一般为 8 车编组或 16 车编组,一列火车总长为 200～213.5 m,如果对整车过站进行模拟,仅列车影响范围计算域的纵向长度就将超过 600 m,从计算角度这是没有必要且浪费计算资源的,现有的相关文献资料的模拟一般为减少车厢节数。一般采用"8 车编组""16 车编组"的组合,计算中一般选取"8 车编组"。

(3) 网格划分及动网格技术 站房空间部分划分为六面体结构化网格,动区域部分划分为四面体非结构化网格,一般情况下的初始网格体单元在 300 万左右。

列车的运动,使计算域在每时间步后都要变化,网格也就需要进行相应的更新,在 FLUENT 中网格的更新在每时间步后自动进行。FLUENT 的动网格主要通过三种方式实现:第一种是 Smoothing Methods,这个方法用来确定网格节点在下一时间步时的位置,节点并不增减,相应的网格数量不变,但倾斜率将发生变化;第二种是 Dynamic Layering,这种方法用于结构化网格,通过判断网格层间的距离,确定网格节点是否增减;第三种是 Local Remeshing Methods,这种方法通过判断网格最大、最小尺寸和最大网格倾斜率,确定网格节点是否增减,这种方法只用于四面体或三角形网格。FLUENT 对不同的方法给出相应的控制参数,通过设定动区域的参数,即可实现计算域的变化。

目前模拟一般使用 Dynamic Layering,动态层铺方法的动网格相对其他两种方法在控制网格数量、提高计算精度上更有优势。在列车周围的区域,为适应列车复杂的几何表面形状,采用非结构网格,并对列车表面网格进行加密,这样可以提高计算精度;在列车通过方向的其他动网格区域,使用结构网格,可以在保持精度的前提下,大大降低网格数量;此外,FLUENT 的 Dynamic Layering 方法计算稳定性也优于其他两种方法。我们对三种方法的计算显示,动态层铺方法的速度可以达到其他两种方法的 1.5~2 倍。

（4）边界条件

a. 入口：采用压力入口边界条件,入口相对总压为零(工作环境压力为 101 325 Pa)。

b. 出口：采用压力出口边界条件,出口相对静压为零。

c. 结构物表面及地面：采用无滑移壁面条件,在近壁区使用非平衡壁面条件。

（5）湍流模型　目前,国内的计算风工程应用基本是基于商业软件的,使用最广泛的两种商业软件是 ANSYS 公司的 FLUENT 和 CFX,FLUENT 中应用较多的湍流模型有标准 κ-ε、RNG κ-ε、Realizable κ-ε 和 RSM,CFX 中使用较多的是 SST。我们对各种湍流模型进行了一个总结,见表 2-13。

表 2-13　湍流模型对比

模　　型		优　　点	缺　　点	适用性
雷诺时均法 RANS	Spalart-Allmaras	一方程、计算效率高	复杂流动表现较差	较差
	标准 k-ε 模型	二方程	逆压梯度计算有问题	一般
	RNG k-ε 模型	考虑了湍流各向异性	对钝体分离强度模拟不足	较好
	Realizable k-ε 模型	边界层分离、回流等复杂流动中表现好	流动分离后湍流耗散较快	好
	标准 k-ω 模型	考虑了低雷诺数影响	在分离流动表现一般	一般
	SST k-ω 模型	近壁区 k-ω 模型、自由流区 k-ε 模型	FLUENT 中不是长项,一些优化参数不如 CFX	较好
	RSM	数学上较完美、方程多、考虑湍流各向异性	假设多、精度有时反而低方程多、计算用时长	一般
大涡模拟 LES		精度高	计算量太大、工程上还不适用	目前不适用
分离涡模拟 DES		结合 LES 和 RANS,以便于工程应用	对风工程而言,工程上还不适用	目前不适用
直接模拟 DNS		精度最高	计算量远超出大涡模拟 LES、工程上还不适用	目前不适用

湍流模型的选取与所要分析问题的物理过程紧密相关,没有完全普适的模型,像列车这种细长钝体绕流,流动中会产生分离、回流、再附、涡的脱落等复杂流动现象,FLUENT 中的 Realizable κ-ε 模型可以较好地模拟各种复杂流动现象。

（6）计算方法　利用 FLUENT 软件求解非定常不可压缩流动的 RANS 方程和

Realizable κ-ε 二方程湍流模型,对该车站的列车风流场进行数值模拟。用有限体积法离散方程,动量、能量、κ 和 ε 方程中的对流项采用一阶迎风格式离散,扩散项采用中心差分格式离散,压力速度耦合采用 SIMPLE 算法。

在计算中,使用 FLUENT$_{3D}$ 分离式隐式求解器,采用 SIMPLE 算法进行迭代求解,其基本思路是: ① 假定初始压力场;② 利用压力场求解动量方程,得到速度场;③ 利用速度场求解连续方程,得到压力场修正值;④ 利用压力修正值更新速度场和压力场;⑤ 求解湍流方程;⑥ 判断当前迭代步上的计算是否收敛。若不收敛,返回第③步,迭代计算。若收敛,重复上述步骤,计算下一时间步的物理量。

计算考虑网格质量和计算效率,以各项残差低于 10^{-3} 为收敛条件。

2) 技术难点

列车的运行初始化问题是影响高速列车隧道空气动力效应的一个关键问题。从真实情况来看,列车运行应从足够远处,从 0 加速到 250 km/h,后进入入口隧道,但是,在数值模拟时,起点不能设置过远,只能是列车从接近隧道入口的地方启动,经过一段时间后进入隧道,否则计算规模太大,计算效率低下。国内外研究学者一般采用的方法是使列车从隧道前某一位置突然启动,以给定的运行速度行驶,这种设置,会使得列车在未接近隧道时,隧道内已经出现一个非真实的压力场,而且压力变化幅值较大,如图 2-67 所示。

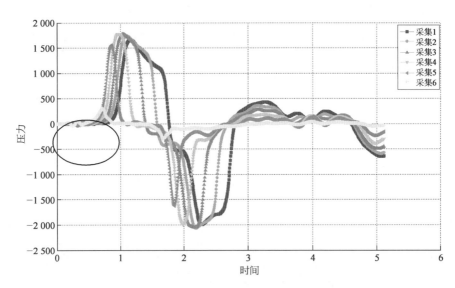

图 2-67 突然启动的非物理现象

解决这一问题通常有两种办法,一种是加长隧道前运行的距离(计算经济性不好),另一种是采用光滑启动技术。

所谓光滑启动,是指列车从隧道前某一位置速度由零开始,缓慢加速,按照一定的加速规律,使得列车在到达隧道前,车速从零加速到满速,然后以满速匀速行驶。光滑启动的加速度和速度有一定的特殊性,列车以按照一定规律变化的加速度逐渐加速,使启动时和达到满速时的速度梯度都为零,另外,在启动时和达到满速时的加速度和加速度的梯度都为零,从而可以保证列车速度平稳变化。为满足上述要求,文献给出了列车光滑启动的加速规律:

$$V(t) = \frac{a}{20}t^5 - \frac{at_1}{8}t^4 + \frac{at_1^2}{12}t^3 \tag{2-124}$$

式中,$a = 120V(t)/t_1^5$,t_1 为列车达到满速所需要的时间,$V(t)$ 为列车最后要达到的速度。列车光滑启动过程的速度和加速度随时间变化的曲线如图 2-68 所示。

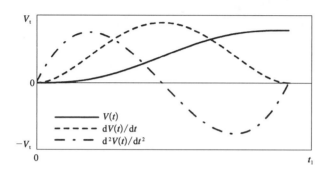

图 2-68 光滑启动的速度和加速度曲线

采用光滑启动技术后,非物理现象基本消除,图 2-69 中时间由于存在加速段,比突然启动增长。

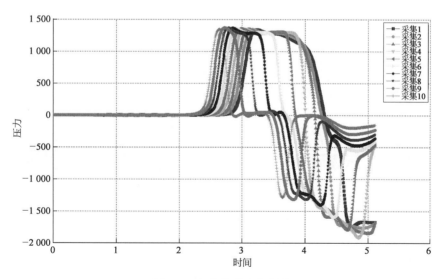

图 2-69 非物理现象消除

3）案例分析

本案例为某机场下方下穿高铁正线工程。

（1）流场分析 当列车以很高速度通过隧道时,隧道中的空气被列车带动而顺着列车前进方向流动,这一现象称为列车的活塞风效应,如图 2-70 所示,列车在进入隧道过

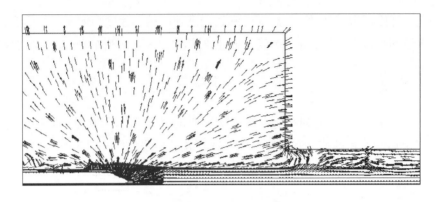

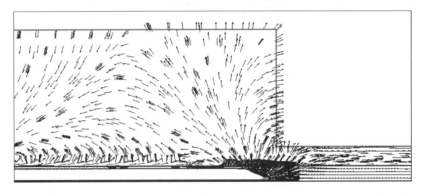

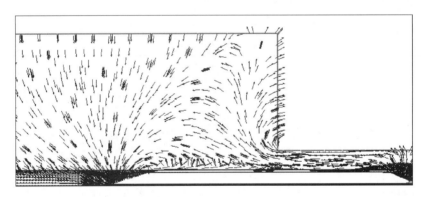

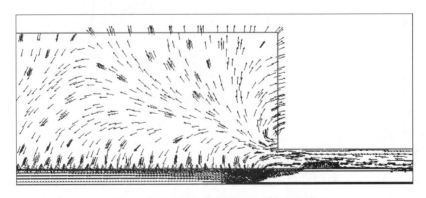

图 2-70　列车进入隧道时的速度场分布

程中,流场分布情况如下:

车头在快到达隧道入口时,开始引起隧道内空气扰动,空气主要运行方向与列车一致;之后,车头开始进入隧道,隧道内气流速度迅速发生变化,一部分空气通过列车和隧道之间的环状空间被挤出隧道;随着列车不断前进,更多空气被挤出隧道,列车和隧道间环状空间内空气运动方向基本与列车运行方向相反,但列车表面由于边界层的影响,气流仍然是跟随列车前行的;在车尾进入隧道时,车尾后部气流回流,在尾流形成旋涡。

(2) 周向的壁面压力变化　为研究隧道同一截面上不同位置处的压力变化情况,对隧道内某一截面上设置多个测点,测点位置如图 2-71 所示。

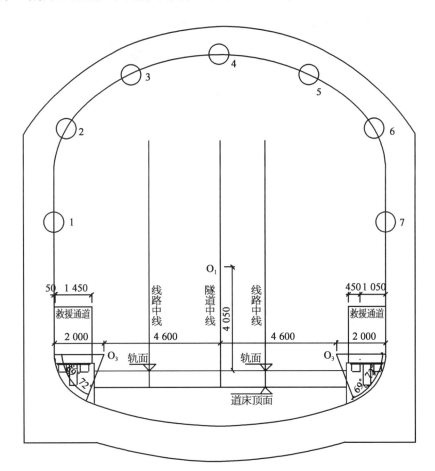

图 2-71　同一截面上的测点位置图

由图 2-72 可以看出,同一截面上不同位置处各点的压力随时间变化趋势相同,压力值基本一致,这说明隧道或地下空间内的压力分布,在工程计算上可以进行一维化简化,即取一个断面的代表测点,即可得到同一断面的压力分布情况。原因在于,当列车运行于隧道空间时,隧道长度一般远大于列车长度,更远大于隧道断面水力直径,列车长度也远大于列车和隧道之间环状空间的等效水力直径,这样的几何特征性质,使得隧道内部的三维压力分布,在工程计算上,可以进行一维简化。但是,值得注意的是,在隧道出入口、截面有突变的位置,三维流动性质更为明显,在这些局部情况下,需要具体分析。

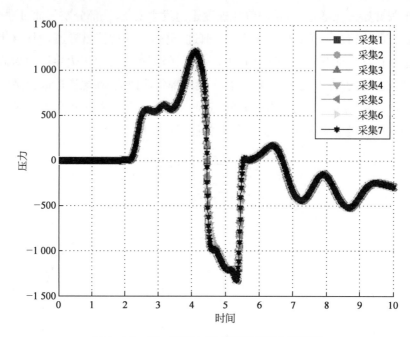

图 2-72 同一截面上的不同测点压力时程图

第3章 结构抗震改造与加固

随着社会、经济的发展，人们生产、生活方式发生了很大变化，因此对房屋的使用功能提出了更高的要求，许多既有办公建筑限于当时的经济条件和建筑技术制约，在功能和建筑装饰方面都已不再能满足当今时代的要求。目前，在全国城市中，还有相当数量于 20 世纪 50～70 年代及以后建成的低、多层房屋，占地面积大，土地利用率低。这些建筑的结构仍能承受静力荷载、生命周期并未终结，如拆除重建，势必造成巨大的经济损失，同时产生大量建筑垃圾，严重污染城市环境，既不科学也不现实。因此，结合加固对既有房屋建筑进行改造就成为解决供需矛盾的有效途径之一。

既有房屋的增层改造，既增加建筑的使用面积，又改善房屋的使用功能，并对存在质量隐患的原结构进行加固，实现向空中要房子、向旧房要面积的目标。在寸土寸金的城市里，节省下一笔数目可观的土地使用费，这对我国发展生产和改善人民生活水平具有极为重要的经济意义和社会效益。

既有建筑改造前应根据改造目的进行建筑结构的检测和鉴定；对已长期服役且改造后需保留的建筑非结构构件进行调查、评估，必要时进行专项检测。这里的建筑非结构构件是指建筑中除承重骨架体系以外的固定构件和部件，主要包括：① 非承重墙体；② 附着于楼面和屋面结构的构件、装饰构件和部件；③ 固定于楼面的大型储物架等。

(1) 检测应依据国家现行相关标准，按接受委托、资料收集与现场调查、制定检测方案、现场检测以及计算分析和结果评价等步骤进行。首先，在明确检测任务后，进行资料收集与现场调查工作，收集被检测结构的设计图纸、设计变更、施工记录、施工验收和工程地质勘查报告等技术文件。其次，在熟悉和了解工程设计文件的基础上，现场普查确定工程结构是否按图施工、实际尺寸与设计技术文件是否相符以及有无超载或明显劣化等情况，并开展目标工程结构的实际结构状况、缺陷、使用环境条件、使用期间的加固与维修情况以及使用功能及荷载变更等调查与勘查工作。再次，基于既有钢筋混凝土结构房屋资料收集与分析、现场调查工作结果，制定具有可操作性的检测方案。检测方案中，除明确工程结构现状调查结果外，最主要应提出检测项目与检测内容、检测方法与数量、所采用的检测设备与仪器等。应根据检测项目、检测目的、工程结构状况选择适宜的检测方法及抽样方案，采用适宜的检测设备与仪器，按检测方案，开展现场检测、取样或试件采集等，并做好检测记录。最后，对相关数据进行计算分析与整理，提出检测报告。结构现场检测工作程序如图 3-1 所示。

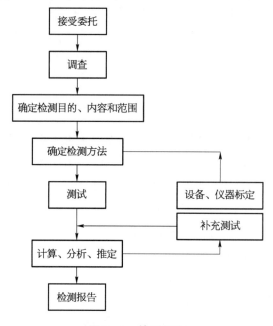

图 3-1 检测程序

（2）建筑物可靠性鉴定是对已有建筑或其结构的可靠性所进行的调查、检测、分析验算和评定以及提出结论和建议的一整套活动过程。其目的在于对已有建筑物的现状（包括损坏情况）、作用效应和结构抗力进行科学分析，使鉴定者和使用者心中有数，把建筑物管好、用好、维修好，延长使用寿命；同时也为建筑物的加固、改造提供可靠的技术依据，使之建立在科学的基础上。

民用建筑可靠性鉴定，通常可按如图 3-2 所示的程序进行。该程序是根据我国民用建筑可靠性鉴定的实践经验，并参考了国外有关的标准、指南和手册所确定的，是一种常规鉴定的工作程序。执行时，可根据鉴定对象的具体情况，有些步骤（如补充调查、适修性评估等）可适当简化；若遇到复杂而又特殊的问题，则可进行必要的调整和补充。在下列情况下，应进行可靠性鉴定：① 建筑物大修前；② 建筑物改造或增容、改建或扩建前；③ 建筑物改变用途或使用环境前；④ 建筑物达到设计使用年限拟继续使用时；⑤ 遭受灾害或事故时；⑥ 存在较严重的质量缺陷或出现较严重的腐蚀、损伤、变形时。

可靠性鉴定的方法和内容应符合国家现行标准《民用建筑可靠性鉴定标准》GB 50292 或《工业建筑可靠性鉴定标准》GB 50144 的规定；随着 GB 18306—2015《中国地震动参数区划图》的实施，全国均为抗震设防区，故所有既有建筑改造都还应按照现行国家标准《建筑抗震鉴定标准》GB 50023 或《工业构筑物抗震鉴定标准》GBJ 117 规定进行抗震鉴定。

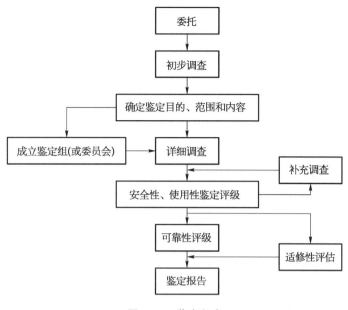

图 3-2　鉴定程序

　　根据鉴定结果,在多方案比选的基础上,选择加固作业量少的结构或构件加固方案,并应采用节材、节能、环保的加固技术。

3.1　结构检测

3.1.1　结构构件现状调查

对既有混凝土结构外观特征开展现场勘查,总体掌握其使用状况。

1) 结构构件实际尺寸与偏差

2) 结构构件表面缺陷调查

(1) 蜂窝　表面无水泥浆包裹、露出粗骨料、深度大于 5 mm 且小于混凝土保护层厚度即为蜂窝。应按结构构件的类型抽查一定数量,检查方法为用钢尺或百格网量测外露石子面积。

(2) 孔洞　无水泥浆包裹的粗骨料深度超过混凝土保护层厚度,但不超过截面尺寸 1/3 即为孔洞。可凿除孔洞周围松动石子,用钢尺量取孔洞面积与深度。

(3) 露筋　若结构构件的钢筋外未包裹混凝土即为露筋。除了原始施工措施不利的原因之外,混凝土表层碳化、钢筋锈蚀膨胀等造成混凝土保护层脱落也可导致既有混凝土结构露筋。

3) 结构构件裂缝

既有混凝土结构通常带裂缝工作,但应判断其裂缝是否对工程结构构件的安全性造成了重要影响。可采用表格或图形的形式观察和记录结构构件上的裂缝位置、长度、宽度、深度、形态和数量。裂缝宽度可用读数放大镜、塞尺或裂缝宽度对比表检测;裂缝深度可采用超声法检测,必要时可钻取芯样验证;其余指标可用钢尺直接测量。对于仍处于发展过程中的裂缝应定期观察,掌握裂缝发展规律。若结构构件的裂缝宽度超过相关标准规定的最大限值要求,应分析混凝土裂缝的形成原因,尤其需注意由于超载、振动等原因产生的结构裂缝。

混凝土内部缺陷,可依据相关技术标准规定采用超声法、冲击反射法等非破损方法,必要时可采用局部破损方法对非破损的检测结果进行验证。

4) 结构构件实际变形

梁、板等混凝土结构构件的实际变形可直接反映其实际受力情况。对于梁、板等受弯构件,可采用激光测距仪、水准仪或钢丝拉线与钢尺量测相结合的方法实测出侧面弯曲最大处的变形。柱、屋架、托架梁以及墙板等的垂直度可用钢尺、经纬仪、激光定位仪、三轴定位仪或吊锤量测构件中轴线的偏斜程度。

5) 结构构件损伤

混凝土结构构件的损伤分为环境侵蚀损伤、灾害损伤、人为损伤、混凝土有害元素造成的损伤以及预应力锚夹具的损伤等。对于环境侵蚀,应确定侵蚀源、侵蚀程度和侵蚀速度;对于混凝土冻伤,应按相关标准规定检测判断冻融损伤深度、面积等;对于火灾等造成的损伤,应确定灾害影响区域和受灾害影响的构件,确定影响程度;对于人为的损伤,应确定损伤程度;对于预应力锚夹具损伤,宜区分预应力张拉工艺,判断预应力筋是否黏结等,计算分析预应力筋有效预应力的降低,以及由此造成的对预应力混凝土结构构件承载力、变形、裂缝控制的不利影响。

3.1.2　结构构件中钢筋性能

为验算既有混凝土结构构件的承载力,需按原始设计文件、现场调查得到的工程结构现状进行验算。其中,由于钢筋埋置在混凝土结构构件中,需对钢筋材质、配筋数量、规格以及锈蚀程度等进行检验。

1) 钢筋材质检验

既有混凝土结构构件中钢筋,主要应明确其规格、型号、种类、数量、直径、抗拉强度和锈蚀程度。

2) 钢筋配置数量与保护层厚度

埋置在混凝土中的钢筋属于隐蔽项目,全部凿开保护层对钢筋配置情况进行检测显然是不现实的。目前,国内外已发展了较多的钢筋定位设备,且在既有混凝土结构检测中得到了大量应用。对于常规混凝土保护层厚度混凝土梁,若采用单排布置纵筋,采用钢筋定位设备可清晰地识别出纵筋、箍筋位置及间距,且能给出混凝土保护层厚度;若采用多排纵筋,宜采用局部凿除混凝土保护层厚度的方法确定纵筋用量。对于混凝土板,可区分负弯矩区和正弯矩区,在凿去装饰层后,直接确定板中受力筋位置及相应的保护层厚度。

对于混凝土柱,可实测外排纵筋位置及箍筋间距等。

3) 混凝土碳化深度

既有混凝土工程结构的使用寿命,可依据建筑物的使用年限、碳化深度及混凝土保护层厚度进行推测。对长期暴露于空气中的混凝土受到空气、水等综合作用而出现的碳化,可在构件表面成孔 15 mm,清理孔洞内碎屑后,立即将浓度为 1‰ 的酚酞酒精注入孔洞内壁边缘,用钢尺量测自混凝土表面至孔洞内部未变为红色的有代表性的交界处,该值即为混凝土碳化深度。

4) 钢筋锈蚀

既有混凝土结构构件保护层碳化后,受力钢筋外的钝化膜将逐步遭到破坏,在水汽、空气的作用下,钢筋将出现锈蚀。锈蚀层的体积将膨胀 2～6 倍,混凝土结构构件会很容易沿钢筋纵向出现表层裂缝,又加快钢筋锈蚀。钢筋锈蚀后,有效受力面积减小,钢筋与混凝土之间的黏结强度降低,直接降低结构构件的承载力。

检测混凝土结构中受力筋锈蚀情况,可采用直接观测法和自然电位法。

3.1.3　结构构件混凝土强度

既有工程结构混凝土强度一般仅检测抗压强度,根据检测作用原理,一般分为表面硬度法、微破损法、声学法、射线法、取芯法和相关综合法。具体而言,主要有回弹法、超声法、超声回弹综合法、后装拔出法及钻芯法等。

3.1.4　结构构件性能的实荷检验

需开展综合改造的既有混凝土结构原始设计、施工技术资料缺失或不全,或需对工程结构加固后的承载力、刚度或抗裂性能进行检验时,需进行结构构件的荷载试验。

荷载试验一般是针对受弯构件进行,且应根据检测目的和要求,确定测试区域,在测试区域内施加测试荷载。应区分承载力、刚度、抗裂等不同测试目的,确定测试荷载形式和大小。使用性能的检验主要用于验证结构或构件在规定荷载作用下会不会出现过大的变形和损伤,结构或构件经过检测后必须满足正常使用要求;承载力检验主要用于验证结构或构件的设计承载力;破坏性检验主要用于确定结构或模型的实际承载力。构件性能检测的测试荷载分级、施加方法和量测方法,应根据设计要求以及构件实际情况确定。

3.2　结构鉴定

3.2.1　可靠性鉴定

从鉴定的层次来讲,民用建筑可靠性鉴定依次分为构件的可靠性鉴定、子单元的可靠性鉴定和鉴定单元的可靠性鉴定;每个层次的鉴定又均分为安全性鉴定和正常使用性鉴定;每一层次分为四个安全性等级和三个使用性等级。

1) 构件安全性及使用性鉴定

混凝土结构构件的安全性鉴定,应按承载能力、构造以及不适于承载的位移(或变形)和裂缝(或其他损伤)等四个检查项目,分别评定每一受检构件的等级,并取其中最低一级作为该构件安全性等级。

混凝土结构构件的使用性鉴定,应按位移(变形)、裂缝、缺陷和损伤等四个检查项目,分别评定每一受检构件的等级,并取其中最低一级作为该构件使用性等级。

2) 子单元安全性及使用性鉴定

民用建筑安全性和使用性的第二层次鉴定评级,应按地基基础(含桩基和桩,以下同)、上部承重结构和围护系统的承重部分划分为三个子单元。若不要求评定围护系统可靠性,也可不将围护系统承重部分列为子单元,而将其安全性鉴定并入上部承重结构中。

3) 鉴定单元安全性及使用性评价

民用建筑鉴定单元的安全性和使用性鉴定评级,应根据其地基基础、上部承重结构和围护系统承重部分等的安全性和使用性等级,以及与整幢建筑有关的其他安全和使用功能问题进行评定。

4) 可靠性评级

民用建筑的可靠性鉴定,应按《民用建筑可靠性鉴定标准》GB 50292 划分的层次,以其安全性和使用性的鉴定结果为依据逐层进行。

5) 适修性评估

在民用建筑可靠性鉴定中,若委托方要求对 Csu 级和 Dsu 级鉴定单元,或 Cu 级和 Du 级子单元(或其中某种构件集)的处理提出建议时,宜对其适修性进行评估。

3.2.2 抗震鉴定

GB 18306—2015《中国地震动参数区划图》于 2016 年 6 月 1 日实施,全国均为抗震设防区,故所有既有建筑改造都还应按照现行国家标准《建筑抗震鉴定标准》GB 50023 或《工业构筑物抗震鉴定标准》GBJ 117 规定进行抗震鉴定。

3.3 结构改造

混凝土结构办公建筑的功能改造主要包含小柱网框架结构房屋空旷化改造,剪力墙结构房屋钢筋混凝土墙后设门窗洞口改造等内容。其中,小柱网房屋的空旷化改造主要涉及抽柱、后置梁、相关边柱加固以及边柱基础加固等内容;剪力墙结构钢筋混凝土墙后设门窗洞口改造主要涉及结构整体性分析、洞口后置边框、开洞等内容。

3.3.1　小柱网房屋的空旷化改造

小柱网房屋的空旷化改造,一般针对房屋底层因功能改变需改造为大厅或顶层改造为会议室等大空间而进行。

首先需对既有框架结构的相关梁、柱、基础等进行计算分析并采取相关的加固措施。一般以在待抽柱顶设置双梁的方法跨越该柱相关的两个跨度,为减小梁高,可在原梁的两侧分别增加两道预应力梁。新增梁截面应紧贴原柱两侧,与原梁一体化浇筑,梁顶可与板下皮平齐。为使新增截面与原截面协同工作,沿梁长布设一定间距、直径的抗剪销筋。

为使后置双梁的支承边柱能将新增加轴力有效地传递给下部各层边柱及基础,并满足房屋功能改造后的要求,需对相关边柱进行加固,加固范围应依据实际情况计算确定。新增柱截面位于原柱两侧,且应沿柱高设置一定间距、直径抗剪销筋,以保证加固柱新旧混凝土协同工作。对于顶层房屋空旷化改造,新增柱可仅延伸至顶层以下的某层,为承托加固柱,宜在该层顶设置牛腿,其顶面与两侧新增柱截面相同,并使后置柱纵筋伸入牛腿满足锚固要求,牛腿与柱浇为一体。

应对相关边柱的基础底面积、配筋等进行核算,若不满足要求,可结合现场实际情况采用加大截面法等对基础进行加固,但需注意保证后浇混凝土与原基础的可靠连接,使二者协同工作。

3.3.2　剪力墙结构混凝土墙后设洞口改造

在钢筋混凝土剪力墙上后设洞口可满足剪力墙结构房屋或框架-剪力墙结构房屋房间布局调整的需要。

首先应根据现场实测的混凝土强度、结构配筋情况、钢筋强度等,综合考虑房屋已使用年限,按现行相关技术标准和技术政策等,对房屋结构在墙体开洞前、后进行整体性分析,着重考察开洞前后结构侧向刚度、周期等参数变化情况,使结构在水平荷载下结构满足相关标准要求,并以此为依据确定墙体开洞的位置、数量。然后,对开洞后置边框,一般可采用在洞口周边后置钢筋混凝土梁、柱形成边框,后置边框可采用植筋技术与混凝土墙形成整体。最后,采用静力拆除的方法对边框内的墙体混凝土进行切割。

3.4　结构增层与扩建

混凝土结构房屋增层改造主要包括直接增层和套建增层。其中,直接增层主要应保证新增结构与原结构有效、可靠连接,可采用植筋(或钢套连接)等方法增高原竖向结构构件,直接增层的层数、原基础计算分析与加固、增层后结构整体分析等是需要解决的关键问题。

套建增层改造必须在充分论证的基础上进行,且原则上应能保证在套建增层施工过程中原房屋的正常使用,对既有房屋进行套建增层改造应尽可能实现结构受力与施工措施的一体化,经套建增层改造的房屋结构的安全性、耐久性和适用性原则上不低于现行设计标准。

套建增层方式可分为与既有房屋完全分离的分离式套建增层和新增竖向荷载传递上与原结构分离、水平作用与原结构共同工作的协同式套建增层两类。应综合考虑结构合理性、既有房屋使用情况、经济性等多种因素,选用套建增层方式。

套建增层常用的结构型式主要有外套规则框架、外套巨型框架、外套新型预应力混凝土框架等。

套建增层预应力混凝土框架柱仍可采用普通钢筋混凝土框架柱。为使结构受力与施工过程一体化,套建增层结构一层顶框架梁采用内置钢桁架预应力混凝土组合框架梁,通过在(预应力)钢桁架下侧挂底模,并以底模为支承设置侧模,来实现在浇筑混凝土过程中由(预应力)钢桁架承担梁自重和施工荷载。待混凝土达到设计强度等级值的75%以上时,张拉梁体内曲线布置的预应力筋,形成预应力钢桁架-混凝土组合框架梁。套建增层结构一层顶的次梁采用内置钢箱-混凝土组合梁,内置钢箱可由二槽钢对焊而成。通过在钢箱下侧挂底模,并以底模为支承设侧模来实现施工过程中由钢箱来承担次梁自重和施工荷载,在使用阶段内置钢箱与其外围钢筋混凝土以组合梁的形式开展工作。板为普通混凝土板,但垂直于次梁内置钢箱焊接槽钢作主楞,在主楞上布置木方作次楞,在次楞上铺放板底模,这样在施工过程中板的荷载直接传给次梁。

3.5 结构加固技术及选用原则

钢筋混凝土结构加固技术根据加固方法可分为两大类:第一类以"提高构件抗力"为主的直接加固方法,改善和提高结构构件性能(提高构件承载力、增大构件刚度),适用于针对局部构件进行有效加固,一般有增大截面加固、增补钢筋加固、置换混凝土加固、外包型钢加固、粘贴纤维复合材加固、外粘钢板加固、钢丝绳网-聚合物砂浆外加层加固等;第二类是"减小构件荷载效应"的间接加固方法,主要是改变结构受力体系,调整结构传力途径和结构体系,改善结构的整体性能和受力状态,从而达到加固的目的,如平面结构改为空间结构、增设支点、减少受力构件的计算长度、简支体系改为连续梁体系、铰接支承改为刚性支承等。

3.5.1 混凝土表层缺陷修补技术

在对既有混凝土房屋结构检测鉴定后,发现混凝土构件表面缺陷需进行修复与补强。

混凝土表层蜂窝往往出现在钢筋最密集或混凝土难以振捣密实的部位。若板、梁、柱的受压区存在蜂窝,会影响构件的承载力;而受拉区存在蜂窝会影响其刚度和抗裂性,容易使钢筋锈蚀,从而影响构件的承载力和耐久性;柱、墙的内部存在蜂窝,则将导致结构失稳甚至倒塌;防水混凝土中存在蜂窝则将造成渗水、漏水等问题。修复补强时要从出现蜂窝的各个侧面凿去疏松浮浆,清水洗净后,填补高于原设计强度的混凝土。对于孔洞,应将孔洞边缘所有疏松的混凝土清除,并用清水清洗,充分湿润,然后在孔洞内填充高于原混凝土强度等级一级的细石混凝土,并注意振捣和加强养护。

露筋影响钢筋与混凝土的黏结力,易使钢筋生锈,损害构件的抗裂性和耐久性。处理时,可将外露钢筋上的混凝土残渣和铁锈清理干净,用清水冲洗湿润,再用聚合物砂浆或环氧砂浆抹压平整;如露筋较深,则应将薄弱混凝土剔除,用高于原设计强度等级的细石混凝土填充振捣密实、加强养护。

对上述表层缺陷处理时采用的细石混凝土,可依据工程具体情况采用灌浆料拌制或常规方法拌制两种。

3.5.2 混凝土结构构件裂缝修补技术

对既有混凝土结构房屋检测鉴定后发现的裂缝,应根据其发生的原因、裂缝基本状况、发展趋势等,采取相应的修复补强措施,以保证结构构件正常使用性能和耐久性。一般可采用压力灌浆法对内部及表层裂缝进行封闭,恢复结构构件的整体性,改善结构的安全性和耐久性,并可修补防水防渗要求高的混凝土结构构件。对于结构承载力不足而引起的裂缝采取封闭处理,还应结合其他补强措施,保证结构的安全性。

压力灌浆法是采用压力灌浆设备将低黏度、高抗拉强度灌浆材料注入混凝土构件裂缝中,在浆液充分扩散、胶凝、固化后,达到黏结裂缝、恢复混凝土结构构件整体性的目的。采用的化学浆液一般可灌入的裂缝宽度不小于 0.05 mm,浆液抗拉强度可大于 30 MPa,凝结时间可通过固化剂掺量控制,且能在干燥或潮湿等不同环境下固化。既有混凝土结构的压力灌浆一般按裂缝处理、粘贴灌浆嘴、封缝密封检查、配置浆液、灌浆、封口以及检查验收等步骤进行。对小于 0.3 mm 的细裂缝,可用钢丝刷等工具,清除裂缝表面的浮渣及松散层等污物,然后再用毛刷蘸甲苯、酒精等有机溶液,将裂缝两侧 20～30 mm 处擦洗干净并保持干燥;对大于 0.3 mm 的较宽裂缝,应沿裂缝用钢钎或风镐凿成 V 形槽,凿槽时先沿裂缝打开,再向两侧加宽,凿完后用钢丝刷及压缩空气将碎屑粉尘清除干净(也可沿缝宽 200 mm 表面采用环氧浆液封闭,其中沿缝 20～30 mm 采用环氧胶泥封闭)。封缝应根据不同裂缝情况及灌浆要求确定封闭方法,粘贴灌浆嘴,然后通气试压,检查密封状况。浆液配置应按照裂缝的宽度、长度、深度、走向以及贯穿情况,采用不同浆液的配比及配置方法,一次配备数量需按浆液的凝固时间及进浆速度来确定。化学浆液的灌浆压力为 0.2～0.4 MPa,水泥浆液的灌浆压力为 0.4～0.8 MPa,且压力应逐渐升高,防止骤然加压,达到规定压力后,应保持压力稳定。待缝内浆液达到初凝而不外流时,可拆下灌浆嘴,再用环氧树脂胶泥或渗入水泥的灌浆液把灌浆嘴处抹平封口。灌浆结束后,应检查补强效果和质量,发现缺陷应及时补救,确保工程质量。

3.5.3 增大截面加固技术

增大截面法基本思路是采用同种材料对既有混凝土结构的相关结构构件增大截面面积以提高承载力,并满足新条件下正常使用要求的方法。

采用增大截面法加固后的结构构件新增部分与旧有部分的结合面受力复杂,结合面的剪应力和拉应力由新旧混凝土的黏结强度、贯穿结合面的锚固钢筋等承担,在进行设计计算时,应保证构造上有足够的贯穿结合面的抗剪钢筋,确保结合面能有效传力。对于不同的结构构件应采取相应的措施,一般可用焊接短筋连接或弯起短筋连接,使新增纵筋与原结构纵筋相连,也可在原箍筋下焊接 U 形箍或锚接 U 形箍使新旧结构连为一体。

增大截面法中的新增受力钢筋,应依据受弯、轴压、偏压等不同受力状况,依据加固后结构构件正截面承载力方程确定,但应注意不同的受力状况以及是否存在二次受力等,以此对材料强度进行折减。尤其需注意的是,新增受力纵筋应根据不同的情况采取合理可靠的锚固措施。一般框架柱中的新增纵筋下部延伸至基础,向上则在整个加固范围内通长,并延伸至加固层楼板表面弯折后焊接。对于梁中新增纵筋,可采用植筋技术与框架柱、墙等原结构连接。墙的钢筋网原则上应连续穿墙、楼板,不得断开,但为降低钻孔施工工作量,也可采取集中配筋穿孔连接或在穿墙、过楼板处后置角钢,并将钢筋网与角钢焊接等方法。

为保证增大截面后的新旧混凝土结合面强度,应对既有结构构件表面进行凿毛清洗,并涂刷界面结合剂,所浇筑的混凝土应满足正截面承载力计算要求,且具有收缩小、黏结性能优良等性能,必要时可采用喷射混凝土。

本方法特点是工艺简单、适用面广、加固效果好、新旧加固断面结合紧密、经济,能广泛适用于梁、板、柱、屋架构件等的加固,缺点是现场湿作业工作量大、养护期长,截面增加,会减少使用空间,对层间净高、结构外观等有一定影响。

3.5.4 置换混凝土加固技术

置换混凝土加固法是在置换部位结合面得到有效处理后,采用强度等级比原构件混凝土提高一级且不低于 C25 的混凝土置换相关部位的旧混凝土,使置换混凝土加固后的结构构件有效工作。一般需将原结构构件中的破损混凝土凿除至密实部位,适用于承重构件受压区混凝土强度偏低或有严重缺陷的局部加固。在对受弯构件进行置换加固时,应对原构件加以有效的支顶,当采用本方法加固柱、墙等构件时,应对原结构、构件在施工全过程中的承载状态进行验算、观测和控制,置换界面处的混凝土不应出现拉应力,若控制有困难,应采取支顶等措施进行卸荷。

进行轴压构件设计计算时,加固结构构件的正截面承载力应依据施工过程的卸荷情况,对置换后的新混凝土强度进行折减。进行受弯及偏压构件设计计算时,其正截面承载力应依据置换深度与截面受压区的高度分为两种情况:当置换深度不小于截面受压区高度时,可按 GB 50010 的相关规定直接计算;当置换深度小于截面受压区高度时,则应对相关材料强度设计值进行折减后计算。

为保证新旧混凝土协调工作,并避免在局部置换的部位产生"销栓效应",置换混凝土的强度等级也不宜过高,一般以提高一级为宜。混凝土的置换深度,板不应小于 40 mm;梁、柱不应小于 60 mm;用喷射混凝土施工时,不应小于 50 mm,且应分层成型。置换长度应按缺陷检测及验算结果确定,但两端应分别延伸不小于 100 mm。置换部分应位于构件截面受压区内,且应根据受力方向,将有缺陷混凝土剔除;剔除位置应在沿构件整个宽度的一侧或对称的两侧,不允许仅剔除截面的一隅。其实施步骤主要有支撑设置、卸荷、剔除局部混凝土、界面处理、浇筑或喷射混凝土等。

3.5.5　外加预应力加固技术

预应力加固法是通过合理设置预拉应力的拉杆和预压应力的撑杆,产生与外载效应相反的等效荷载,并有效提高待加固构件抗力和使用性能的措施和方法。

为提高构件承载力,混凝土梁、板等受弯构件可采用水平的预应力补强拉杆、下撑式预应力补强拉杆以及两者结合的混合式预应力补强拉杆等加固法。一般当梁、板跨中受弯强度不足而斜截面上抗剪强度足够时,可根据具体情况选用任何一种方法。当梁、板支座附近斜截面抗剪强度不足时,则应采用下撑式和混合式预应力拉杆。承载力增加较小时可采用水平的或下撑式拉杆,要求补强加固后承载力提高较大时宜采用混合式预应力拉杆。双侧预应力撑杆可用于轴心受压及小偏压构件加固,单侧撑杆适用于受压钢筋配置不足或混凝土强度过低而弯矩不变号的大偏心受压构件加固。

预应力加固法的设计计算,首先应着重分析加固前后荷载变化、内力变化,使预应力拉杆或撑杆的截面面积满足承载力要求,且在设计计算时应充分考虑拉杆及撑杆的预应力损失,并应依据拉杆与原结构构件之间的锚固构造,充分考虑二阶效应的影响。

预应力拉杆或撑杆与既有混凝土结构构件的合理构造连接是预应力加固法实施的关键,可采用钢靴、钢套、钢板箍等方法使预应力拉杆合理锚固于梁式结构构件端部。当在设计计算中已充分考虑预应力拉杆的二阶效应影响时,预应力拉杆与梁式构件的连接点无须设置过密,反之则应在构件内设置合理间距的 U 形箍焊接或锚接拉杆。采用手动螺栓横向张拉预应力撑杆前应使撑杆弯成弓形,张拉位置的角钢等型钢应剖口,张拉后,对剖口后的型钢截面用相同截面面积的钢板补焊。

预应力拉杆或撑杆的锚固件与原结构构件的连接应符合 GB 50367 的有关规定。预应力撑杆与加固构件之间应灌入结构胶,保证二者共同受力。

当采用外加预应力方法对钢筋混凝土结构、构件进行加固时,其原构件的混凝土强度等级应基本符合现行国家标准《混凝土结构设计规范》GB 50010 对预应力结构混凝土强度等级的要求,不应低于 C25。

采用本方法加固的混凝土结构,其长期使用的环境温度不应高于 60 ℃。

3.5.6　外粘型钢加固技术

外包钢加固法是采用结构胶作为粘结材料将角钢等型钢外包于构件角部的加固方法,其基本思路是用结构胶(或灌浆料)将角钢等型钢外包粘贴在混凝土构件的表面,主要利用型钢抗拉与抗压性能,以及胶液黏结强度,使型钢与原混凝土构件能协同工作,达到增强构件承载力及刚度的目的。该方法适用于使用上不允许显著增大原构件截面尺寸,但又要求大幅度提高其承载能力的混凝土结构梁、柱的加固。

框架结构采用外包钢加固时,应采取合理可靠措施处理好节点区。框架柱的外包型钢应通长设置,其下端应伸入基础中,中间穿过各层楼板,上端应延伸至加固层的上层楼板底面;框架梁的外包型钢难以连续通过梁柱节点,应在相应位置的柱上设置加强型钢箍和附加受力筋,以与梁的外包型钢焊接为一体,后置的型钢箍和附加受力筋的总面积不应小于梁的外包型钢面积;梁柱四角的外包型钢上应焊接一定间距、一定厚度和宽度的扁钢箍形成骨架。在设计计算外包钢轴心受压构件时,考虑二次受力影响,应对外包型钢强度设计值进行折减;对于外包钢偏心受压构件的受压肢型钢,应考虑应变滞后作用,对于受拉肢型钢,应考虑其与原结构间的黏结传力影响。对于钢筋混凝土梁外包钢加固,宜在卸除活荷载的基础上进行,进行正截面承载力计算时,若有二次受力影响,应在受拉型钢强度取值中体现。该加固方法的实施步骤主要有混凝土表面处理、钢材粘接面的除锈和粗糙处理、包钢构件制作安装、采用结构胶封缝灌浆等。

外粘型钢加固一般用于环境温度不超过 60 ℃,相对湿度不大于 70%且无化学腐蚀的地区。

3.5.7　粘贴纤维复合材加固技术

大量的研究表明,外贴 FRP 加固钢筋混凝土构件能很好地改善构件的抗弯、抗剪等性能。

采用粘贴纤维复合材加固混凝土结构时,应通过配套黏结材料将纤维复合材粘贴于构件表面,使纤维复合材承受拉力,并与混凝土构件协调受力。在梁、板构件的受拉区粘贴纤维复合材进行抗弯承载力加固,纤维方向宜与加固处的受拉方向一致;采用封闭式粘贴、U 形粘贴或侧面粘贴对梁、柱构件进行受剪加固,纤维方向宜与受拉方向一致。为了减少二次受力引起的应力、应变滞后程度,加固时应采取措施卸除或大部分卸除作用在结构上的活荷载。

在进行承载力计算时,钢筋和混凝土材料宜根据检测得到的实际强度,按国家现行有关标准确定其相应的材料强度设计指标。纤维复合材的材料强度、弹性模量、极限拉应变等物理力学指标应根据相关标准取用。受弯加固和受剪加固时,被加固混凝土结构和构件的实际混凝土强度等级不应低于 C15,且混凝土表面的正拉黏结强度不得低于1.5 MPa。加固后截面相对受压区高度应满足限值要求,且加固后的受弯承载力提高幅度不宜超过 40％，对受弯加固的构件尚应验算构件的受剪承载力，避免受剪破坏先于受弯破坏发生。

当纤维复合材粘贴于梁侧面的受拉区进行受弯加固时，粘贴区域宜在距受拉区边缘 1/4 梁高范围内。对梁、板正弯矩区进行受弯加固时，纤维复合材宜延伸至支座边缘。在集中荷载的作用点两侧宜设置构造的纤维复合材 U 形箍和横向压条。当纤维复合材延伸至支座边缘仍不满足延伸长度要求时，对于梁可采取在适当位置设置厚度、数量、间距符合相关规定的 U 形箍锚固措施，对于板则在纤维复合材延伸长度范围内应通长设置垂直于受力碳纤维方向的压条，压条厚度、间距、宽度等应符合有关规定。

对梁、板负弯矩区进行受弯加固时，纤维复合材的截断位置距支座边缘的延伸长度应根据负弯矩分布确定，且对板不小于 1/4 跨度，对梁不小于 1/3 跨度。当采用纤维复合材对框架梁负弯矩区进行受弯加固时，应采取可靠锚固措施与支座连接。当纤维复合材需绕过柱时，宜在梁侧 4 倍板厚范围内粘贴。当沿柱轴向粘贴纤维复合材对柱的正截面承载力进行加固时，纤维复合材应有可靠的锚固措施。

采用纤维复合材对钢筋混凝土梁、柱构件进行受剪加固时，纤维复合材的纤维方向宜与构件轴向垂直；应优先采用封闭粘贴式，也可采用 U 形粘贴、侧面粘贴。当纤维复合材采用条带布置时，其净间距不应大于现行国家标准《混凝土结构设计规范》GB 50010 规定的最大箍筋间距的 0.7 倍，且不应大于梁高的 0.25 倍；U 形粘贴和侧面粘贴的粘贴高度宜取构件截面最大高度。对于 U 形粘贴形式，宜在上端粘贴纵向纤维复合材压条；对侧面粘贴形式，宜在上、下端粘贴纵向纤维复合材压条。

当纤维复合材沿其纤维方向需绕构件转角粘贴时，构件转角处外表面的曲率半径不应小于 20 mm。纤维复合材沿纤维受力方向的搭接长度不应小于 100 mm。当采用多条或多层纤维复合材加固时，各条或各层纤维复合材的搭接位置宜相互错开。

当加固的受弯构件为板、壳、墙和筒体时，纤维复合材应选择多条密布的方式进行粘贴，不得使用未经裁剪成条的整幅织物满贴。

采用本方法加固的混凝土结构，其长期使用的环境温度不应高于 60 ℃。

3.5.8　粘贴钢板加固技术

粘贴钢板加固法是在混凝土结构构件表面用结构胶粘贴钢板，以提高结构构件承载能力的加固方法，适用于对钢筋混凝土受弯、大偏心受压和受拉构件的加固。被加固的混凝土结构构件，其现场实测混凝土强度等级不得低于 C15，且混凝土表面的正拉黏结强度不得低于 1.5 MPa。采用粘贴钢板对混凝土结构进行加固时，应采取措施卸除或大部分卸除作用在结构上的活荷载，且应将钢板受力方式设计成仅承受轴向力作用，粘贴在混凝土构件表面上的钢板，其表面应进行防锈处理。加固时应考虑适用环境温度、周围介质情况以及表面是否有防火要求等因素，必要时需采取专门的防护措施。

采用粘贴钢板对梁、板等受弯构件进行加固时，除应遵守混凝土结构构件正截面承载力计算基本假定外,加固后的构件截面达到正截面受弯承载能力极限状态时,外贴钢板的拉应变应按截面应变保持平面的假设确定;当考虑二次受力影响时,应按构件加固前的初始受力情况,确定粘贴钢板的滞后应变;在达到受弯承载能力极限状态前,外贴钢板与混凝土之间不致出现粘结剥离破坏。受弯构件加固后的相对界限受压区高度应满足要求。

当混凝土受拉面加固的钢板需粘贴在梁的侧面时,粘贴区域应控制在距受拉边缘1/4梁高范围内。钢筋混凝土结构构件加固后,其正截面受弯承载力的提高幅度,不应超过40%,并且应验算其受剪承载力,避免受弯承载力提高后而导致构件受剪破坏先于受弯破坏。粘贴钢板的加固量,当采用厚度小于5 mm的钢板时,对受拉区不应超过3层,对受压区不应超过2层。当采用厚度为10 mm钢板时,仅允许粘贴1层。当采用钢板对受弯构件的斜截面承载力进行加固时,应粘贴成封闭U形箍或其他适用的U形箍,以承受剪力的作用。

当采用粘贴钢板加固大偏心受压钢筋混凝土柱时,应将钢板粘贴于构件受拉区,且钢板长向应与柱的纵轴线方向一致。当采用外贴钢板加固钢筋混凝土受拉构件时,应按原构件纵向受拉钢筋的配置方式,将钢板粘贴于相应位置的混凝土表面上,且应处理好拐角部位的连接构造及锚固。

对钢筋混凝土受弯构件进行正截面加固时,其受拉面沿构件轴向连续粘贴的加固钢板宜延长至支座边缘,且应在钢板的端部(包括截断处)及集中荷载作用点的两侧,设置U形箍(对梁)或横向压条(对板)。当粘贴的钢板延伸至支座边缘仍不满足延伸长度的要求时,对梁,应在延伸长度范围内均匀设置U形箍,且应在延伸长度的端部设置一道;U形箍的粘贴高度宜为梁的截面高度,若梁有翼缘(或有现浇楼板),应伸至其底面;U形箍的宽度、厚度及间距应满足构造要求。对板,应在延伸长度范围内通长设置垂直于受力钢板方向的钢压条;钢压条应在延伸长度范围内均匀布置,且应在延伸长度的端部设置一道。压条的宽度、厚度也应符合构造要求。

采用钢板对受弯构件负弯矩区进行正截面承载力加固时,支座处于无障碍时,钢板应在负弯矩包络图范围内连续粘贴;其延伸长度的截断点位于正弯矩区,且距正负弯矩转换点的距离不应小于1 m,对端支座无法延伸的一侧,尚应埋设带肋L形钢板进行注胶锚固。支座处虽有障碍,但梁上有现浇板时,允许绕过柱位,在梁侧4倍板厚范围内,将钢板粘贴于板面上,支座处的障碍无法绕过时,宜将钢板锚入柱内,锚孔可采用半重叠钻孔法扩成扁形孔,用结构胶将板埋入,其埋深应不小于200 mm。或采取机械锚固件予以增强。并在支座边缘处、受弯加固钢板截断处、L形板与钢板或混凝土粘接的邻近部位等易剥离部位尚应加设横向压条或U形箍增强锚固。

当采用粘贴钢板对钢筋混凝土梁或大偏心受压构件的斜截面承载力进行加固时,宜优先选用封闭箍或加锚的U形箍,受力方向应与构件轴向垂直。封闭箍和U形箍净间距、粘贴高度应满足构造要求。U形箍的上端应粘贴纵向钢压条予以锚固,当梁的高度 $h \geqslant 700$ mm 时,应在梁的腰部增设一道纵向腰间钢压板。

粘钢加固可采用加固钢板及混凝土表面涂刮膏状建筑结构胶的涂刮法粘钢,或先将加固钢板固定在混凝土上,将钢板与混凝土边缘密封后再向钢板与混凝土的间隙中压注流体状结构胶的灌注法粘钢施工工艺。

采用手工涂胶时,粘贴钢板宜裁成多条,且钢板厚度不应大于 5 mm。采用压力注胶黏结的钢板厚度不应大于 10 mm,且应按外粘型钢加固法的焊接节点构造进行设计。

采用本方法加固的混凝土结构,其长期使用的环境温度不应高于 60 ℃。

3.5.9　钢丝绳网-聚合物砂浆外加层加固技术

钢丝绳网-聚合物砂浆面层加固技术是钢丝绳网片通过粘合强度及弯曲强度优秀的渗透性聚合物砂浆附着,与原来的混凝土形成一体,共同承担荷载作用下的弯矩和剪力。该方法需要对被加固构件进行界面处理,然后将钢丝绳网片敷设于被加固构件的受拉区域,再在其表面涂抹聚合物砂浆,如图 3-3 所示。其中钢丝绳是受力的主体,在加固后的结构中发挥其高于普通钢筋的抗拉强度。这里特别强调的是:钢丝绳网片安装时应施加预张紧力,预张紧应力大小取 $0.3 f_{\mathrm{rw}}$,允许偏差为 $\pm 10\%$,f_{rw} 为钢丝绳抗拉强度设计值。本加固方法适用于承受弯矩和剪力的混凝土结构构件的加固,降低被加固构件的应力水平,不仅加固效果好,而且还能较大幅度地提高结构整体承载力。

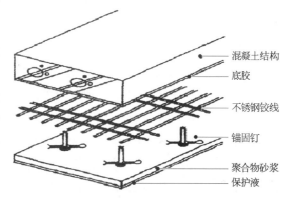

图 3-3　钢丝绳网-聚合物砂浆效果图

聚合物砂浆是一种既具有高分子材料的黏结性,又具有无机材料耐久性的新型混凝土修补材料,固化迅速,抗压强度、黏结强度和密实程度高,有良好的渗透性、保水性、抗裂性、高耐碱性和高耐紫外线性,它一方面起保护钢丝绳网片的作用,同时将其黏结在原结构上形成整体,使钢丝绳网片在任一截面上与原结构变形协调。在结构受力时通过原构件与加固层的共同工作,可以有效地提高其刚度和承载能力。

钢丝绳网-聚合物砂浆面层加固的主要优点有:

(1)钢丝绳强度高,标准强度约为普通钢材的 5 倍,直径只有 3.0～5.0 mm,聚合物砂浆面层厚度一般只有 25～35 mm,因此加固后对结构自重影响小,同时基本不增加构件截面尺寸,不影响建筑原有使用空间。

(2)聚合物砂浆强度比较高,密实度高,具有渗透性,粘结性能很好,其抗压强度和抗折强度均比较好。

(3)聚合物砂浆冻融及耐久性好,它的力学性质与混凝土相近,具有渗透性,提高了长期黏结性能,能够长期很好地与被加固构件粘结为一整体共同工作。

（4）聚合物砂浆的收缩性小，减少了裂缝的产生，有效地防止二氧化碳侵入，可以预防混凝土碳化。

（5）所用钢丝绳和无机胶凝材料与钢筋混凝土同性、同寿命，均为传统意义上的常用建筑材料，其自身的防腐、防火性能良好，耐老化性能好。由于渗透性聚合物砂浆为无机材料，它不存在使用有机加固材料——结构胶进行诸如碳纤维加固、粘钢加固带来的老化、耐高温性能差的问题；不锈钢绞线和镀锌钢丝绳也不存在粘钢加固中钢材会腐蚀的问题，耐火、耐腐蚀性能好；渗透性聚合物砂浆密实度高，抗碳化和抗侵蚀性介质能力强。

（6）有效提高被加固构件的抗弯、抗剪承载力与变形能力，提高构件刚度。尤其是抗弯加固不仅可以显著地提高被加固构件的承载力，而且可以显著地提高被加固构件的刚度，这是碳纤维加固方法所不可比拟的。

（7）施工周期短，不需要大型机具和设备，在保证施工质量和无意外干扰的前提下，同样条件下所需时间不足目前国内大量应用的粘钢加固方法所需时间的 1/2，在施工组织较好的情况下 10 个工作日可以完成 1 500 m² 的工作量，是粘贴钢板施工工效的 2～3 倍。

（8）易于大规模机械化施工。在结构加固的过程中不影响建筑的使用，对被加固的母体表面没有平整要求，节点处理方便，可以加固有缺陷或承载力低的混凝土结构。

本法不适用于素混凝土构件，包括纵向受力钢筋配筋低于现行混凝土规范规定最小配筋率构件的加固；被加固构件现场实测混凝土强度推定值不得低于 C15，且混凝土表面正拉黏结强度不应低于 1.5 MPa；钢丝绳网片应设计成仅受拉力作用；长期使用的环境温度不应高于 60 ℃；钢筋混凝土构件加固后，其正截面受弯承载力的提高幅度不宜超过30%；当有可靠试验依据时，也不应超过 40%；并且应验算其受剪承载力，避免因受弯承载力提高后导致构件受剪破坏先于受弯破坏。

3.5.10　增设剪力墙加固技术

增设剪力墙加固法是在建筑物的某些位置加入一定数量的剪力墙，使结构由框架结构变为框架-剪力墙结构。它是利用新增钢筋混凝土墙体来承担主要的地震作用，减小结构变形。在多层建筑改造加固中，运用此方法可降低对梁、柱的抗震构造要求，不用在梁、柱上大做文章，不仅对建筑物进行了加固，提高结构抗震性能，而且还可大大减少繁杂的加固工程量。

运用该方法需注意增设剪力墙部位的选择以及剪力墙与原结构的连接方法。常见适用于办公建筑绿色化改造的增设剪力墙加固方法主要有：现浇剪力墙（翼墙）加固、格子型装配式剪力墙加固（图 3-4）和轻板剪力墙加固。

1）现浇剪力墙（翼墙）加固

目前对钢筋混凝土结构进行加固的最基本方法是增设钢筋混凝土现浇剪力墙（翼墙）。剪力墙宜设置在框架的轴线位置，翼墙宜在柱两侧对称位置，并在布置时尽可能使

图 3-4　格子型装配式剪力墙加固

墙中线与梁、柱中线重合。增设翼墙后,梁跨度减小可能形成短梁,应注意翼墙上部梁的箍筋布置和梁端加密区的要求,防止地震时的剪切破坏。采用此方法时,需处理好新增墙体和原构件的连接。

2）格子型装配式剪力墙加固

格子型装配式剪力墙是由若干个方格状的构件组合而成,杆件内部为设有钢板的混凝土组合构件,每个方格状构件的四角裸露钢板,用于构件之间的连接,如图 3-5 所示。这种网格状的剪力墙四周设有混凝土边框,其内部也配有钢板,剪力墙与边框应牢固连接。这种新型装配式剪力墙有许多优点:首先,由于构件中使用了钢板,使得各构件具有较大的变形能力,增强了剪力墙的能量耗散能力,有利于剪力墙延性的提高。其次,加固施工工期较短。它的施工过程为:首先浇筑边框,然后在边框内安装方格状构件,最后使构件彼此之间连接牢固,因此施工方法比较简便。这种剪力墙在保证结构构件承载力、延性的同时,还尽量考虑到了工程的装饰、采光和通风效果,容易满足办公建筑的使用要求。

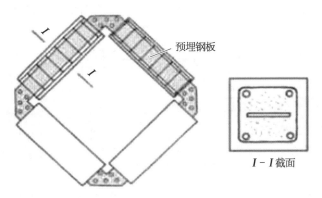

预埋钢板

I-I 截面

图 3-5　方格状构件详图

3）轻板剪力墙加固

在结构内部增设现浇钢筋混凝土剪力墙现场施工湿作业大，且建筑物在短时间内无法使用。采用轻型板来替代现浇混凝土剪力墙，在一定程度上解决了这个问题。如图 3-6 所示，这种轻型板配有单层钢筋网片，板的配筋如图 3-7 所示。施工时，在即将安装板的位置，先把梁上混凝土保护层凿开，植入锚筋，并与梁浇成整体；再把两块板面对面放在预定的位置上，使预留锚筋正好位于板的凹槽内。两块板中间用黏合剂黏合，然后在板的凹槽内浇筑高强混凝土如图 3-8 所示。施工时，要注意锚筋与梁和柱的连接，连接质量务必可靠，以确保框架与剪力墙之间的协同工作。这样，一段剪力墙就完成了。按同样的方法并行排列多个剪力墙段，就形成了整片剪力墙。使用这种轻型板，可大大减轻剪力墙的自重，而且这种方法突出的优点是施工简便，施工过程中扰民情况较轻，施工工期短，无须房屋使用者长期离家。还有一种直接将钢板用作剪力墙的方法。施工过程为先将原框架柱的混凝土保护层凿开，植入锚筋，把钢板直接焊在锚筋上，然后在钢板外浇筑混凝土。这种方法同样具有上述优点，施工示意图及钢板的形状，如图 3-9 所示。

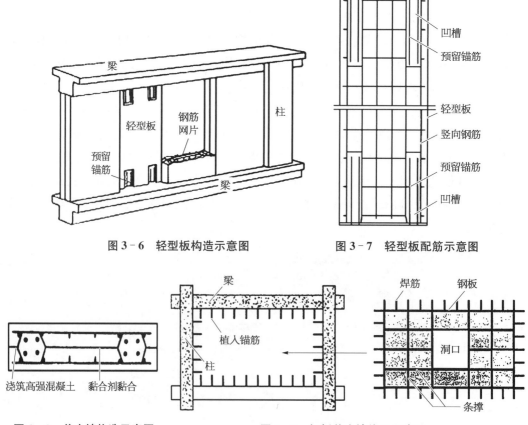

图 3-6　轻型板构造示意图　　　　图 3-7　轻型板配筋示意图

图 3-8　剪力墙构造示意图　　　　图 3-9　钢板剪力墙施工示意图

3.5.11　增设支撑加固技术

增设支点加固法是通过增设支承点,减少受弯构件计算跨度,达到减少作用在被加固构件上的荷载效应,提高结构承载水平的目的。该法简单可靠,通过增设支点以减小被加固结构构件的跨度或位移,来改变结构不利受力状态,是一种传统的加固方法。

在既有建筑中增加钢支撑,使结构从纯混凝土框架结构变为混凝土-钢支撑结构。框架-钢支撑体系是一种经济有效的抗侧力结构体系,它的作用机理与钢筋混凝土框架-剪力墙结构体系基本类似,均属于共同工作结构体系。这种结构在水平荷载作用下,通过原结构和钢支撑的变形协调,形成双重抗侧力体系。

根据既有建筑结构特点选择合适的支撑设置,常见钢支撑种类有中心支撑框架(CBF)、偏心支撑框架(EBF)、消能支撑框架(BRB)和外支撑框架。不同的支撑布置因素会产生不同的加固效果,包括布置的数量、位置和支撑杆件截面(比如单槽钢、单角钢、双角钢、双槽钢、H 型钢、箱型截面钢等)的选择。

中心支撑框架是钢支撑杆件的两端与混凝土框架梁柱节点连接,或一端连接于梁柱节点处,另一端与其他支撑杆件相交,即钢支撑杆件的轴线与梁柱节点的轴线交于一点。支撑杆件刚度较大,并不耗能,仅以提供附加刚度来改变地震力的分配,解决部分框架抗震承载力不足和层间位移较大的问题。中心支撑包括单斜杆中心支撑、十字交叉中心支撑、人字形中心支撑、K 字形中心支撑等,适用于抗震设防等级较低的地区,以及主要由风荷载控制侧移的多、高层建筑物,在地震区应用时应慎重考虑。中心钢支撑杆件的布置容易受门窗及管道布置部位的限制;框架节点本身受力、构造复杂,在地震作用下,水平力通过支撑杆直接作用在框架节点,产生的剪力可能引起节点处柱端或梁端的开裂和破坏;在水平荷载作用下,中心支撑杆件由于长细比的设置不合理容易产生屈曲,造成建筑结构抗侧刚度急剧下降,降低加固效果。

偏心支撑框架是支撑斜杆与梁、柱的轴线不交于一点,而是偏心连接,并在支撑与支撑之间形成"耗能"梁段。偏心支撑包括人字形偏心支撑、八字形偏心支撑、单斜杆偏心支撑等,适用于抗震设防等级较高的地区或安全等级要求较高的多、高层建筑。耗能梁段受力机理较复杂,同时承受拉弯剪复合作用,容易产生破坏;该种加固法是以梁破坏为代价,可修复性不好;耗能梁段与原框架结构的连接是否可靠,直接影响到力的传递,从而影响其耗能能力的发挥。

消能支撑框架是在框架柱间增设消能支撑,以吸收和耗散地震能量来减小地震反应,如图 3-10 所示。利用金属材料良好的滞回耗能特性,在受拉与受压时均能达到屈服而不发生屈曲。它主要由钢支撑内芯、外包约束构件以及两者之间所设置的无黏结材料或间隙三部分组成。适用于抗震设防等级较高的地区或安全等级要求较高、水平位移较明显的多、高层建筑,适应性强。耗能支撑内钢筋混凝土的箍筋配置较少或对端部的构造处理不当,其可能会较早开裂,减弱外包部分对核心钢支撑的约束作用,影响耗能支撑的受力性能;钢支撑与混凝土框架结构节点的连接能力直接影响钢支撑耗能性能的发挥。

图 3-10　消能支撑加固办公建筑效果图

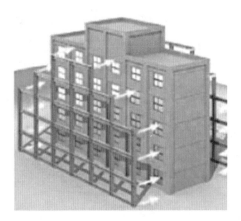

图 3-11　外贴钢框架

框架外支撑框架是在原框架结构边框外加设与之平行的钢框架,用后锚固件将两者连接牢固,钢筋混凝土框架结构受到的水平地震作用,通过框架节点、后锚固件传递到外接钢支撑,钢支撑利用其耗能能力来减小水平地震作用,如图 3-11 所示。框架外钢支撑加固具有布置灵活方便、使用功能不中断、施工周期短、空间占有少、对建筑物的功能影响较小等优点,适用于抗震设防较高的地区、安全等级要求较高或需要大幅度提高承载力和抗震能力的建筑加固。外接钢支撑与梁柱节点相连接处构造复杂,后锚固件同时承受弯矩、剪力作用,受力机理复杂;原结构边框与外加钢框架的连接对加固的效果有很大的影响,连接性能受很多因素(如施工质量、环境条件等)的影响。

采用增设支撑加固框架结构时,应当注意满足如下要求:

① 支撑的布置应有利于减少结构沿平面或竖向的不规则性,支撑的间距不宜超过框架抗震墙结构中墙体最大间距的规定;

② 支撑的形式可选择交叉形或人字形,支撑的水平夹角不宜大于 $55°$;

③ 支撑杆件的长细比和板件的宽厚比,应根据设防烈度的不同,按现行国家标准《建筑抗震设计规范》(GB 50011)对钢结构设计的有关规定采用;

④ 支撑可采用钢箍套与原有钢筋混凝土构件可靠连接,并应采取措施将地震作用可靠地传递到基础;

⑤ 新增钢支撑可采用两端铰接的计算简图,且只承担地震作用;

⑥ 钢支撑应采取防腐、防火措施。

在进行钢支撑加固设计中尚应注意以下问题:

(1) 原结构增设支撑后,支撑所在的这榀框架的抗侧刚度将增大,在地震作用下将分配到更多的地震力。为防止支撑对混凝土结构的冲切破坏,支撑截面不宜过大,并且需要验算框架柱的轴向受压和受拉承载力,当不能满足要求时,需要对框架柱进行加固。最易用的方法是采用外包钢加固与支撑连接的柱和节点。在日本和我国台湾等地,已有的工程实例中往往采用带边框的钢支撑,即用一个封闭的抗侧力钢桁架,支撑的杆端力将由边框承担,不会对柱产生附加内力,它的作用类似新增一道剪力墙。

（2）原结构增设支撑后,需要验算支撑所在框架柱下的基础承载力,如果不足,需要加固基础。

3.5.12　消能减震技术

消能减震是在结构的适当部位附加耗能减震装置,小震时减震装置如消能杆件或阻尼器处于弹性状态,建筑物仍具有足够的侧向刚度以满足正常使用要求;在强烈地震作用时,随着结构受力和变形的增大,让消能杆件和阻尼器首先进入非弹性变形状态,产生较大的阻力,大量地耗散输入结构的地震能量并迅速衰减结构地震反应。这样,极强地震能量的主要部分可不借助主体结构的塑性变形来耗散,而由控制装置来耗散,从而使主体结构避免进入明显的非弹性状态而免遭破坏。另外,控制装置不仅能有效地耗散地震能量,而且可改变结构的动力特性和受力性能,减少由于结构自振频率与输入地震波的卓越频率相近引起共振的趋势,从而达到减少结构的地震反应。例如采用消能支撑的结构,其结构频率的变化主要依赖于支撑体系刚度的改变（支撑体系刚度的改变可以通过耗能元件的变形来实现）,而不同普通钢筋混凝土结构,其频率的变化是依赖于结构自身损伤引起的刚度变化。作为非承重构件,消能元件的损伤过程也是保护主体结构的过程。这种被动控制技术能兼顾抗侧刚度的提高和抗侧能力增大,特别是在大震时有效地减小地震能量的输入,明显地降低结构的侧移,达到控制结构地震反应的目的。该方法结构简单,无须外部能量输入和无特殊的维护要求,且对原有建筑布局影响甚小,故在公共建筑的抗震加固上应用前景广阔。北京饭店、北京火车站（图 3‑12）、北京展览馆（图 3‑13）和国家博物馆老馆改造（图 3‑14、图 3‑15）等工程中都有应用。

图 3‑12　北京站采用的黏性流体阻尼器

图 3‑13　北京展览馆采用的黏性流体阻尼器

图 3‑14　国家博物馆消能支撑示意图　　　图 3‑15　国家博物馆消能支撑的局部详图

3.5.13　加固技术选用原则

（1）不采用国家和地方建设主管部门禁止和限制使用的建筑材料及制品。设计和施工时，要关注国家和当地建设主管部门历年向社会公布的限制、禁止使用的建材及制品目录，符合国家和地方有关文件、标准的规定。

（2）挖掘既有结构构件的潜力，在安全、可靠、经济的前提下，尽量保留、利用原有结构构件，如梁、板、柱、墙。

（3）充分利用建筑施工、既有建筑拆除和场地清理时产生的尚可继续利用的材料。

（4）采用模板使用少、加固体积小的结构加固技术；宜选用钢材、预制构件等可再循环利用的材料进行加固；新增构件宜便于更换。

（5）采用生产、施工、使用和拆除过程中对环境污染程度低的材料。

（6）混凝土梁、柱、墙的新增纵向受力普通钢筋应采用不低于 400 MPa 级的热轧带肋钢筋。

（7）合理采用高耐久性建筑结构材料，如高耐久性混凝土、耐候或涂覆耐候型防腐涂料的结构钢。

（8）尽可能采用建筑加固、改造的土建工程与装修工程一体化设计。尽量多布置大开间敞开式办公，减少分割；进行灵活隔断或方便分段拆除的设计。

（9）抗震加固方案应根据鉴定结果经综合分析后确定，以加强整体性、改善构件受力状况、提高结构综合抗震能力为目标。

（10）有条件时，优先采用消能减震、隔震等结构控制新技术。

（11）宜采用简约、功能化、轻量化装修。尽量减少使用重质装修材料，如石材等。采用轻量化的结构材料和围护墙、分隔墙、地面做法。必要时可拆除既有的砖围护墙和分隔墙，改为轻质材料。新加围护墙和分隔墙应采用轻质材料。鼓励使用工厂化预制的装修材料和部品。室内装修应围绕建筑使用功能进行设计，避免过度装修。

总之，加固方法的合理选用，应充分了解各种加固技术的原理和适用范围，例如加固设计中考虑静力加固与抗震（动力）加固受力特点的不同而采取不同的方法，具体工程具体分析，在整体计算和构件截面承载力验算的基础上，考虑新旧结构的连接构造要求和施工技术可实施性。一般来说，直接加固方法较为灵活，便于处理各类加固问题；间接加固法较为简便，对原结构损伤较小，便于今后的更换与拆卸，而且可用于有可逆性要求的保护建筑、文物建筑的加固与修缮。在加固设计中，应尽量使加固措施发挥综合效益，提高加固效率，尽可能地保留和利用原有结构构件，减少不必要的拆除和更换。

第 4 章　　地基基础工程灾害防治

　　近十年来,我国建筑业以惊人的速度发展,每年城镇竣工的建筑面积达 5 亿平方米。随着人们对建筑的工程质量、环境和功能需求的不断增长,以及我国人口持续增长,可耕地面积因人类活动而逐渐减少,用地紧张、交通拥挤的矛盾在大城市和特大城市日趋突出。科学、合理和持续利用地下空间,这是我国城市化发展的客观要求。这对地基基础领域的设计、施工都提出了更高的要求。

　　随着大规模现代化建设的发展,充分利用土地资源,在建筑工程中节能省地、建设节约型社会,开发地下空间已成为基础部分首要考虑的问题。从发展趋势看,高层建筑的地下部分实际上是一个拥有大空间的底盘,在底盘上可以布置不同形式的多个建筑物;地下车库、地下商场等地下结构越来越多;地下结构的开间越来越大;地下结构的层数越来越多。由此可见,高层建筑的基础向超大、超深、大跨、大底盘方向发展。基础工程的复杂程度及难度增加了,简单的工程地质条件与一般中小建筑物的基础设计与施工方法已难以适应当前基础工程的技术要求,需要对复杂条件下的地基与基础设计施工技术进行研究。鉴于目前国内城市化进程加快、地下空间开发的力度加大,超大、超深、大跨、大底盘的高层建筑越来越多,其基础设计急需理论指导。

　　由于城市土地资源紧张,新建建筑周边往往紧邻建(构)筑物、道路、管线等,而超深超大基础施工及支护结构施工将对周围环境产生很大影响,由此产生的灾害损失每年达数亿元,必须研究安全、经济、高效的超深超大基础施工及支护结构施工技术,因此亟需对超深超大基础施工及支护结构施工对周边环境的影响进行深入研究,得到其对周边环境的控制原则及控制技术,对此类建筑基础及支护结构的设计、施工提供技术支持。沉降后浇带是大底盘高层建筑主裙楼连接的常用方式。设置沉降后浇带的大底盘高层建筑,后浇带浇筑前主楼与裙楼分别沉降,后浇带浇筑后主楼与裙楼整体沉降,其共同作用分析更复杂,因此亟需对大地盘高层建筑沉降后浇带浇筑前后的沉降及地基反力分布形态进行研究,进而得到此类基础设计的控制因素,包括设置位置、浇筑时间、取消后浇带的条件等。

　　目前我国对超深超大基础的施工技术研究不多,很多方面缺乏理论指导,主要体现在以下两个方面:

　　(1) 目前由于城市土地资源紧张,新建建筑周边往往紧邻建(构)筑物、道路、管线等,而超深超大基础施工及支护结构施工将对周围环境产生很大影响,由此产生的灾害损失每年达数亿元。目前基坑开挖的规模不断扩大、深度不断增加,基坑工程的周边环境也越来越复杂,这些都对基坑变形提出了越来越严格的要求。很多基坑工程尽管支护结构未发生破坏,但是由于变形过大或周边地面沉降过大,导致周边建(构)筑物开裂、管线破坏等,造成重大的经济损失,甚至产生严重的社会影响。因此当基坑周边环境复杂时,基坑设计的稳定性问题仅是必要条件,大多数情况下的主要控制条件是变形,从而使得基坑工程的设计从强度控制转向变形控制,因此对超深超大基坑的变形控制技术进行研究是非常必要的。

(2) 沉降后浇带是在主楼与裙房之间的部位设置的一定宽度的板带,该部位钢筋互相搭接、但不浇筑混凝土,结构施工期间主楼、裙房可以自由沉降,待沉降基本稳定后再浇筑后浇带处的混凝土,使主裙楼连成整体。由于设置沉降后浇带既可以满足地下空间的使用功能,又可以解决不均匀沉降的问题,因此设置沉降后浇带是大底盘高层建筑经常使用的主裙楼连接方式。但是设置沉降后浇带的大底盘高层建筑,后浇带浇筑前主楼与裙楼分别沉降,后浇带浇筑后主楼与裙楼整体沉降,其共同作用分析更复杂。目前对大底盘高层建筑沉降后浇带浇筑前后的沉降及地基反力分布形态以及对沉降后浇带设置位置及浇筑时间的控制等方面的研究尚未见到。

针对以上问题,亟需对超深超大基础施工及支护结构施工对周边环境的影响进行深入研究,得到其对周边环境的控制原则及控制技术,对此类建筑基础及支护结构的设计、施工提供技术支持。同时,迫切需要对大底盘高层建筑沉降后浇带浇筑前后的沉降及地基反力分布形态进行研究,进而得到此类基础设计的控制因素,包括设置位置、浇筑时间、取消后浇带的条件等,为此类建筑基础的设计、施工提供技术支持。

4.1　超深超大基坑变形控制

基坑开挖是卸荷的过程,将引起基坑周边土体应力场变化及地面沉降。支护结构(支护桩、锚杆、土钉等)施工引起的挤土效应或土体损失会导致周边土体发生位移;长时间、大范围降低地下水,也将导致基坑周边地面沉降,甚至基坑围护结构渗漏亦易发生基坑外侧土层坍陷、地面下沉,引发基坑周边的环境问题。由此可见,基坑开挖会对周边环境造成影响。

目前基坑开挖的规模不断扩大、深度不断增加,基坑工程的周边环境也越来越复杂,这些都对基坑变形提出了越来越严格的要求。很多基坑工程尽管支护结构未发生破坏,但是由于变形过大或周边地面沉降过大,导致周边建(构)筑物开裂、管线破坏等,造成重大的经济损失,甚至产生严重的社会影响。因此当基坑周边环境复杂时,基坑设计的稳定性问题仅是必要条件,大多数情况下的主要控制条件是变形,从而使得基坑工程的设计从强度控制转向变形控制。

4.1.1　超深超大基坑工程的变形机理

4.1.1.1　卸荷引起的地层移动

基坑开挖将引起基坑周边土体应力场发生变化并进而可能引起地面沉降。支护结构在两侧压力差的作用下产生水平向位移并进而导致支护结构后面的土体产生位移,卸荷引起的坑底土体产生向上的位移也会导致支护结构后面的土体产生位移。

1)支护结构位移引起的土体位移

支护结构在两侧压力差的作用下产生水平向位移,支护结构的水平位移又会改变基坑外围土体的原始应力状态而引起地层移动。对于超深超大基坑工程,通常采用支挡式支护结构,基坑开挖前先施工支护桩或地下连续墙。基坑开挖前,支护结构两侧的土压力是平衡的,皆为静止土压力。随着基坑的开挖,基坑内侧的土体被挖除,支护结构两侧的平衡被打破,支护结构向坑内位移,基坑外侧的土体成为主动区,基坑内侧的土体成为被动区,基坑内外的土压力也发生变化,支护结构产生水平位移,基坑外侧的土体水平应力减小,剪应力增大,直至出现塑性区,基坑外侧土体产生水平向的位移以及沉降;基坑内侧的土压力也发生变化,水平应力增加,竖向应力减小,也导致剪应力增大,导致基坑内侧的土体出现水平向挤压和向上的位移。支护结构位移会使基坑外侧发生地层损失而引起地面沉降,因而增加了基坑外侧土体向坑内的位移。同样地质条件和基坑深度的情况下,基坑周围地层变形范围及幅度因支护结构的变形不同而有很大差异,支护结构变形往往是引起周围地层移动的重要原因。

不同的支护结构型式,在土压力作用下水平位移形态各异,支护结构发生不同变形形态时,坑体和地表的变形规律不同。杨斌等(2010)研究了支护结构发生不同变形形态时,坑体和地表的变形规律。支护结构的水平位移形态可分为以下四种基本形态或其组合:① 倒三角形,如悬臂支护结构;② 弓形,如顶部支承、下部嵌固的支护结构;③ 矩形,如支护结构平移;④ 正三角形形式,如顶部支承、下部有位移的支护结构。为了考察不同土质情况下支护结构变形引起的坑体和地表的变形规律,试验分为两组,一组为砂性土,一组为黏性土。试验结果如图4-1、图4-2所示。

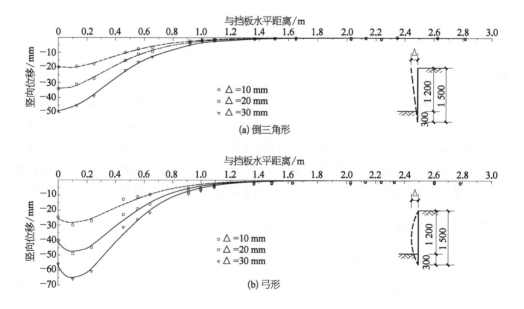

(a) 倒三角形

(b) 弓形

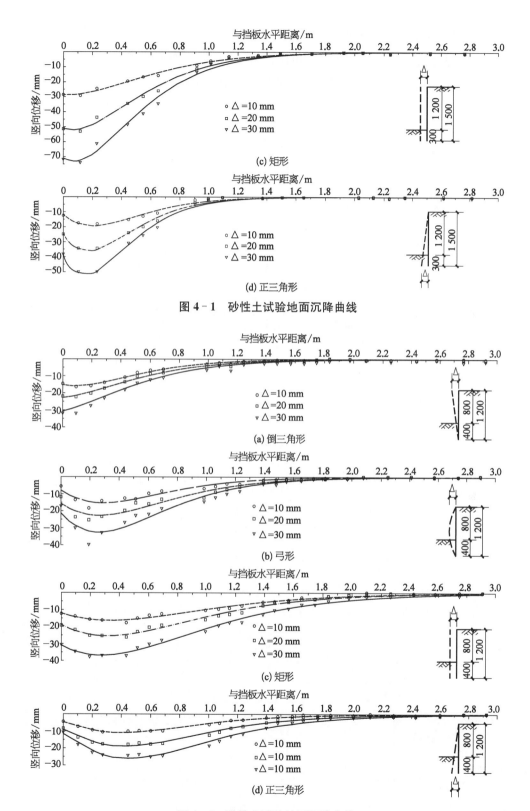

图 4-1 砂性土试验地面沉降曲线

图 4-2 黏性土试验地面沉降曲线

　　根据以上试验,得到结论如下:

　　(1)在支护结构发生同一变形形态的试验中,支护结构变形量不同时,地表沉降曲线形状一致、地表沉降的范围不受支护结构的变形量的影响(图4-1、图4-2)。当采用无量纲化处理(x/h-$s_y/s_{y\max}$)时,曲线几乎重合(图4-3、图4-4)。由此可见,地表沉降曲

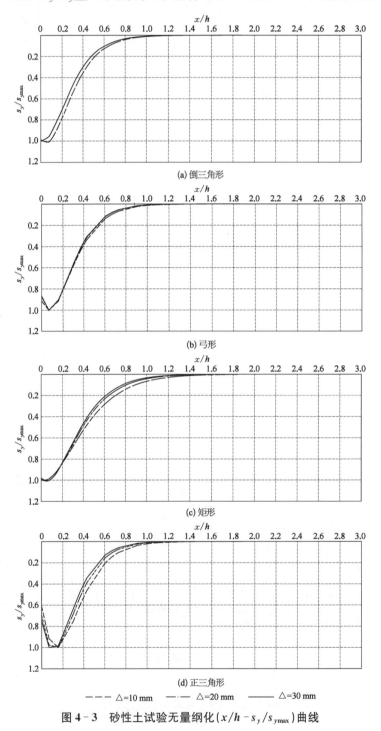

(a) 倒三角形

(b) 弓形

(c) 矩形

(d) 正三角形

$-----$ △=10 mm　　$-\cdot-$ △=20 mm　　——— △=30 mm

图4-3　砂性土试验无量纲化(x/h-$s_y/s_{y\max}$)曲线

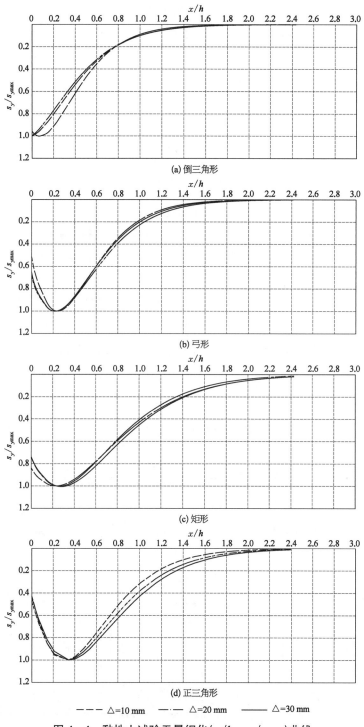

图 4-4　黏性土试验无量纲化 (x/h - $s_y/s_{y\max}$) 曲线

线以及沉降影响范围与土性和支护结构变形形态有关。

（2）土质情况相同时，地面沉降最大点位置至基坑的距离与支护结构的位移形态有关,支护结构最大水平位移量相同时,地面沉降最大点位置至基坑的距离由小至大的顺序为分别为倒三角形、弓形、矩形、正三角形(图 4-5)。

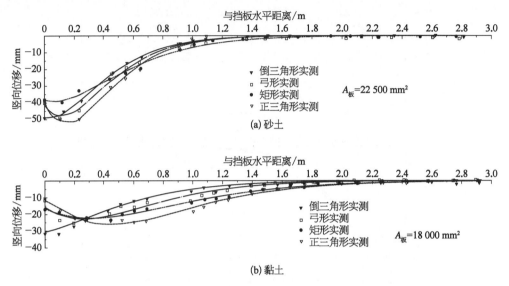

图 4-5 不同支护结构变形形态时地表沉降曲线比较

(3) 对不同类土(砂性土或黏性土),支护结构位移形态相同时(分别为倒三角形、弓形、矩形和正三角形),砂性土的地面沉降量大于黏性土,影响范围比黏性土小,且最大值点至基坑的距离小于黏性土,黏性土的地面沉降曲线比砂性土平缓(图 4-6)。

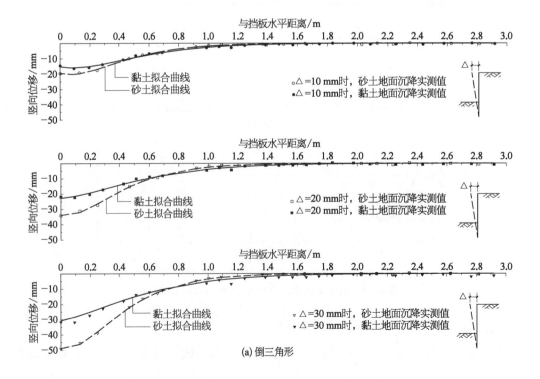

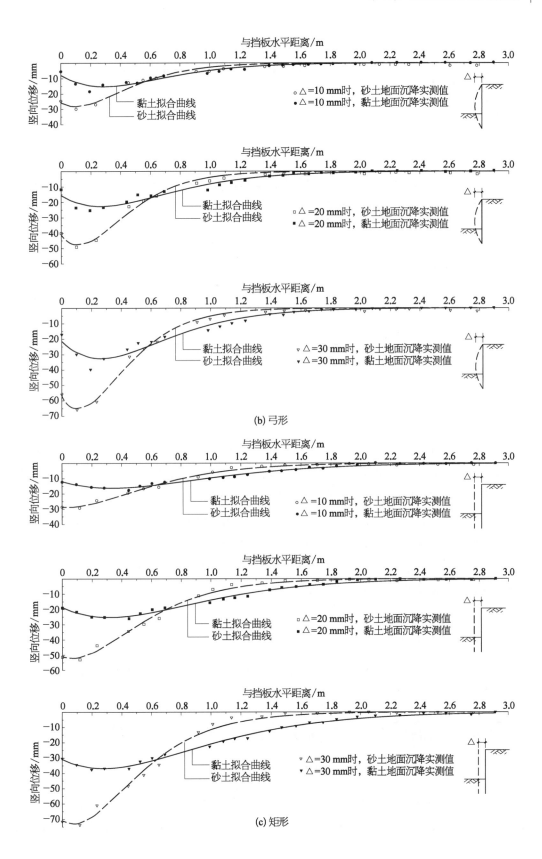

(b) 弓形

(c) 矩形

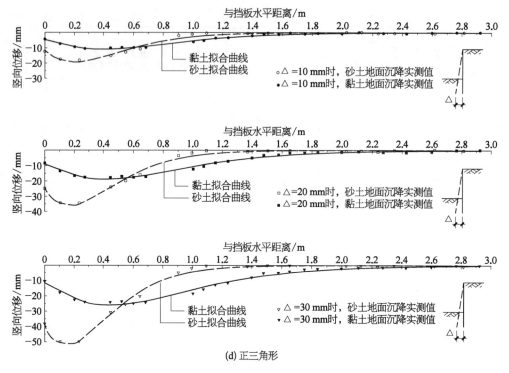

(d) 正三角形

图 4-6 砂土/黏土试验地表沉降曲线比较

支护结构的水平位移将引起基坑外侧土体产生沉降,支护结构的水平位移与基坑外侧地表最大沉降以及沉降范围存在一定关系。如图 4-7 所示为黏性土中某基坑支护结构与地表变形的情况,当墙体位移小时,基坑外侧地表最大沉降约为支护结构水平位移的 70% 或更小。由于支护结构的位移小,支护结构外侧与土体间摩擦力可以制约土体下沉,所以靠近支护结构处的地表沉降很小,沉降范围小于 2 倍开挖深度;当支护结构位移量大时,地面最大沉降量与支护结构位移量相等,此时支护结构外侧与土体间的摩擦力已丧失对于基坑外侧土体下沉的制约能力,所以最大沉降量发生在紧靠支护结构处,沉降范围大于 4 倍开挖深度。

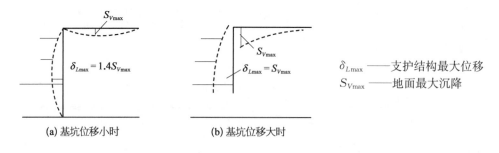

图 4-7 黏性土中某基坑支护结构及地表变形的关系

支护结构的水平位移是引起基坑外侧土体产生沉降的重要原因。由于工程地质条件、支护结构形式等的不同,支护结构的水平位移与基坑外侧地表沉降以及沉降范围之间的关系也不同。因此在实际工程中,应加强观测、注重工程经验积累,总结工程实用的支护结构的水平位移与基坑外侧地表沉降以及沉降范围之间的关系。

　　2）坑底隆起引起的土体位移

　　基坑开挖卸荷改变了坑底土体的原始应力状态。在开挖深度不大时,坑底土体在卸荷后发生垂直向上的弹性隆起,其特征是坑底中部隆起最高、基坑边缘隆起较低,而且坑底隆起在开挖停止后很快停止,这种坑底隆起基本不会引起支护结构外侧土体向坑内移动。随着开挖深度的增加,基坑内外土体的高差不断增大,在基坑内外土体高差所形成的荷载和基坑外侧地面各种超载的作用下,支护结构外侧的土体产生向基坑内的移动,使基坑坑底产生向上的塑性隆起,同时在基坑周围产生较大的塑性区,并引起地面沉降。当塑性隆起发展到极限状态时,基坑外侧土体便向坑内产生破坏性的滑动,使基坑失稳,基坑周围地层发生大量沉陷。

　　宝钢最大铁皮坑工程采用圆形围护墙结构,基坑内径 24.9 m,开挖深度 32 m,围护墙嵌固深度 28 m,墙厚 1.2 m。由于圆形围护墙结构在均匀的周围荷载作用下,结构稳定,墙体变形很小,基坑周围地层移动几乎都是由于坑底隆起引起的。变形观测结果表明:在开挖深度为 10 m 左右时,坑底基本为弹性隆起,基坑中心最大回弹量约为 8 cm,而在自标高 −13～−32.2 m 的开挖过程中,坑底发生塑性隆起,坑底隆起呈两边大中间小的形状,如图 4-8(a)所示。在坑底塑性隆起过程中,基坑外侧土体向坑内移动,如图 4-8(b)所示为开挖至 −32.2 m 时,围护墙底下以及围护墙外侧 3 m、9 m、18 m、30 m 处土体发生向基坑内的水平位移。

　　杨斌等(2010)研究了基坑底面发生隆起时,土体内部变形规律(图 4-9)。研究表明,基坑发生隆起的主要特征为:① 基坑隆起是突然性的,隆起发生后土体的竖向位移和水

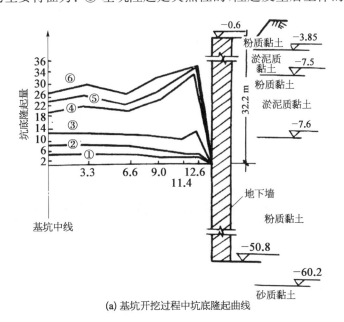

(a) 基坑开挖过程中坑底隆起曲线

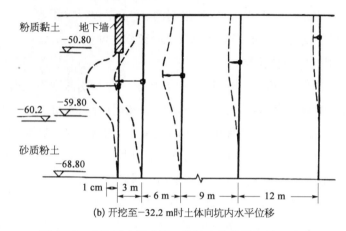

(b) 开挖至−32.2 m时土体向坑内水平位移

图 4‑8 宝钢最大铁皮坑工程坑底隆起引起地层移动

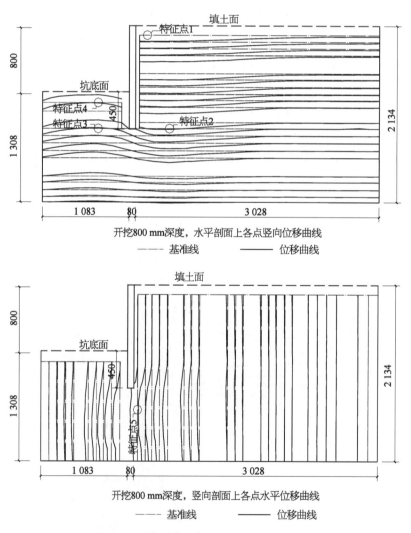

开挖800 mm深度，水平剖面上各点竖向位移曲线

——— 基准线   ——— 位移曲线

开挖800 mm深度，竖向剖面上各点水平位移曲线

——— 基准线   ——— 位移曲线

图 4‑9 模型试验坑底隆起引起地层移动

平位移会发生突然性增加，而且变形量值较大，支护设计时应避免隆起现象发生，围护结构应有足够的嵌固深度。② 基坑发生隆起时，地表沉降影响范围很大，3 倍基坑开挖深度范围外仍有较明显变形。

4.1.1.2　支护结构施工引起的地表位移

支护结构（钢板桩、灌注桩、地下连续墙、锚杆、土钉等）施工引起的挤土效应或土体损失会导致周边土体发生位移。

1）钢板桩施工引起的地表位移

钢板桩施工引起的振动可引起地基的变形（沉降、陷落、裂缝等），从而影响周边建筑物、管道等设施的正常使用。

当钢板桩靠近建筑物、地下管线时，钢板桩的回收拔出容易造成附近建筑物的下沉和裂缝、管道损坏等。

2）灌注桩、地下连续墙施工引起的地表沉降

钻孔灌注桩、地下连续墙施工通常采用泥浆护壁施工工艺。在正常成孔施工情况下，孔周物体的压力状态（K_0 状态）被打破，由泥浆形成的液压通常小于孔周的水土压力，从而导致孔周土体发生侧向变形，进而导致周围地表沉降。当混凝土浇筑完成后，由于混凝土的重度大于泥浆的重度，混凝土形成的侧压力大于成孔时泥浆形成的液压，使得成孔时的位移有回复的趋势，但地表沉降不会有多大的变化。

Clough 和 O'Rourke(1990)根据位于砂土、软弱-中等硬度黏土及硬-很硬黏土地层中的多个基坑工程案例的沉降观测资料研究发现，地下连续墙施工引起的最大地表沉降量与最大槽深的比值可达 0.15%，其地表沉降分布如图 4-10 所示，地表沉降的影响范围达到 2 倍左右的槽深。例如图 4-10 中香港工程实例的地下连续墙槽深为 37 m，其产生的地表沉降达到 50 mm。

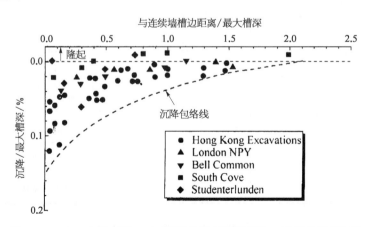

图 4-10　Clough 和 O'Rourke 统计的地下连续墙施工引起的地表沉降

Ou(2004)统计了台北地区地下连续墙施工引起的地表沉降情况（图 4-11）。单一槽段施工引起的最大地表沉降约为槽深的 5%，沉降影响范围约为 1.0 倍槽深；多幅连续墙

槽段连续施工引起的最大地表沉降约为槽深的 7%，沉降影响范围约为 1.0 倍槽深；整个连续墙施工完成后引起的地表沉降约为槽深的 13%。

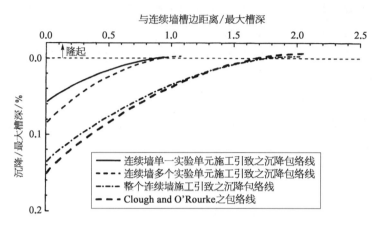

图 4-11　Ou 统计的台北地区地下连续墙施工引起的地表沉降

根据文献[11]给出的硬黏土地层中灌注桩施工引起的土体侧移和地表沉降的情况（图 4-12），可以看出咬合桩和灌注排桩施工都能引起地表沉降，且二者施工引起土体侧移的影响范围基本接近，均可达到 1.5 倍的桩长。咬合桩施工引起的地表沉降大于灌注排桩施工引起的地表沉降。

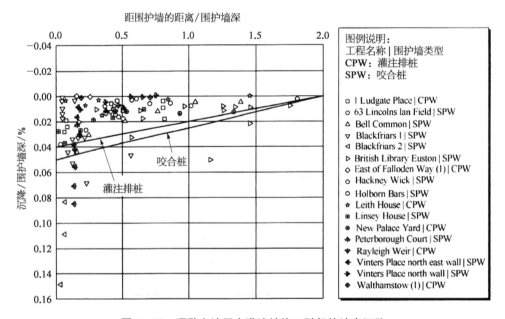

图 4-12　硬黏土地层中灌注桩施工引起的地表沉降

3）锚杆、土钉施工引起的地表沉降

锚杆、土钉施工时会影响相邻建筑物地基以及周边环境。锚杆、土钉成孔过程中若施工不当易造成塌孔,甚至引起水土流失,影响周边道路管线、建筑物的正常使用。

如图4-13所示为锚杆施工引起周边地面沉陷的工程实例,该工程在粉砂土中的锚杆施工采用螺旋钻机成孔,引起水土流失[图4-13(a)],导致基坑外侧地表沉陷[图4-13(b)]。

(a) 锚杆施工现场　　　　　　　　　　　(b) 基坑外侧地表沉陷

图4-13　某基坑锚杆施工引起地表沉降

如图4-14所示为另一个锚杆施工引起周边地面沉陷的工程实例,该工程在黏性土中采用套管跟进钻机施工锚杆,在施工过程中对基坑外侧地表进行了沉降观测,沉降观测表明每层锚杆施工都产生明显的地表沉降。

图4-14　某基坑锚杆施工工程中引起周边地表沉降曲线

4.1.1.3　降低地下水引起的地表沉降

地下水抽降,导致基坑外侧土体有效应力增加,将引起大范围的地面沉降。基坑围护结构渗漏亦易发生基坑外侧土层坍陷、地面下沉,引发基坑周边的环境问题。因此,为有效控制基坑周边的地面变形,在高地下水位地区基坑周边环境保护要求严格时,应进行基坑降水和环境保护的地下水控制专项设计。

如图4-15所示为某基坑工程降水引起的周边地表沉降曲线,在降水开始初期,水位下降引起周边地表快速沉降,随着水位的稳定,周边地表沉降趋于稳定。

如图4-16所示为某采用止水帷幕的基坑工程,由于锚杆施工穿透止水帷幕造成帷幕漏水,而且对帷幕渗漏未有效封堵,止水帷幕长期渗漏,造成基坑周边的313#楼产生过大沉降。

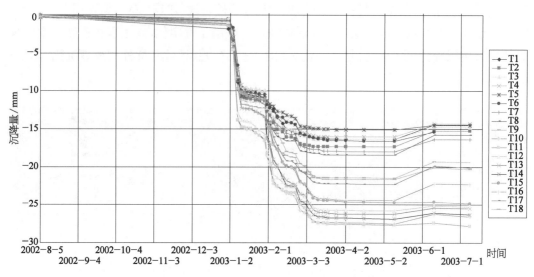

图4‑15　某基坑降水引起周边地表沉降曲线

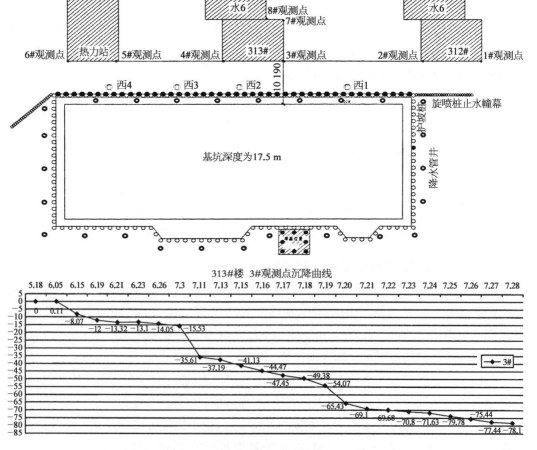

图4‑16　某基坑帷幕渗漏引起周边地表沉降

4.1.2　超深超大基坑工程的变形控制技术

4.1.2.1　变形控制流程

基坑开挖是卸荷、支护结构(支护桩、锚杆、土钉等)施工、长时间大范围降低地下水,都将导致基坑周边地面沉降,甚至引发基坑周边的环境问题。而当基坑周边环境复杂时,基坑设计的稳定性问题仅是必要条件,大多数情况下的主要控制条件是变形。

基坑工程的变形控制应从周边环境调查、支护结构设计、基坑工程施工等方面采取措施。基坑工程的变形控制流程如图4-17所示。

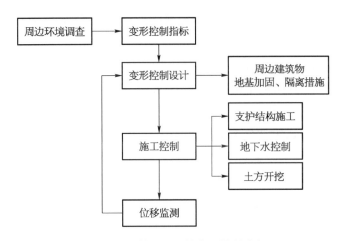

图 4 - 17　基坑工程的变形控制流程

对于周边环境复杂的基坑工程,在基坑工程设计前应根据基坑周边环境的保护要求来确定基坑的变形控制指标;在基坑工程设计时,应预估基坑开挖对周边环境的附加变形值,其总变形值应小于其允许变形值。当预估变形大于变形控制指标时,应对周边环境采取必要的加固或隔离措施。在基坑工程施工过程中,应从支护结构施工、地下水控制及土方开挖等三个方面分别采取相关措施保护周围环境。基坑工程施工过程中应加强对支护结构和对周边环境的监测,通过变形监测,了解基坑工程对周边环境的影响程度,当实测变形超出变形控制值时,应及时查找原因,必要时要调整设计及施工方案。

4.1.2.2　周边环境调查及基坑工程的变形控制指标

随着大规模城市建设的发展,对基坑周边环境保护的要求日益严格,基坑工程设计前,应对周边环境情况进行专项调查,并应根据基坑周边环境的保护要求来确定基坑的变形控制指标。

1) 周边环境调查

基坑工程的周边环境调查应根据基坑开挖对周边环境的影响程度确定影响范围并对

主要影响范围内的建构筑物及地下管线进行调查。环境调查的目的是明确环境的保护要求，从而得到其变形的控制标准，并为基坑工程的环境影响分析提供资料。

不同地区，岩土工程条件及水文地质条件不同，基坑开挖对周边环境的影响情况不同。上海地区的工程实测资料表明，墙后地表沉降的主要影响区域为2倍基坑开挖深度，而在2~4倍开挖深度范围内为次要影响区域，即地表沉降由较小值衰减到可以忽略不计。

一般情况下环境调查的范围为基坑开挖的主要影响区域。但当有历史文化古迹、有精密仪器与设备厂房、其他采用天然地基或短桩基础的重要建筑物、轨道交通设施、隧道、防汛墙、共同沟、原水管、自来水总管、煤气总管等重要建（构）筑物或设施位于基坑开挖的次要影响区域时，为了能全面掌控基坑可能对环境产生的影响，也需对这些环境情况做调查。

环境调查一般包括如下内容：

（1）对于建筑物应查明其用途、平面位置、层数、结构形式、材料强度、基础形式及埋深、历史沿革及现状、荷载、沉降、倾斜、裂缝情况、有关竣工资料（如平面图、立面图和剖面图等）及保护要求等；对历史文化古迹，一般建造年代较远，保护要求较高，原设计图纸等资料也可能不齐全，有时需要通过专门的房屋结构质量检测与鉴定，对结构的安全性做出综合评价，以进一步确定其抵抗变形的能力。

（2）对于隧道、防汛墙、共同沟等构筑物应查明其平面位置、埋深、材料类型、断面尺寸、受力情况及保护要求等。

（3）对于管线应查明其平面位置、直径、材料类型、埋深、接头形式、压力、输送的物质（油、气、水等）、建造年代及保护要求等，当无相关资料时可进行必要的地下管线探测工作。

2）基坑工程的变形控制指标

严格地讲，基坑工程的变形控制指标（如支护结构的水平位移及周边地表沉降）应根据基坑周边环境对附加变形的承受能力及基坑开挖对周围环境的影响程度来确定。由于问题的复杂性，在很多情况下，确定基坑周围环境对附加变形的承受能力是一件非常困难的事情，而要较准确地预测基坑开挖对周边环境的影响程度也往往存在较大的难度，因此也就难以针对某个具体工程提出非常合理的变形控制指标。此时，根据大量已成功实施的工程实践统计资料来确定基坑的变形控制指标不失为一种有效的方法。

《建筑地基基础设计规范》GB 50007—2011给出建筑物的地基变形允许值（表4-1）、上海市《基坑工程技术规范》根据基坑周围环境的重要性程度及其与基坑的距离提出基坑变形设计控制指标（表4-2）、各类建筑物的差异沉降与建筑物损坏程度的关系（表4-3）、Bjerrum总结的建筑物损坏与角变量之间的关系（表4-4）等，可作为基坑开挖对周边建筑物的变形控制设计时的参考。

表 4-1 建筑物的地基变形允许值

变 形 特 征		地 基 土 类 别	
		中、低压缩性土	高压缩性土
砌体承重结构基础的局部倾斜		0.002	0.003
工业与民用建筑相邻柱基的沉降差	框架结构	0.002l	0.003l
	砌体墙填充的边排柱	0.000 7l	0.001l
	当基础不均匀沉降时不产生附加应力的结构	0.005l	0.005l
单层排架结构(柱距为 6 m)柱基的沉降量/mm		(120)	200
桥式吊车轨面的倾斜(按不调整轨道考虑)	纵向	0.004	
	横向	0.003	
多层和高层建筑的整体倾斜	$H_g \leqslant 24$	0.004	
	$24 < H_g \leqslant 60$	0.003	
	$60 < H_g \leqslant 100$	0.002 5	
	$H_g > 100$	0.002	
体型简单的高层建筑基础的平均沉降量/mm		200	
高耸结构基础的倾斜	$H_g \leqslant 20$	0.008	
	$20 < H_g \leqslant 50$	0.006	
	$50 < H_g \leqslant 100$	0.005	
	$100 < H_g \leqslant 150$	0.004	
	$150 < H_g \leqslant 200$	0.003	
	$200 < H_g \leqslant 250$	0.002	
高耸结构基础的沉降量/mm	$H_g \leqslant 100$	400	
	$100 < H_g \leqslant 200$	300	
	$200 < H_g \leqslant 250$	200	

注：1. 本表数值为建筑物地基实际最终变形允许值。
   2. 有括号者仅适用于中压缩性土。
   3. l 为相邻柱基的中心距离(mm)；H_g 为自室外地面起算的建筑物高度(m)。
   4. 倾斜指基础倾斜方向两端点的沉降差与其距离的比值。
   5. 局部倾斜指砌体承重结构沿纵向 6～10 m 内基础两点的沉降差与其距离的比值。

表 4-2　基坑变形设计控制指标

环境保护对象	保护对象与基坑距离关系	支护结构最大侧移	坑外地表最大沉降
优秀历史建筑、有精密仪器与设备的厂房、其他采用天然地基或短桩基础的重要建筑物、轨道交通设施、隧道、防汛墙、原水管、自来水总管、煤气总管、共同沟等重要建(构)筑物或设施	$s \leqslant H$	$0.18\%H$	$0.15\%H$
	$H < s \leqslant 2H$	$0.3\%H$	$0.25\%H$
	$2H < s \leqslant 4H$	$0.7\%H$	$0.55\%H$
较重要的自来水管、煤气管、污水管等市政管线、采用天然地基或短桩基础的建筑物等	$s \leqslant H$	$0.3\%H$	$0.25\%H$
	$H < s \leqslant 2H$	$0.7\%H$	$0.55\%H$

注：1. H 为基坑开挖深度，s 为保护对象与基坑开挖边线的净距。
　　2. 位于轨道交通设施、优秀历史建筑、重要管线等环境保护对象周边的基坑工程，应遵照政府有关文件和规定执行。

表 4-3　各类建筑物的差异沉降与建筑物损坏程度的关系

建筑结构类型	δ/L	建筑物的损坏程度
一般砖墙承重结构，包括有内框架的结构，建筑物长高比小于 10；有圈梁；天然地基(条形基础)	达 1/150	分隔墙及承重砖墙发生相当多的裂缝，可能发生结构破坏
一般钢筋混凝土框架结构	达 1/150	发生严重变形
	达 1/300	分隔墙或外墙产生裂缝等非结构性破坏
	达 1/500	开始出现裂缝
高层刚性建筑(箱型基础、桩基)	达 1/250	可观察到建筑物倾斜
有桥式行车的单层排架结构的厂房；天然地基或桩基	达 1/300	桥式行车运转困难，不调整轨面难运行，分割墙有裂缝
有斜撑的框架结构	达 1/600	处于安全极限状态
一般对沉降差反应敏感的机器基础	达 1/850	机器使用可能会发生困难，处于可运行的极限状态

注：L 为建筑物长度，δ 为差异沉降。

表 4-4　角变量与建筑损坏程度的关系

角变量 β	建筑物损坏程度	角变量 β	建筑物损坏程度
1/750	对沉降敏感的机器的操作发生困难	1/500	对不容许裂缝发生的建筑的安全限度
1/600	对具有斜撑的框架结构发生危险	1/300	间隔墙开始发生裂缝

（续表）

角变量 β	建筑物损坏程度	角变量 β	建筑物损坏程度
1/300	吊车的操作发生困难	1/150	可挠性砖墙的安全限度（墙体高宽比 $L/H>4$）
1/250	刚性的高层建筑物开始有明显的倾斜	1/150	建筑物产生结构性破坏
1/150	间隔墙及砖墙有相当多的裂缝		

由于地铁隧道等构筑物对变形控制要求严格，当基坑周边有运营中的地铁隧道时，应将基坑开挖引起的变形控制在地铁隧道的容许变形量的范围内。由于对地铁隧道的容许变形量的研究较少，《上海市地铁沿线建筑施工保护地铁技术管理暂行规定》中的相关内容，可作为地铁隧道的容许变形量：① 地铁结构设施绝对沉降量及水平位移量≤20 mm（包括各种加载和卸载的最终位移量）；② 隧道表形曲线的曲率半径 $R\geqslant15\,000$ m；③ 隧道的相对弯曲≤1/2 500；④ 由于打桩振动、爆炸产生的振动对隧道引起的峰值速度≤2.5 cm/s。

地下管线的类型多种多样，其变形控制要求也不尽相同。管线一般由管节和接头组成，管线的容许变形由管节的应力-应变关系和接头的拔出及转动特性决定。管线的变形可由管线的接头转角、水平变形和管线弯曲度 3 个参数进行控制。其中，管线弯曲度是指管线单位长度的最大挠度。一般情况下，根据数值计算或工程类比和监测结果，估算该区的最大变形值，参考以下变形控制标准，将基坑开挖引发的地下管线的附加变形控制在允许值以内（表 4-5）。

表 4-5　地下管线变形控制标准

序号	项目			变形标准		
	管线类型	亚类	附加条件	接头转角 /(°)	水平变形 /(mm/m)	管线弯曲度 /(mm/m)
1	供水管道	地下钢质管道	铺设于砂土上	1.5～2.5	5.0	
			铺设于黏性土上	1.5～2.5	4.0	0.5～1.5
		有整体混凝土或钢筋混凝土管沟		1.5～2.5	1.0	2.0
2	排水管道	钢制压力管	铺设于砂土上		4.0	
			铺设于黏性土上		3.0	

（续表）

序号	项　　目			变　形　标　准		
	管线类型	亚　类	附加条件	接头转角 /(°)	水平变形 /(mm/m)	管线弯曲度 /(mm/m)
3	燃气管道	钢管，材质为3号钢	铺设于砂土上	1.0	2.5	0.5～1.0
			铺设于黏性土上	1.0	1.0～2.0	0.5～1.0
		钢管，材质优于3号钢	铺设于砂土上	1.0	3.5	1.0～1.5
			铺设于黏性土上	1.0	1.5～2.5	1.0～1.5

在不同地区不同的土质条件下，支护结构的位移对周围环境的影响程度也是不同的，且不同建（构）筑物及地下管线对变形的敏感程度不同，确定变形控制指标是非常困难的工作。在后续的工作中应加强各地区工程经验的积累，并进一步开展科研工作。

4.1.2.3　基坑变形预测方法

预测基坑变形的方法大致可归为两类：经验方法和数值方法。

1) 经验方法

Peck(1969)最早提出利用观测资料来预测开挖引起的地表沉降，他根据芝加哥、奥斯陆等地的地表沉降观测资料，提出在不同性质土层中，地表沉降量（δ_v）与距基坑距离（d）之间的关系曲线（图4-18）。Peck法的曲线属于包络线，目前仍为部分国内外工程师所应用。

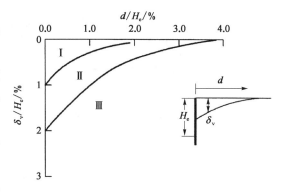

图4-18　Peck法估计地表沉降

Clough和O'Rourke(1990)根据若干工程案例数据的分析，分别建议不同土层开挖引起地表沉降的包络线的型式。对于砂土和硬黏土，建议沉降包络线为三角形分布，对于软弱至中等软弱黏土，则建议包络线形状为梯形（图4-19）。

Hsieh和Ou(1998)根据支护结构变形中的深槽部分的面积与悬臂部分的面积之间的关系将地表沉降区分为三角槽型及凹槽型两种型式（图4-20）。最后的线段表示次要影响区的范围，在此之前的为主要影响区的范围。

根据上海地区地表沉降实测情况（图4-21），上海市《基坑工程技术规范》提出采用折线ABCD作为沉降的预估曲线，知道了基坑的开挖深度及最大地表沉降就可预估墙后任一点的地表沉降值。

Mana和Clough(1981)提出一种基于有限元法和工程经验的简化方法，用于估算围护墙体的最大位移和墙后地面的最大沉降（图4-22）。采用有限元方法分析一定条件下

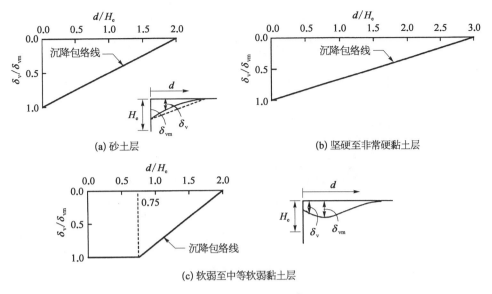

图 4‑19 Clough 和 O'Rourke 法估计地表沉降

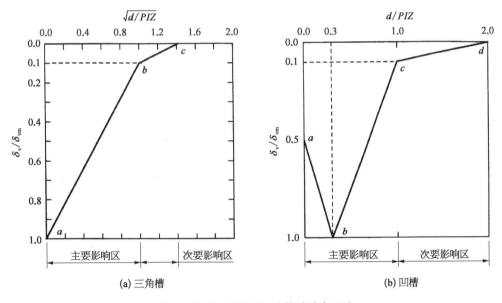

图 4‑20 Hsieh 和 Ou 法估计地表沉降

的基坑,可得到墙体位移、墙后地面沉降与基底抗隆起安全系数的函数关系,再从支护结构刚度、支撑刚度、硬层的埋深、基坑宽度、支撑预加力、土体模量等几方面对变形结果进行修正。

2) 数值方法

随着基坑本身及周边环境条件的日趋复杂,单纯地采用经验方法已无法满足基坑工程设计的需要。数值方法的出现为基坑工程设计与计算提供了一个有效途径。常用于基

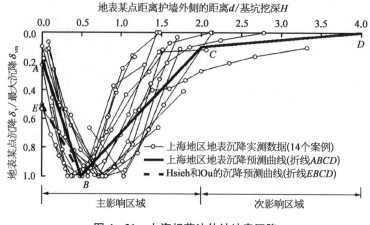

图 4 - 21　上海规范法估计地表沉降

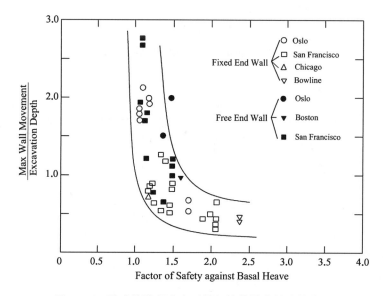

图 4 - 22　坑底抗隆起安全系数与墙体最大侧移的关系

坑工程设计的数值方法主要是有限单元法。

Clough(1971)首次采用有限元方法分析了基坑开挖问题,经过几十多年的发展,有限单元法已经成为目前复杂基坑设计的一种常用的方法。随着有限元技术、计算机软硬件技术和土体本构关系的发展,有限元在基坑工程中的应用取得了长足的进步,出现了EXCAV、PLAXIS、ADINA、FLAC、ABAQUS、MIDAS、Z_Soil 等适合基坑开挖分析的专业岩土工程软件。

用有限元方法的关键是要正确选用土体的本构模型和计算参数。

数值分析中的一个关键问题是要采用合适的土体本构模型。虽然土的本构模型有很多种,常用的本构模型有 Mohr - Coulomb 模型、Drucker - Prager 模型、Duncan - Chang 模型、Hardening - Soil 模型、修正剑桥模型等。Mohr - Coulomb 模型、Drucker - Prager

模型是理想弹塑性模型的代表,理想弹塑性模型中弹性模型为常数,且不能区分加荷和卸荷,其刚度不依赖于应力历史和应力路径,计算中会出现水平和竖向变形计算结果不匹配的问题(例如计算得到的支护结构水平变形合理时,往往坑底隆起变形不合理),难以同时给出合理的墙后土体变形性态及变形影响范围,且土体弹性模量难以确定。Duncan - Chang 模型是非线性弹性模型的代表,非线性弹性模型考虑了土体变形的非线性特征,但是无法反映土体的塑性性质。Hardening - Soil 模型、修正剑桥模型建立在塑性理论基础上,能考虑土体刚度的应力相关性,能考虑土体的应变硬化,能区分加荷和卸荷,是进行基坑开挖分析的较理想的本构模型,其中修正剑桥模型更适合于软土地基。土体是一种力学行为非常复杂的材料,每种本构模型都是反映了土的某一类现象,模型越复杂,参数越多,工程应用的难度也越大。在模型的选择时,应根据工程特点、分析目的等选择合适的本构模型。

除了本构模型外,有限元计算分析结果的合理性还取决于参数的选择。参数获取的途径主要有土工试验、原位测试、工程经验等。土工试验不可能完全模拟实际的应力状态,而原位测试往往不能直接提供本构模型中的参数值,而且在实际工作中,往往缺乏足够的、适合的试验和测试数据,因此在参数选择时应注重多途径获取、交叉检验和经验积累。

基坑工程与周围环境是一个相互作用的系统,有限元方法是模拟基坑开挖问题的有效方法,它能考虑土与结构的相互作用,能同时满足静力平衡、本构关系、位移协调,能考虑复杂的因素如土层的分层情况和土的性质、支撑系统分布及其性质、土层开挖和支护结构的施工过程以及周边建(构)筑物存在的影响等。但是由于有限元法分析的复杂性导致可能出现不合理甚至错误的分析结果,因此在应用有限元方法时应有可靠的工程实测数据为依据,且该方法分析得到的结果宜与经验方法进行相互校核,以确认分析结果的合理性。

3)土体硬化模型及模型参数的选取

Plaxis 软件是由荷兰公共事业与水利管理委员会提议,于 1987 年在 Delft 大学开始研发的。最初的目的是在荷兰特有的低地软土上建造河堤,开发一个易于使用的有限元分析程序。随着 Plaxis 软件的发展,逐渐完善成为一套理论基础坚实、界面友好、逻辑性强的适用于大多数岩土工程领域的软件,广泛应用于岩土工程中繁杂耗时的非线性有限元的计算工作。Plaxis 能够模拟复杂的工程地质条件,可分析岩土工程学中的变形、稳定性、以及地下水渗流等。

(1)土体硬化模型　土体硬化模型(Hardening - Soil model)为 Plaxis 软件中的一种本构模型,由 Schanz 等提出。不同于理想弹塑性模型,硬化塑性模型的屈服面在主应力空间中不是固定的,而是由于塑性应变的发生而膨胀。硬化可以分为两种主要的类型,它们分别是剪切硬化和压缩硬化。剪切硬化用于模拟主偏量加载带来的不可逆应变。压缩硬化用于模拟固结仪加载和各向同性加载中主压缩带来的不可逆塑性应变。这两种类型的硬化都包含在当前的模型之中。土体硬化模型是一个可以模拟包括软土和硬土在内的不同类型的土体行为的先进模型(Schanz,1998)。在主偏量加载下,土体的刚度下降,同时产生了不可逆的塑性应变。在一个排水三轴试验的特殊情况下,观察到轴向应变与偏差应力之间的关系可以很好地由双曲线来逼近。Kondner(1963)最初阐述了这种关系,后来这种关系用在了著名的双曲线模型(Duncan & Chang,1970)中。然而,土体硬化模型目前已经取代了这种双曲模型。首先,它使用的是塑性理论,而不是弹性理论。其次它考虑了土体的剪胀性。再次,它引入了一个屈服帽盖。

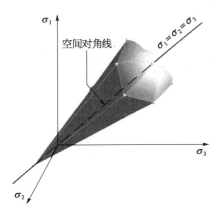

图 4-23 主应力空间中的土体硬化模型屈服面

该模型为等向硬化弹塑性模型,其在主应力空间中的整个屈服面如图 4-23 所示。土体硬化模型可以同时考虑剪切硬化和压缩硬化,并采用 Mohr - Coulomb 破坏准则。

土体硬化模型能适合于多种土类的破坏和变形行为的描述,并且适合于岩土工程中的多种应用,如堤坝填筑、地基承载力、边坡稳定分析及基坑开挖等。土体硬化模型共有 11 个参数,包括:有效黏聚力 c'、有效内摩擦角 φ'、剪胀角 Ψ、三轴固结排水剪切试验的参考割线模量 E_{50}^{ref}、固结试验的参考切线模量 $E_{\mathrm{oed}}^{\mathrm{ref}}$、与模量应力水平相关的幂指数 m、三轴固结排水卸载-再加载试验的参考卸载再加载模量 $E_{\mathrm{ur}}^{\mathrm{ref}}$、卸载再加载泊松比 ν_{ur}、参考应力 P_{ref}、破坏比 R_{f}、正常固结条件下的侧压力系数 K_0。

(2) 模型参数的选取   土体硬化模型共有 11 个参数,有关模型参数的选取可按如下参考选取。

模型参数中的静止侧压力系数 K_0 的确定可以参考文献,也可由 $K_0 = 1 - \sin\varphi'$ 计算得出。根据 Janbu 的研究,对于砂土和粉土,与模量应力水平相关的幂指数 m 一般可取为 0.5;对于黏性土,m 的取值范围为 0.5~1。卸载再加载泊松比 ν_{ur} 可采用 Plaxis 软件模型手册中的建议值,一般取为 0.2;参考应力 p_{ref} 一般取为 100 kPa;根据 Bolton 的研究,对于砂土,剪胀角 Ψ 可取为($\varphi' - 30°$);对于黏性土,Ψ 一般取为 0。c'、φ'、E_{50}^{ref}、$E_{\mathrm{ur}}^{\mathrm{ref}}$、$E_{\mathrm{oed}}^{\mathrm{ref}}$ 和 R_{f} 一般应通过室内常规三轴试验和固结试验来确定,也可按经验选取。

目前的勘察报告一般只提供 E_{s1-2},按照武亚军等的建议:计算模型需要的 E_{50}^{ref},对软土层取为 E_{s1-2} 的 3 倍,对硬土层取为 E_{s1-2} 的 2 倍。对于 E_{50}^{ref}、$E_{\mathrm{ur}}^{\mathrm{ref}}$、$E_{\mathrm{oed}}^{\mathrm{ref}}$,如果有了它们之间的关系,那么就可以根据 E_{s1-2} 确定它们的值。

对于 E_{50}^{ref}、$E_{\mathrm{ur}}^{\mathrm{ref}}$、$E_{\mathrm{oed}}^{\mathrm{ref}}$ 之间的关系,经过试验与分析统计,上海软土地基土体的 E_{50}^{ref} 值为 $E_{\mathrm{oed}}^{\mathrm{ref}}$ 值的 0.9~1.3 倍、天津滨海软土为 0.5~1.8 倍、奥地利 Lacustrine Clay 为 1 倍、美国 Upper Blodgett 为 1.5 倍、英国 Gault Clay 为 3.5 倍、中国台北 Silty Clay 为 2.8 倍,关系曲线图如图 4-24 所示。上海软土地基土体的 $E_{\mathrm{ur}}^{\mathrm{ref}}$ 为 E_{50}^{ref} 值的 4.3~9.3 倍,Gault

Clay 为 3 倍、Silty Clay 为 3 倍、Upper Blodgett 为 4.3 倍和 Lacustrine Clay 为 4 倍,关系曲线图如图 4-25 所示。

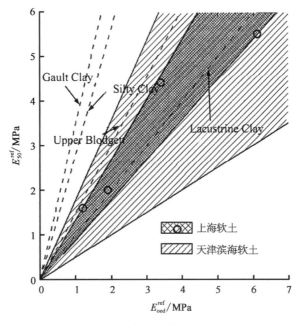

图 4-24　E_{50}^{ref} 与 E_{oed}^{ref} 关系曲线图

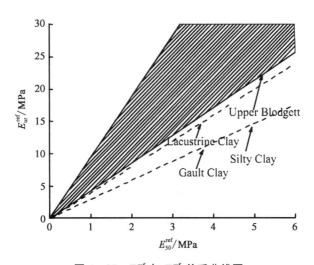

图 4-25　E_{ur}^{ref} 与 E_{50}^{ref} 关系曲线图

　　(3) 计算模型假定　土体的计算深度宜取基坑开挖深度的 3 倍,计算宽度宜自开挖边界向外取开挖深度的 2 倍。

　　① 支护桩的模拟。对于支护桩,可以通过程序中的板单元(Plate)来模拟,主要参数有:每延米的轴向刚度 EA(单位: kN/m);抗弯刚度 EI(单位: kN·m²/m)。具体计算中可把支护桩等效成地下连续墙进行分析。支护桩的钢筋混凝土假设为线弹性材料来考虑。

② 钢支撑的模拟。钢支撑使用锚锭（Anchor）来模拟，主要参数有：每延米的轴向刚度 EA（单位：kN/m）；等效计算长度 L（单位：m）和支撑间距 S（单位：m）。在整个计算中，支撑的作用是通过等效支撑刚度来反映的，等效支撑刚度即 EA/SL。

③ 锚杆的模拟。锚杆可以由一个点对点锚杆和土工格栅的组合来模拟。土工格栅模拟注浆体即锚杆的锚固段部分，而点对点锚杆模拟锚杆的自由段部分。

④ 土钉墙的模拟。土钉可以由土工格栅来模拟。土钉墙混凝土面层可以用板单元来模拟。

4）支护桩的弹性抗力法

基坑支护结构的形式很多，主要有支挡式支护结构、重力式支护结构、土钉墙支护结构和组合型支护结构，不同的支护结构形式有其各自的特点和适用范围。其中支挡式支护结构应用广泛，适用性强，能适应各种复杂的地质条件，设计计算理论较为成熟，各地区的工程经验也较多，易于控制支护结构变形，尤其适用于开挖深度较大的深基坑，是深基坑工程中经常采用的主要结构形式。

支挡式支护结构常采用弹性抗力发进行计算分析。弹性抗力法计算简图如图 4-26 所示。该方法的分析对象是支护桩（墙），所以仅能分析支护桩（墙）的变形和内力，不能直接反映对周边环境的影响。

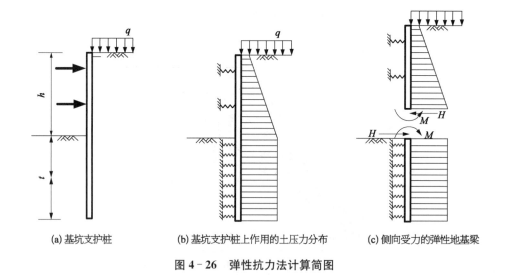

(a) 基坑支护桩   (b) 基坑支护桩上作用的土压力分布   (c) 侧向受力的弹性地基梁

图 4-26 弹性抗力法计算简图

在开挖深度范围内通常取主动土压力分布图式，支护桩入土部分为侧向受力的弹性地基梁，地基反力系数取 m 法图形。进行内力分析时，常按杆系有限元——结构矩阵分析解法即可求得支护桩身的内力、变形解。

由于侧向弹性地基抗力法能较好地反映基坑开挖（图 4-27）和回填过程各种工程和复杂情况对支护结构受力的影响，是目前工程界最常用的基坑设计计算方法。

通常减小支护结构的水平位移可以减小基坑开挖对周边环境的影响。对于支挡式支

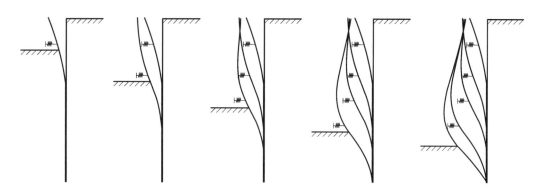

图 4‑27　弹性抗力法模拟基坑开挖的计算过程

护结构,增加支护桩直径或地下连续墙厚度、增加桩墙的嵌固深度、采用锚杆时增加锚杆的层数以及增加锚杆锁定力、采用内支撑时增加支撑层数以及增加支撑刚度等,都可有效地减小支护结构的水平位移。下面通过不同地质条件的两个算例,分别说明桩径、嵌固深度、锚杆锁定力对支护结构水平位移的影响。

[算例 1]　均质黏性土场地 15 m 深的基坑,采用支护桩加锚杆的支护结构。黏性土 $c = 20$ kPa,$\varphi = 20°$。

（1）支护桩桩径的影响　支护桩直径 800 mm、间距 1 600 mm、桩长 21 m（嵌固 6 m）,采用两道锚杆,锚杆标高分别为 −5 m 和 −11 m,锚杆锁定力分别为 350 kN 和 500 kN。计算结果如图 4‑28 所示,支护结构的最大水平位移为 28.9 mm。

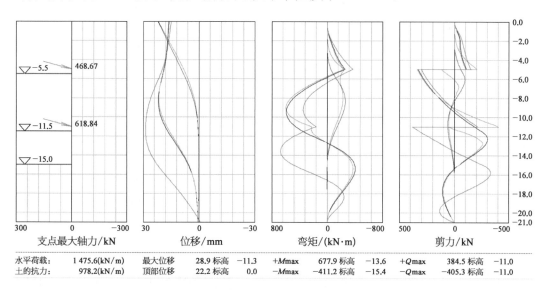

| 水平荷载: | 1 475.6(kN/m) | 最大位移 | 28.9 标高 | −11.3 | +Mmax | 677.9 标高 | −13.6 | +Qmax | 384.5 标高 | −11.0 |
| 土的抗力: | 978.2(kN/m) | 顶部位移 | 22.2 标高 | 0.0 | −Mmax | −411.2 标高 | −15.4 | −Qmax | −405.3 标高 | −11.0 |

图 4‑28　支护桩内力计算结果（桩径 800 mm、嵌固 6 m）

支护桩直径 1 000 mm、间距 1 600 mm、桩长 21 m（嵌固 6 m）,采用两道锚杆,锚杆标高分别为 −5 m 和 −11 m,锚杆锁定力分别为 350 kN 和 500 kN。计算结果如图 4‑29 所示,支护结构的最大水平位移为 21.9 mm。

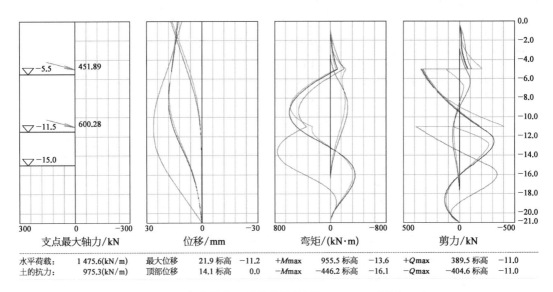

| 水平荷载: | 1 475.6(kN/m) | 最大位移 | 21.9 标高 | −11.2 | +Mmax | 955.5 标高 | −13.6 | +Qmax | 389.5 标高 | −11.0 |
| 土的抗力: | 975.3(kN/m) | 顶部位移 | 14.1 标高 | 0.0 | −Mmax | −446.2 标高 | −16.1 | −Qmax | −404.6 标高 | −11.0 |

图 4‑29 支护桩内力计算结果(桩径 1 000 mm、嵌固 6 m)

当支护桩直径由 800 mm 增加到 1 000 mm 时,支护结构的最大位移减小 24.2%(支护桩的混凝土方量增加 56%,锚杆长度减少 3.4%),由此可见增加支护桩直径可有效地减小支护结构的最大水平位移。

(2)支护桩嵌固深度的影响 支护桩直径 800 mm、间距 1 600 mm、桩长 21 m(嵌固 6 m),采用两道锚杆,锚杆标高分别为 −5 m 和 −11 m,锚杆锁定力分别为 350 kN 和 500 kN。计算结果如图 4‑28 所示,支护结构的最大水平位移为 28.9 mm,整体稳定安全系数 1.36。

支护桩直径 800 mm、间距 1 600 mm、桩长 24 m(嵌固 9 m),采用两道锚杆,锚杆标高分别为 −5 m 和 −11 m,锚杆锁定力分别为 350 kN 和 500 kN。计算结果如图 4‑30 所示,支护

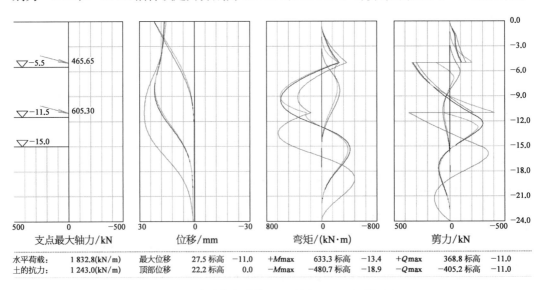

| 水平荷载: | 1 832.8(kN/m) | 最大位移 | 27.5 标高 | −11.0 | +Mmax | 633.3 标高 | −13.4 | +Qmax | 368.8 标高 | −11.0 |
| 土的抗力: | 1 243.0(kN/m) | 顶部位移 | 22.2 标高 | 0.0 | −Mmax | −480.7 标高 | −18.9 | −Qmax | −405.2 标高 | −11.0 |

图 4‑30 支护桩内力计算结果(桩径 800 mm、嵌固 9 m)

结构的最大水平位移为 27.5 mm,整体稳定安全系数 1.48。

当直径 800 mm 支护桩的嵌固深度由 6 m 增加到 9 m 时,支护结构的最大位移减小 4.8%(支护桩的混凝土方量增加 14%),由此可见,在满足整体稳定的情况下,增加支护桩嵌固深度可以减小支护结构的最大水平位移。

(3) 锚杆锁定力的影响　支护桩直径 800 mm、间距 1 600 mm、桩长 21 m(嵌固 6 m),采用两道锚杆,锚杆标高分别为 -5 m 和 -11 m,锚杆锁定力分别为 350 kN 和 500 kN。计算结果如图 4-28 所示,支护结构的最大水平位移为 28.9 mm。

支护桩直径 800 mm、间距 1 600 mm、桩长 21 m(嵌固 6 m),采用两道锚杆,锚杆标高分别为 -5 m 和 -11 m,锚杆锁定力增加 20%,分别为 420 kN 和 600 kN。计算结果如图 4-31 所示,支护结构的最大水平位移为 24.2 mm。

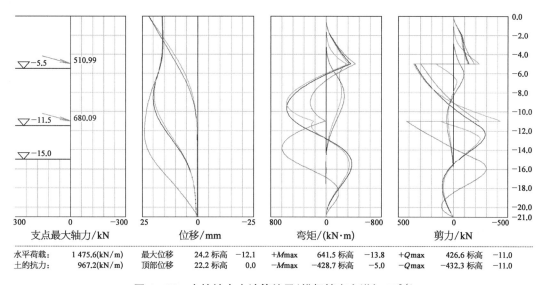

| 水平荷载: | 1 475.6(kN/m) | 最大位移 | 24.2 标高 | -12.1 | +Mmax | 641.5 标高 | -13.8 | +Qmax | 426.6 标高 | -11.0 |
| 土的抗力: | 967.2(kN/m) | 顶部位移 | 22.2 标高 | 0.0 | -Mmax | -428.7 标高 | -5.0 | -Qmax | -432.3 标高 | -11.0 |

图 4-31　支护桩内力计算结果(锚杆锁定力增加 20%)

当锚杆锁定力增加 20% 时,支护结构的最大位移减小 16.3%(锚杆长度增加 10.3%),由此可见,增加锚杆锁定力可以有效减小支护结构的最大水平位移。

[**算例 2**]　均质砂性土场地 15 m 深的基坑,采用支护桩加锚杆的支护结构。砂性土 $c=0$, $\varphi=30°$。

(1) 支护桩桩径的影响　支护桩直径 800 mm、间距 1 600 mm、桩长 21 m(嵌固 6 m),采用两道锚杆,锚杆标高分别为 -3 m 和 -10 m,锚杆锁定力分别为 350 kN 和 500 kN。计算结果如图 4-32 所示,支护结构的最大水平位移为 27.4 mm。

支护桩直径 1 000 mm、间距 1 600 mm、桩长 21 m(嵌固 6 m),采用两道锚杆,锚杆标高分别为 -3 m 和 -10 m,锚杆锁定力分别为 350 kN 和 500 kN。计算结果如图 4-33 所示,支护结构的最大水平位移为 19.6 mm。

当支护桩直径由 800 mm 增加到 1 000 mm 时,支护结构的最大位移减小 28.5%(支

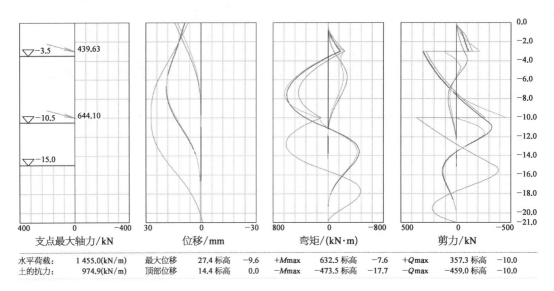

| 水平荷载: | 1 455.0(kN/m) | 最大位移 | 27.4 标高 | −9.6 | +Mmax | 632.5 标高 | −7.6 | +Qmax | 357.3 标高 | −10.0 |
| 土的抗力: | 974.9(kN/m) | 顶部位移 | 14.4 标高 | 0.0 | −Mmax | −473.5 标高 | −17.7 | −Qmax | −459.0 标高 | −10.0 |

图 4‑32　支护桩内力计算结果(桩径 800 mm、嵌固 6 m)

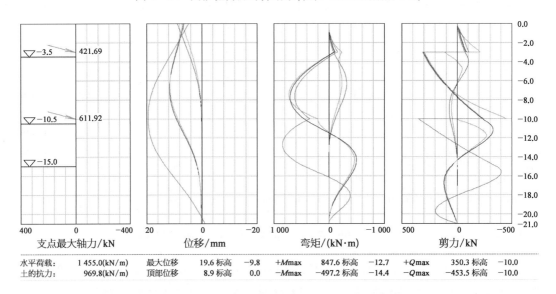

| 水平荷载: | 1 455.0(kN/m) | 最大位移 | 19.6 标高 | −9.8 | +Mmax | 847.6 标高 | −12.7 | +Qmax | 350.3 标高 | −10.0 |
| 土的抗力: | 969.8(kN/m) | 顶部位移 | 8.9 标高 | 0.0 | −Mmax | −497.2 标高 | −14.4 | −Qmax | −453.5 标高 | −10.0 |

图 4‑33　支护桩内力计算结果(桩径 1 000 mm、嵌固 6 m)

护桩的混凝土方量增加 56%,锚杆长度减少 5.0%),由此可见增加支护桩直径可有效地减小支护结构的最大水平位移。

(2)支护桩嵌固深度的影响　支护桩直径 800 mm、间距 1 600 mm、桩长 21 m(嵌固 6 m),采用两道锚杆,锚杆标高分别为−3 m 和−10 m,锚杆锁定力分别为 350 kN 和 500 kN。计算结果如图 4‑32 所示,支护结构的最大水平位移为 27.4 mm,整体稳定安全系数 1.44。

支护桩直径 800 mm、间距 1 600 mm、桩长 24 m(嵌固 9 m),采用两道锚杆,锚杆标高分别为−3 m 和−10 m,锚杆锁定力分别为 350 kN 和 500 kN。计算结果如图 4‑34 所示,支护结构的最大水平位移为 26.9 mm,整体稳定安全系数 1.68。

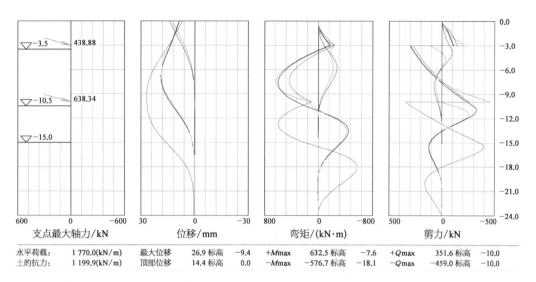

| 水平荷载: | 1 770.0(kN/m) | 最大位移 | 26.9 标高 | −9.4 | $+M_{max}$ | 632.5 标高 | −7.6 | $+Q_{max}$ | 351.6 标高 | −10.0 |
| 土的抗力: | 1 199.9(kN/m) | 顶部位移 | 14.4 标高 | 0.0 | $-M_{max}$ | −576.7 标高 | −18.1 | $-Q_{max}$ | −459.0 标高 | −10.0 |

图 4‑34　支护桩内力计算结果(桩径 800 mm、嵌固 9 m)

　　当直径 800 mm 支护桩的嵌固深度由 6 m 增加到 9 m 时,支护结构的最大位移减小 1.8%(支护桩的混凝土方量增加 14%),由此可见,砂性土场地,在满足整体稳定的情况下,增加支护桩嵌固深度对减小支护结构的最大水平位移的作用不明显。

　　(3) 锚杆锁定力的影响　支护桩直径 800 mm、间距 1 600 mm、桩长 21 m(嵌固 6 m),采用两道锚杆,锚杆标高分别为−3 m 和−10 m,锚杆锁定力分别为 350 kN 和 500 kN。计算结果如图 4‑32 所示,支护结构的最大水平位移为 27.4 mm。

　　支护桩直径 800 mm、间距 1 600 mm、桩长 21 m(嵌固 6 m),采用两道锚杆,锚杆标高分别为−5 m 和−11 m,锚杆锁定力增加 20%,分别为 420 kN 和 600 kN。计算结果如图 4‑35 所示,支护结构的最大水平位移为 22.2 mm。

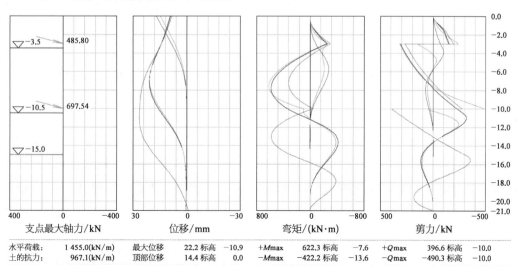

| 水平荷载: | 1 455.0(kN/m) | 最大位移 | 22.2 标高 | −10.9 | $+M_{max}$ | 622.3 标高 | −7.6 | $+Q_{max}$ | 396.6 标高 | −10.0 |
| 土的抗力: | 967.1(kN/m) | 顶部位移 | 14.4 标高 | 0.0 | $-M_{max}$ | −422.2 标高 | −13.6 | $-Q_{max}$ | −490.3 标高 | −10.0 |

图 4‑35　支护桩内力计算结果(锚杆锁定力增加 20%)

当锚杆锁定力增加 20%时,支护结构的最大位移减小 18.0%(锚杆长度增加 5.7%),由此可见,增加锚杆锁定力可以有效减小支护结构的最大水平位移。

综上所述,土性、支护桩直径、锚杆锁定力、支护桩嵌固深度等都会对支护结构水平位移产生影响。增加支护桩直径、增加锚杆锁定力可有效地减小支护结构水平位移。场地土性变化也会对支护结构水平位移产生影响。与黏性土场地基坑相比,在砂性土场地基坑中,增加支护桩直径、增加锚杆锁定力减小支护结构水平位移的幅度较大。在满足整体稳定的条件下,黏性土场地增加支护桩嵌固深度可减小支护结构水平位移,砂性土场地增加支护桩嵌固深度对减小支护结构的水平位移的作用不明显。

增加锚杆锁定力是减小支护结构水平位移的有效措施,当支护结构位移较小时(对于一级基坑支挡式支护结构通常水平位移控制在 0.2%以内),此时按弹性抗力法计算时,作用在支护结构上的荷载仍按主动土压力考虑是偏于不安全的,此时锚杆拉力应按静止土压力进行校核,相应提高锚杆锁定力。对于上述砂性土场地,当按静止土压力计算锚杆拉力标准值时,锚杆锁定力应增加 80%,此时支护结构最大水平位移约减小 45%,锚杆长度约增加 30%。

4.1.2.4 施工过程的变形控制

基坑工程施工是支护结构施工、地下水控制以及基坑土方开挖的系统工程,其对环境的影响主要分如下三类:支护结构施工过程中产生的挤土效应或土体损失引起的相邻地面隆起或沉降;长时间、大幅度降低地下水可能引起地面沉降,从而引起邻近建(构)筑物及地下管线的变形及开裂;基坑开挖时产生的不平衡力、软黏土发生蠕变和坑外水土流失而导致周围土体及围护墙向开挖区发生侧向移动、地面沉降及坑底隆起,从而引起紧邻建(构)筑物及地下管线的侧移、沉降或倾斜。因此,除从设计方面采取有关环境保护措施外,还应从支护结构施工、地下水控制及开挖三个方面分别采取相关措施保护周围环境。必要时可对被保护的建(构)筑物及管线采取土体加固、结构托换、架空管线等防范措施。

1)支护结构施工的变形控制

支护结构(包括支护桩、地下连续墙、锚杆、土钉等)的施工应选择适当的施工工艺和工序,当周围建构筑物对施工影响敏感时,应当采用必要的技术控制措施,并加强施工过程控制,防止产生过大的附加沉降。

(1)支护桩、地下连续墙等的施工 支护桩的施工工艺很多,不同的施工工艺对周边环境的影响不同。打入桩施工会引起振动和挤土效应,钻孔或槽段开挖导致土中的应力释放而引起周围土体变形,水泥土搅拌则可能产生挤土效应。因此支护桩、地下连续墙等施工时应充分考虑其施工阶段可能对周围环境产生的不利影响,并根据监测情况及时调整施工方法和施工工艺。

钢筋混凝土预制桩或钢板桩施工时,应采取适当的工艺和方法减少沉桩时的挤土、振动影响,合理安排沉桩流程,严格控制沉桩速率,必要时应设置应力释放孔或防挤沟、设置竖向排水通道等措施来减小沉桩对周边环境的影响；板桩拔出时可采用边拔边注浆的措施，减小由于土体损失而引起的对周边环境的不利影响。

钻孔灌注桩施工中可采用隔桩跳打、提高泥浆相对密度、采用优质泥浆护壁、适当提高泥浆液面高度等措施提高灌注桩成孔质量、控制孔壁坍塌、减小孔周土体变形。必要时也可先施工低掺量的搅拌桩，再在搅拌桩内套打灌注桩。

粉土或砂土地基中地下连续墙施工前可采用槽壁预加固、降水、调整泥浆配比、适当提高泥浆液面高度等措施；同时可适当缩短地下连续墙单幅槽段宽度，以减少槽壁坍塌的可能性，并加快单幅槽段的施工速度。

长螺旋反插钢筋笼工艺是近年来开发的新的灌注桩施工工艺，该工艺泥浆污染少，工效高，在很多地区推广使用，但是当周边环境复杂、对变形敏感，而土质为灵敏度高的软黏土或松散的粉土或粉细砂时，应慎用该工艺。

当支护结构施工对周边环境影响较大时应改变支护方式或施工工艺。

（2）锚杆施工　锚杆施工会影响相邻建筑物地基以及周边环境。对于浅基础，如果持力层土质较差，锚杆施工对基础的影响较大；当锚杆设置在浅基础下部的土体中时，锚杆距离基础底面越近，则锚杆施工对基础的影响越大。

锚杆成孔过程中如果施工不当造成塌孔，甚至引起水土流失，将会对周边道路管线、建构筑物的正常使用产生影响，在这种情况下应避免使用螺旋钻成孔，应优先选用套管跟进成孔，也可采用自钻式锚杆。

在软土地区，由于土体强度较低，如果上覆土层厚度较小，在注浆压力作用下，可能发生土体强度破坏后隆起、开裂。所以在注浆时，应合理选定注浆压力、稳压时间、注浆工艺（一次或多次注浆、间隔注浆的合理顺序等）、注浆量等。

土层锚杆锚固段不应设置在未经处理的软弱土层、不稳定土层和不良地质地段，及钻孔注浆引发较大土体沉降的土层，对于上述地质条件，尤其是当基坑周边环境复杂时，应避免使用锚杆方案。

2）地下水控制

在地下水位高的地区，在基坑开挖过程中，一方面必须对地下水进行有效的控制，以保证土方开挖以及后续结构施工的顺利实施，另一方面必须防止管涌、流砂及降水引起的坑外地面变形。当降低地下水对周边环境影响较大时，应首选止水方案。当支护结构不能起到止水作用时，可设置止水帷幕；竖向止水帷幕的设置应穿过透水层或弱透水层，真正起到隔水封闭的作用；当坑底下土体中存在承压水时，可在坑底设置水平向的止水帷幕，既可阻止地下水绕墙底向坑内渗流，又可防止承压水向上作用的水压力使基坑底面以下的土层发生突涌破坏。必须采用降水方案时，应评估降水对周边环境的影响，且应采取回灌等措施。降水实施过程中，应根据基坑开挖的需要和基坑降水的水位情况，对降水实施动态管理，达到按需降水、减少基坑抽排水量的目的。

地下水降低，使得地基土空隙水压力降低，有效应力增加，土体被压密，导致基坑周边的地面沉降。基坑开挖可能导致周边地下水位降低时，应预估地下水位降低引起的地面沉降。降水引起地面沉降的计算方法见表 4-6。

表 4-6　降水引起地面沉降的计算方法

分类	特　点	计　算　方　法	说　明
简化计算方法	常用综合水力参数描述各向异性的土体，忽略了真实地下水渗流的运动规律；计算简单方便，误差较大	含水层：$s = \Delta h E \gamma_{w} H$ 隔水层：$s = \sum s_i = \sum \dfrac{a_{vi}}{2(1+e_{0i})} \gamma_w \Delta h H_i$	s ——土体沉降量(m)； Δh ——含水层水位变幅(m)； E ——含水层压缩或回弹模量； H ——含水层的初始厚度(m)； H_i ——第 i 层土的厚度(m)； e_{0i} ——第 i 层土的初始孔隙比； a_{vi} ——第 i 层土的压缩系数(MPa^{-1})；
用贮水系数估算法	将抽水试验所得水位降深的 s-t 曲线，用配线法求解 S_s，预测地面沉降	$S = S_e + S_y$ $s(t) = U(t)s_{\infty} = U(t)S\Delta h$	S ——储水系数； S_e ——弹性储水系数； S_y ——滞后储水系数；
基于经典弹性理论的计算方法	基于 Terzaghi-Jacob 理论，假定含水层土体骨架变形与孔隙水压力变化成正比，忽略次固结作用；不考虑固结过程中含水层水力参数变化	$s = H \gamma_w m_v \Delta h$ 或 $s = H \dfrac{\Delta \sigma'}{\gamma_w} S_s$	$U(t)$ —— t 时刻地基土的固结度； s_{∞} ——土体最终沉降量(m)； m_v ——压缩层的体积压缩系数(kPa^{-1})； $\Delta \sigma'$ ——有效应力增量(kPa)； S_s ——压缩层的储水率(m^{-1})； Δh ——含水层水位降深(m)； k_0、n_0 ——分别为含水层初始渗透系数、初始孔隙率；
考虑含水层组参数变化的计算方法	土层压密变形与孔隙水压力变化成正比；考虑土体固结过程中的水力参数变化，更符合土体不能完全恢复非弹性变形的实际	$k = k_0 \left[\dfrac{n(1-n)}{n_0(1-n)^2} \right]^m$ $S_s = \rho g [\alpha + n\beta]$ 或 $S_s = 0.434 \rho g \dfrac{C}{\sigma'(1+e)}$ $\alpha = \dfrac{0.434C}{(1+e)\sigma'} = \dfrac{0.434C(1-n)}{\sigma'}$	σ' ——有效应力(kPa)； $C = \begin{cases} C_c, & \sigma' \geqslant p_c \\ C_s, & \sigma' < p_c \end{cases}$ C_c、C_s ——压缩指数和回弹指数； α ——土体骨架的弹性压缩系数； β ——水的弹性压缩系数(kPa^{-1})； m ——与土性质有关的幂指数

《建筑基坑支护技术规程》JGJ 120—2012 中 7.5.2 条给出基坑外土中各点降水引起的附加有效应力宜按地下水稳定渗流分析方法计算；当符合非稳定渗流条件时，可按地下水非稳定渗流计算。附加有效应力也可根据本规程第 7.3.5 条、第 7.3.6 条计算的地下水位降深，按下列公式计算(图 4-36)：

(1) 第 i 层土位于初始地下水位以上时

$$\Delta \sigma'_{zi} = 0 \tag{4-1}$$

(2) 第 i 层土位于降水后水位与初始地下水位之间时

$$\Delta \sigma'_{zi} = \gamma_w z \tag{4-2}$$

（3）第 i 层土位于降水后水位以下时

$$\Delta\sigma'_{zi}=\lambda_i\gamma_w s_i \tag{4-3}$$

式中　γ_w——水的重度（kN/m^3）；

　　　　z——第 i 层土中点至初始地下水位的垂直距离（m）；

　　　　s_i——计算剖面对应的地下水位降深（m）；

　　　　λ_i——计算系数，应按地下水渗流分析确定，缺少分析数据时，也可根据当地工程
　　　　　　　经验确定。

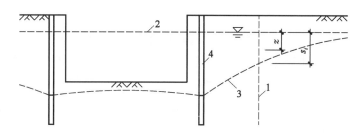

1—计算剖面；2—初始地下水位；3—降水后的水位；4—降水井

图 4-36　降水引起的附加有效应力计算

3）土方开挖的变形控制

土方开挖应严格按设计要求施工，开挖时间、开挖部位及开挖高度等应与设计工况相一致，遵循"分层、分段、分块、对称、平衡、限时"和"先撑后挖、限时支撑、严谨超挖"的原则，施工过程中应加强施工管理和监督，挖土机械的停放、行走路线、挖土顺序、材料对方等应避免对支护结构、降水设施、监测设施、周边环境等造成不利影响。

基坑开挖的过程中，支护结构应达到设计要求的强度，挖土施工工况应满足设计要求。采用混凝土支撑或锚杆时，混凝土支撑或锚杆强度达到设计要求的强度后，才能进行下层土方开挖。采用钢支撑时，钢支撑施工完毕并按设计要求施加预应力后，才能进行下层土方施工。

基坑开挖应采用分层开挖或台阶式开挖，分层厚度及放坡坡度根据当地的工程经验确定。对于土钉支护或锚杆支护的基坑，开挖应与土钉或锚杆施工相协调，开挖和支护施工交替作业。对于面积较大的基坑可采取岛式开挖的方式，先开挖基坑周边土钉或锚杆施工作业面宽度的土体，再挖除中间部位的土体。土钉或锚杆作业面的开挖深度应在满足施工的前提下尽量减少。

有内支撑时，基坑开挖方法和顺序应尽量减少基坑无支撑暴露时间。应先开挖周边环境要求较低的一侧土方，再开挖环境要求较高的一侧土方。

4.1.2.5　基坑工程变形观测

近年来，基坑工程信息化施工受到越来越广泛的重视，我国各地区相继颁布实施的各种基坑设计、施工规范标准，都特别强调基坑监测和信息化施工的重要性。

　　基坑工程施工过程中的监测应包括对支护结构和对周边环境的监测,并提出各项监测要求的报警值。随基坑开挖,通过对支护结构桩、墙及其支撑系统的内力、变形的测试,掌握其工作性能和状态。通过对影响区域内的建筑物、地下管线的变形监测,了解基坑降水和开挖过程中对其影响的程度,做出在施工过程中基坑安全性的评价。

　　根据基坑开挖深度及周边环境保护要求确定基坑的地基基础设计等级,依据地基基础设计等级对基坑的监测内容、数量、频次、报警标准及抢险措施提出明确要求,实施动态设计和信息化施工。为了实时掌握基坑开挖对周边环境的影响,应加强对基坑支护结构顶部水平位移、支护结构(土体)水平位移、周边建筑物沉降观测以及对周边的巡视检查工作。

　　1) 支护结构顶部水平位移

　　支护结构顶部水平位移是基坑工程中最直接的监测内容,通过观测支护结构顶部位移,对确保支护结构和周围环境安全具有重要意义。对于支护结构顶部水平位移观测常用的方法有视准线法、小角度法、投点法等。

　　视准线法是最常用的基坑顶部水平位移观测方法(图 4-37)。视准线法的过程是先在要进行位移观测的基坑槽壁上(或支护结构上)设一条视准线,并在该视准线两端设置两个工作基点 A、B,分别作为立站点及后视点,然后沿着该视准线在槽壁上分设若干个观测点。测量时可用觇牌法直接读出测点的水平位移。觇牌法是指测量时用带有读数尺的觇牌设置在观测点,把经纬仪立在工作基点 A 上、后视 B 点,并通过对校核点确定无误后,通过觇牌读出测点的位移。

图 4-37　视准线法示意

　　水平位移观测基准点不应少于两个,且应设置在基坑开挖影响范围之外。位移观测点应沿基坑周边布置,在基坑每边的中部、阳角处等变形较大的部位应设置变形观测点,在需要保护的建构筑物处应有针对性地布置观测点。

　　土方开挖前必须测定初始值,且不少于 2 次;土方开挖过程中,每天监测一次;当遇大雨等特殊情况时,适当加密观测次数。土方开挖至基底且位移稳定后,每 3~7 d 监测一次,直至基坑回填。

　　当观测曲线出现突变或测试值大于设计或规范要求时,要立即组织有关人员分析原因、研究对策,同时加密观测次数。

　　2) 支护结构(土体)水平位移

　　支护结构(土体)水平位移是确定支护体系或土体沿竖向的变形,通常采用测斜方法进行观测。

测斜的工作原理是利用测斜仪重力摆锤始终保持铅直方向的性质,测得测斜仪中轴线与摆锤垂直线的倾角,从而得到测斜仪上下两端的位移变化值(图 4‑38)。实际测量时,将测斜仪插入测斜管内并沿导槽按固定的间距逐段下滑,测得每段位移变化值,进而得到测斜管的整体位移。但是由测斜仪测得的位移曲线是测斜管顶部和底部的相对位移曲线,因此必须确定测斜管顶部或底部的绝对位移后,才能得到实际位移曲线。通常测斜要与支护结构顶部水平位移观测联合使用,或将测斜管设置在底部位移为零的深度。

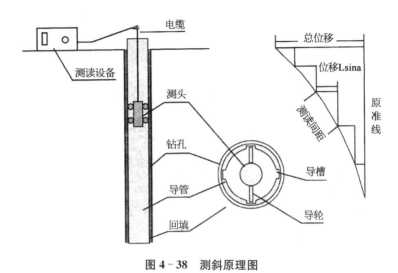

图 4‑38 测斜原理图

3) 周边建筑物沉降观测

在基坑开挖过程中,对周边建筑物进行沉降观测,可以直观地反映基坑工程施工对周边建筑物的影响。建筑物沉降监测应采用精密水准仪监测。观测点的布置应符合《建筑变形测量规范》(JGJ 8)的有关规定。

受基坑开挖影响的建筑物沉降曲线可分为四个阶段:支护结构施工阶段、开挖阶段、回填阶段和后期沉降(图 4‑39)。支护结构施工阶段引起的沉降占总沉降的 10% ~ 20%,开挖阶段引起的沉降约占总沉降的 80%,基坑回填阶段和后期沉降占总沉降的 5% ~ 10%,结构封顶后,沉降基本稳定。所以注重基坑开挖阶段的变形控制是减少周边建筑物沉降的一个重要因素。

4) 巡视检查

支护结构施工、基坑开挖期间以及支护结构使用期内,应对支护结构和周边环境的状况随时进行巡查,这与其他监测技术同等重要。基坑工程施工期间的各种变化往往具有时效性和突发性,加强巡视检查是预防基坑工程问题的非常简便、经济而有效的方法。

《建筑基坑工程监测技术规范》GB 50497—2009 中 4.3.2 规定基坑工程巡视检查宜包括对支护结构、施工工况、周边环境、监测实施,以及根据设计要求或当地经验确定的其他巡视检查内容。对支护结构的巡视检查内容主要有:支护结构的成型质量,冠梁、围

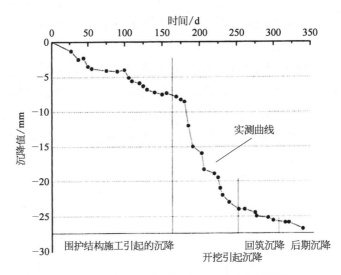

图 4‑39　基坑开挖引起建筑物沉降典型曲线

檩、支撑有无裂缝出现,支撑、立柱有无较大变形,止水帷幕有无开裂、渗漏,墙后土体有无裂缝、沉陷及滑移,基坑有无涌土、流沙、管涌等。对周边环境的巡视检查内容主要有:周边管道有无破损、泄漏情况,周边建筑有无新增裂缝出现,周边道路(路面)有无裂缝、沉陷,邻近基坑及建筑的施工变化情况等。

巡视检查通常以目测为主,辅助以锤、钎、量尺、放大镜等工器具以及摄像、摄影等设备进行,这样的检查方法速度快、周期短,可以及时弥补仪器监测的不足。

4.1.2.6　地基加固、隔离措施

当采取上述变形控制措施,仍不能满足对周边建(构)筑物的满足要求时,可对建构筑物进行加固,或对基坑主、被动区进行加固,或采取隔离措施。

在软土地区,为提高基坑主、被动区土体强度,减小基坑变形量,通常会在基坑长边的中部、阳角或邻近保护对象区域设置土体加固,具体加固方法有搅拌桩、高压旋喷装或压密注浆。从施工对周边环境影响的角度,高压旋喷桩施工对周边环境影响最大,搅拌桩、压密注浆对周边环境影响相对较小。无论采用哪种加固方法,都会对原状土产生扰动破坏,由于软土的高灵敏性和触变性,施工期间土体强度会降低,经过一定时间后土体强度才逐步恢复并提高。因此大面积加固应分段跳仓施工。

在基坑与需要保护的周边建筑物之间设置隔离桩(墙),是深基坑工程中一种行之有效的环境变形保护措施。随着基坑开挖,坑外土体向坑内方向发生位移,此时隔离桩(墙)会起到一定的水平承载作用,与支护桩按一定比例共同分担土压力,减少了作用在支护桩上的土压力,从而也就限制了围护桩的侧向变形。另外基坑开挖过程中,坑外土体除了发生向坑内的水平位移,同时坑外一定范围内的土体会发生竖向沉降,如果没有隔离桩,将形成一个连续的沉降槽,而隔离桩受力体系能很好地承担土体传递过来的摩擦力,限制桩外土体的变形,并且能够将承受的摩擦力进行纵向扩散,将隔离桩内外的竖向变形隔断,

减少了坑外建筑物的沉降。

上海某基坑工程坑深 10.8 m,采用支护桩加内支撑的支护结构。基坑东南侧约 6.5 m 为一栋 6 层砖混住宅楼,为保护该住宅楼,在支护桩与住宅楼之间设置一排隔离桩。监测结果表明(图 4 - 40),基坑北侧未设置隔离桩,支护桩桩身最大变形 30.2 mm,东南侧设置隔离桩,支护桩桩身最大变形 23.1 mm。说明隔离桩有效地减少支护桩所承受的土压力,起到了控制支护桩及环境变形中所起的作用。

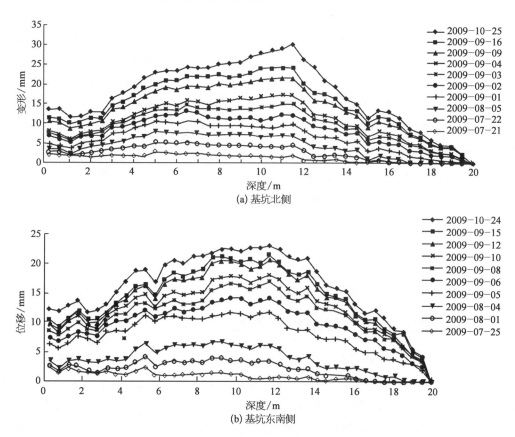

图 4 - 40　上海某过程隔离桩减小支护桩变形实例

4.2　主裙楼整体筏型基础荷载传递及变形控制

4.2.1　解决主裙楼差异沉降的常用方法及其优缺点

随着现代化建设的发展,充分利用土地资源,在建筑工程中节能省地、建设节约型社会,开发地下空间已成为首要考虑的问题。地下空间的利用使高层建筑基础的型式和功能有了较大变化,从发展趋势看,高层建筑的基础向超大、超深、大跨、大底盘方向发展,大底盘建筑越来越多,即多栋建筑建造在一个大底盘上。由于大底盘建筑的主楼、裙房荷载及刚度存在差异,主裙楼基础之间往往会产生不均匀沉降。为解决主裙楼的差异沉降问题,主裙楼之间的连接方式有三种。

第一种是在主裙楼之间设置沉降缝。用沉降缝将建筑物分割为两个或多个独立的沉降单元,可有效地防止地基不均匀沉降产生的损害,但设置沉降缝影响地下空间的使用功能,目前较少采用。

第二种是在主裙楼之间设置沉降后浇带。沉降后浇带是在主楼与裙房之间设置的一定宽度的板带,该部位钢筋互相搭接但不浇筑混凝土,结构施工期间主楼、裙房可以自由沉降,待沉降基本稳定后再浇筑后浇带处的混凝土,使主裙楼连成整体。由于设置沉降后浇带既可以满足地下空间的使用功能,又可以解决不均匀沉降的问题,因此设置沉降后浇带是常用的主裙楼连接方式。但是目前沉降后浇带有被滥用的趋势,有些设计人员对于主裙楼之间的差异沉降过于恐惧,只要主裙楼存在层数差异,不管结构刚度、基础刚度如何,一律采用沉降后浇带处理。其实沉降后浇带也有不足之处,由于后浇带施工涉及二次作业,大大增加了施工的复杂性,影响施工工期,且后浇带的质量不易控制、施工费用加大等。

第三种是主裙楼整体连接,通过基础及结构的刚度调整不均匀沉降。主裙楼整体连接,就是主楼与裙楼之间既不设沉降缝也不设置沉降后浇带,而是施工时直接连接成为一个整体,通过基础及结构的刚度调整不均匀沉降。由于整体连接方式施工方便、施工质量容易保证,且已施工的结构可以随时投入使用,节约了施工成本,促使建造成本的回收时间提前,因此主裙楼整体连接是主裙楼结构连接的发展方向。主裙楼一体可以起到扩散结构荷载、调整不均匀沉降的作用,但是主裙楼基础整体连接具有一定的适用条件。

4.2.2　主裙楼整体连接的可行性及适用性

随着高层建筑的基础向超大、超深、大跨、大底盘方向发展,箱形基础为平板式筏基或桩筏基础所取代。在以平板式筏基构成的大面积地下建筑上建造一个或多个层数不等的塔楼和低层裙房组成的建筑群,为保证建筑群的整体性,各单个建筑之间不设沉降缝。因此,在设计上提出了塔楼与裙房之间变形协调的可能性、多个高层建筑之间的相互影响及合理距离。这些问题都涉及沉降计算的精确性、不同类型的上部结构承受变形的能力,最终归结到按变形控制基础设计问题。解决该问题的最佳方法是对实体建筑进行测试。由于现场条件复杂,施工周期较长,现有少量实测资料多限于沉降观测,为此,在参考已有资料及结构特点的基础上,中国建筑科学研究院地基基础研究所进行了一系列室内大型模型试验,以研究平板式筏基的传力性能、塔楼之间的影响、大底盘的变形特征等。以上试验和共同作用分析结果表明:

(1)大底盘高层建筑随着主楼外裙房面积的增大,厚筏基础的变形特征由刚性、半刚性特征逐渐表现为柔性特征,主楼结构随外挑部分增大,挠曲度增加。在荷载作用下,与主楼外无挑出结构相比,大底盘结构主楼平均沉降减小,基础的沉降曲线较平缓,但主楼外挑出地下结构的跨数对平均沉降减小的幅度影响不大。

（2）裙房及厚筏基础可以起到扩散主楼荷载的作用，但裙房扩散主楼荷载的能力是有限的，主楼荷载的有效传递范围是主楼外 1～2 跨，超过 3 跨主楼荷载将扩散不过去。

（3）增加底板刚度、楼板厚度以及地基刚度可有效减少大底盘结构基础的差异沉降及基础挠曲度。

由此可见，当大底盘结构具有一定的基础刚度（筏板厚度满足冲切要求并不小于 1/6 柱跨）和裙房刚度（通常不少于 2 层裙房）时，荷载可以有效地向主楼外扩散，主楼的平均沉降比无裙房时减小，基础的沉降曲线较平缓。当主裙楼差异沉降控制在规范允许的范围内时，主裙楼之间就可以不设置沉降缝和沉降后浇带，实现主裙楼基础的整体连接。这种连接方式已成功应用于北京富景花园、北京中国银行大厦等数十项工程。实践证明，在中低压缩性土地基上，对于基础埋深 15～25 m，主楼层数不超过 30 层的大底盘结构，通过合理设计，天然地基条件下，主裙楼基础采用整体连接是可行的。

影响大底盘结构变形的因素很多，除了主楼外挑出地下结构的跨数外，基础刚度、上部结构刚度、地基刚度、主楼结构形式等都对大底盘结构的变形有影响。调整主裙楼的差异沉降可以采用调整基础刚度、上部结构刚度的方法，也可以采用改变地基刚度的方法，在主楼或主楼周边一定范围采用地基处理或桩基础的方式减小主楼沉降，进而减小主裙楼的差异沉降，使主裙楼差异沉降控制在规范允许的范围内。

实现主裙楼整体连接的大底盘结构，在天然地基或复合地基条件下，通常筏板的刚度较大，底板较厚。当裙房的面积很大时，从经济角度考虑可以采用变刚度筏板，即在裙房部分采用梁板式筏基或减小筏板厚度，但是不应在主裙楼交接处改变筏板的刚度，而是至少在主楼外一跨以外的位置改变，以保证主楼荷载的有效扩算、调整不均匀沉降，也可以避免筏板刚度改变引起的应力集中区域与上部结构刚度、荷载突变引起的应力集中区域发生重叠。由于筏板刚度的改变会导致筏板受剪承载能力的改变，因此当筏板刚度改变时，尚应验算变刚度处筏板的受剪承载力。

4.2.3　沉降后浇带的施工控制方法

在不能满足主裙楼整体连接的条件时，高层建筑与地下结构常采用沉降后浇带进行连接。沉降后浇带是在主楼与裙房之间设置的一定宽度的板带，后浇带混凝土浇筑前，主裙楼各自独立沉降，因此即使产生差异沉降，由于彼此没有连接、差异沉降也不会对彼此结构产生不利影响，待预估主裙楼剩余的沉降量及差异沉降量在允许的范围内时，浇筑后浇带混凝土，使主裙楼连成整体，以后再发生的差异沉降对结构产生的不利影响也控制在可接受的范围内。

设置沉降后浇带的大底盘厚筏基础在设计、施工过程中，应预估沉降后浇带封闭前、后不同阶段的沉降，并应考虑后浇带设置的位置、封闭时间、施工措施能因素。

4.2.3.1　沉降后浇带混凝土的浇筑时间

关于沉降后浇带的浇筑时间，宜根据实测的沉降值的情况，并考虑计算后期的沉降差能满足设计要求来确定。

当沉降后浇带兼有后浇收缩带或温度后浇带的功能时,一般浇筑时间在主体结构施工后不少于 2 个月,且要满足后浇收缩带或温度后浇带的相应要求。

沉降后浇带的封闭时间可以根据封闭后沉降后浇带两侧的主裙楼之间差异沉降来控制,当预估差异沉降满足规范要求时,可以封闭沉降后浇带。一般差异沉降不超过 10~15 mm。

主裙楼一体结构在沉降后浇带浇筑前,主、裙楼独立沉降,后浇带浇筑后就成为大底盘结构。当大底盘结构具有一定的主楼结构刚度、基础刚度和裙房刚度时,主楼荷载可以有效地向主楼外扩散,主楼的平均沉降比无裙房时减小,基础的沉降曲线较平缓。

北京西苑饭店由主楼、门厅和宴会厅三部分组成,主楼为剪力墙结构,地下 3 层,地上 27 层;采用天然地基箱型基础,基础埋深 11.50 m,地基持力层为卵石层,地基平均压力 440 kPa。门厅及宴会厅为框架结构,地下 2 层,地上 1~3 层;采用十字交叉梁基础,地基压力 280~300 kPa,地基持力层为细粉砂。该饭店建筑面积较大,建筑结构体型复杂,主楼与门厅及宴会厅的建筑荷载和建筑高度相差很大,而且基础类型与埋深各不相同,结构刚度相差悬殊,采用沉降后浇带连接。图 4-41 为建筑物高低层之间后浇带浇注前的实测等沉降线图。如图 4-42 所示为建筑物使用 2 年后的实测等沉降线图。从图 4-41 和图 4-42 中通过对比可以看出,27 层主楼本身在后浇带浇注前后沉降最大值由 2 cm 增到 3.5 cm,宴会厅与门厅绝对值亦同步增加,但浇注前的相对倾斜值并未有显著变化。

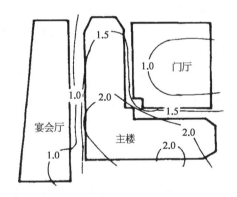 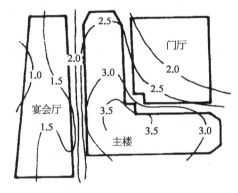

图 4-41 后浇带浇注前实测等沉降线图   图 4-42 后浇带浇注后实测等沉降线图

北京城乡贸易中心系大型综合性公共建筑,是一体型复杂的高层建筑群。地上为 4 座高低错落的矩形塔楼和 5 层商业裙楼,4 层地下室,埋深 15 m,建筑物总长 166 m,总宽 64 m(地下室 87 m),平面图如图 4-43 所示。塔楼为框筒结构,裙房为框剪结构。地上在 Ⅱ、Ⅲ段塔楼之间设置抗震缝,4 个塔楼与裙房之间设后浇带,待塔楼主体结构完工后,浇成整体。图 4-44 为后浇带浇注时的等沉降线图,主、裙房连接处最大沉降差约为 1.6 cm;后浇带浇注后半年的测试结果如图 4-45 所示,主、裙房连接处的沉降差几乎无变化。

上述两个实例的沉降测试结果说明,基础底板后浇带浇注后,地下结构的整体刚度有所增强,主裙楼共同沉降,并有抑制裙房向主楼倾斜的作用。

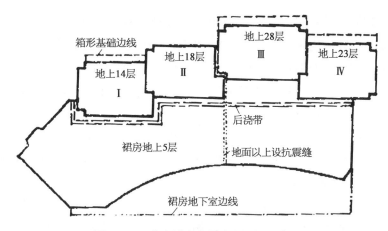

图 4-43　北京城乡贸易中心平面示意图

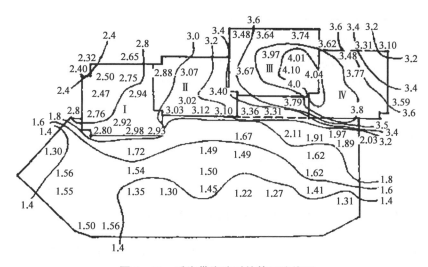

图 4-44　后浇带浇注时的等沉降线图

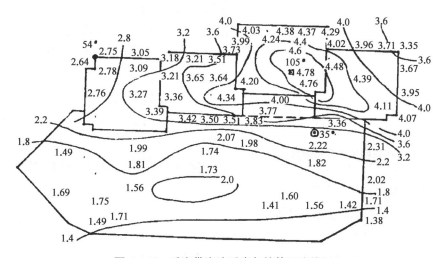

图 4-45　后浇带浇注后半年的等沉降线图

沉降后浇带的浇筑时间与主楼结构刚度、基础刚度和裙房刚度等有关,浇筑时间应视具体情况而定。沉降后浇带不宜过早浇筑,也不宜过晚浇筑。沉降后浇带浇筑前,主楼结构刚度的形成对主楼的变形特征影响较大。如果后浇带浇筑过早,主裙楼差异沉降还未发展,结构刚度弱,结构与地基基础相互作用的效果较差;如果浇筑过晚,固然可以减小主裙楼后期差异沉降,但是忽略了后浇带浇筑、主裙楼整体刚度增强可以扩散主楼荷载、抵抗一定差异沉降的效应,增加降水、维护等费用,因此是不经济的。

国内许多研究结果表明:上部结构刚度对基础的贡献并不随层数的增加而简单地增加,而是随着层数的增加逐渐衰减。

从文献给出的单栋高层建筑挠曲度随层数的变化曲线(图4-46),可以看出,虽然结构的挠曲度随层数的增加而增大,但随着结构层数的增加挠曲度的增量逐渐减小。

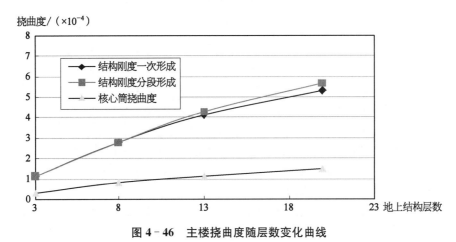

图4-46 主楼挠曲度随层数变化曲线

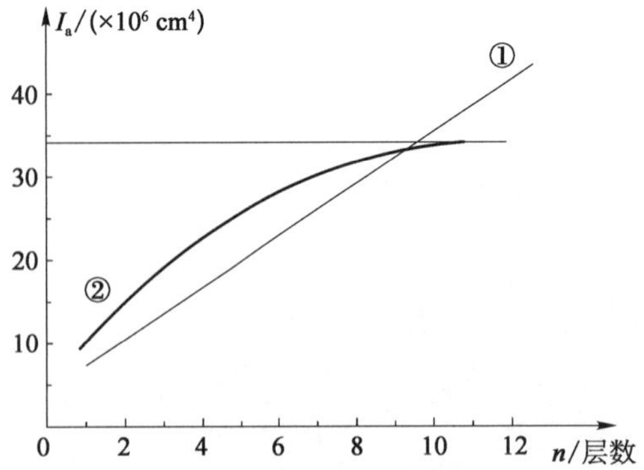

孙家乐、武建勋推导出连分式框架结构等效刚度公式,图4-47中的曲线②为按框架结构等效刚度公式计算的等效刚度随结构层数的变化曲线,可以看出上部结构刚度的贡献是有限的,10层以上的结构刚度贡献可以忽略。

图4-47 等效刚度计算结果比较

因此,沉降后浇带的浇筑时间应在主楼结构刚度形成以后(对于主楼为高层建筑时,不宜小于10层),但不一定要等到主楼封顶,具体浇筑时间应根据主楼结构刚度、基础刚度和裙房刚度等视具体情况而定。

4.2.3.2 沉降后浇带的宽度设计

现行规范中,伸缩后浇带的宽度通常为800～1 000 mm,且钢筋不断开。沉降后浇带与伸缩后浇带不同,沉降后浇带的两侧将产生沉降差,所以设计时应将此因素考虑进去,设计时应按下列原则考虑：

（1）计算裙房部分和主楼部分的沉降量，求出沉降后浇带两侧的沉降差。

（2）考虑沉降差导致钢筋受拉的力学变化，l 为后浇带宽度，δ 为后浇带两侧的沉降差（图 4 - 48）。钢筋由于沉降差产生的伸长为 Δl_1 为：$\Delta l_1 = \sqrt{l^2 + \delta^2} - l$。

设 Δl_2 为混凝土收缩对钢筋拉伸，则钢筋总拉伸为：$\Delta l = \Delta l_1 + \Delta l_2$。

现忽略混凝土收缩对钢筋拉伸影响，则钢筋应变为：

$$\Delta l / l = \Delta l_1 / l = \sqrt{\left(\frac{\delta}{l}\right)^2 + 1} - 1$$

若规定钢筋应变值在某一限值 $[\Delta s]$ 范围内（认为确定应在弹性范围内），则有：

$$\Delta l / l = \sqrt{\left(\frac{\delta}{l}\right)^2 + 1} - 1 \leqslant [\Delta s]$$

由此可得：

$$l \geqslant \frac{\delta}{\sqrt{([\Delta s] + 1)^2 - 1}}$$

按规范规定：

$$l \geqslant 800 \text{ mm}$$

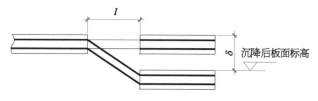

图 4 - 48　沉降后浇带宽度

由此可求得后浇带的宽度。从上式可知，沉降差越大，后浇带宽度越大。

后浇带的宽度与墙、板的厚度有关，在设计后浇带的宽度时作如下考虑：对墙板厚度小于 200 mm 的带宽取 800 mm；对墙板厚度大 200 mm 的，带宽取不超过 1 000 mm。对地下室的底板，宽度一般取 1 000 mm，当底板厚度超过 1 000 mm、小于 1 500 mm 时，带宽取 1 000 mm，当底板厚度超过 1 500 mm 时，带宽取 1 200 mm。

对于后浇带接缝处的断面形式，应根据墙板厚度具体情况进行处理。一般对于厚度小于 300 mm 的墙板，可做成直缝；对于厚度大于 300 mm、但不超过 600 mm 的墙板，可做成阶梯形或上下对称坡口形；对于厚度大于 600 mm 的墙板，可做成凹形或多边凹形的形式。

沉降后浇带的宽度应综合上述因素，合理取值。

4.2.3.3 沉降后浇带的配筋设计

沉降后浇带内的钢筋应针对不同的结构形式区别对待。

后浇带两侧的沉降差必然导致钢筋损失一部分强度,具体损失强度可由 $[\Delta s]$ 值求得。这样,就必须增加补强钢筋,以弥补钢筋强度损失。

在整板式基础中,可根据 $[\Delta s]$ 值,求出钢筋强度损失值的百分比,再按等强度原则增设钢筋于底板的上下受力面,同时,再构造性增加部分钢筋。

在梁板式基础中,板内钢筋可参照整板式基础增加钢筋的原则进行布置即可。在梁内则必须对上、下边受力钢筋按 $[\Delta s]$ 值计算出损失值,再加补强钢筋和构造性补强钢筋。对箍筋由于影响较小,可做构造性补强钢筋,梁腹部纵向架立筋可不加强。

在箱形基础中,箱形基础的底板可参照整板式基础加补强钢筋和构造性补强钢筋。对混凝土墙内钢筋也必须加强,具体为横向分布钢筋可由 $[\Delta s]$ 值计算出钢筋损失强度,再加设补强筋及构造性补强钢筋,对于纵向分布钢筋只做构造性加强即可。

此外,当沉降后浇带两侧沉降较大,沉降后浇带又无法放得足够大时,可考虑将钢筋切断,待混凝土浇筑前,用焊接连接或搭接连接(视钢筋直径而定)。

补强钢筋的长度应锚入后浇带两侧内,大于锚固长度 l_a。

后浇带内的钢筋应尽可能选择直径较小的,一般板内钢筋直径为 $10 \sim 16$ mm,梁内钢筋直径不超过 25 mm,钢筋尽量选择较密的间距,并不宜大于 150 mm,细而密的钢筋分布对于结构构造抗裂是有利的。

举例说明:假设基础为厚筏基础,厚度 1 600 mm,混凝土强度等级为 C30,后浇带宽度为 1 000 mm,钢筋直径为 20 mm,强度等级为 400 HRB。

假定后浇带处钢筋不断开,如果后浇带两侧沉降差为 50 mm,则由于沉降差引起的钢筋伸长率为:

$$\Delta l/l = \Delta l_1/l = \sqrt{\left(\frac{\delta}{l}\right)^2 + 1} - 1 = \sqrt{\left(\frac{50}{1\,000}\right)^2 + 1} - 1 = 0.001\,25 = 0.125\%$$

按《混凝土结构设计规范》GB 50010—2010 第 4.2.4 条规定的钢筋在最大力作用下伸长率最低限制,400 HRB 钢筋的限制为 7.5%,由于沉降差导致的伸长率损失为 $0.001\,25/0.075 = 1.7\%$。

由于差异沉降引起后浇带处的筏板有效高度减小,减小的比例为 $50/1\,550 = 3.2\%$。

虽然钢筋伸长率的损失不等于钢筋强度的损失,安全起见,可以考虑同比例增加钢筋;配筋面积与有效高度的平方成反比。

综合考虑钢筋伸长率的损失及筏板有效高度的减小,后浇带处钢筋宜增加配筋 $5\% \sim 10\%$。

当后浇带处钢筋断开时,则可以根据后浇带封闭后后浇带两侧的差异沉降来求出增加的配筋,这里不再赘述。

4.2.3.4　沉降后浇带混凝土的施工措施

（1）后浇带接缝形式应严格按照图纸要求施工。施工时要采用堵头板，根据接口形式在堵头板上装凸条。

（2）施工中必须保证后浇带及两侧混凝土的浇筑质量，防止漏浆或疏松，应精心振捣密实，注意浇水养护。两侧混凝土浇筑完成后应进行防护、覆盖，四周用临时栏杆围护，防止施工过程中钢筋污染、锈蚀，保证钢筋不被踩踏，也可采用在钢筋表面刷水泥素浆、钢筋上部加盖板的方法。如钢筋已锈蚀、变形或混凝土遭到破坏，在后浇带浇筑前，必须除锈、整形。

（3）后浇带部位的构件通常为受弯构件，由于后浇带将混凝土断开，原构件变成悬挑构件，结构受力状态发生了变化。因此要求在后浇带混凝土未施工和混凝土强度未达到要求前，构件支撑体系不应拆除，且在后浇带附近一定范围内不应堆放施工材料，应限制施工荷载。

（4）在后浇带混凝土浇筑前，必须将整个断面进行清理，清除杂物、水泥薄膜、表面松动的砂石，并将两侧混凝土凿毛，用水冲洗干净，充分保持两侧混凝土湿润，一般不少于24 h。在表面刷水泥净浆或混凝土界面处理剂，及时浇筑混凝土。

（5）后浇带混凝土浇筑完毕后，应注意做好养护工作，后浇带混凝土的养护时间不应少于28 d。

（6）后浇带混凝土浇筑时，要严格控制混凝土的水灰比，采用级配良好的砂石骨料，加入外加剂要严格按配比进行。

沉降后浇带处的防水做法如图 4 - 49～图 4 - 53 所示。

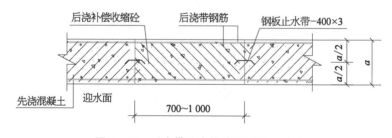

图 4 - 49　后浇带防水构造 1(单位：mm)

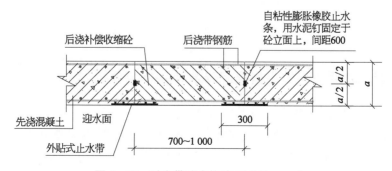

图 4 - 50　后浇带防水构造 2(单位：mm)

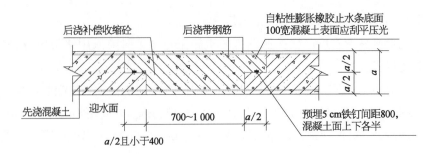

图 4 - 51　后浇带防水构造 3(单位: mm)

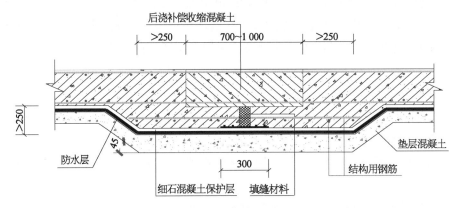

图 4 - 52　后浇带防水构造 4(单位: mm)

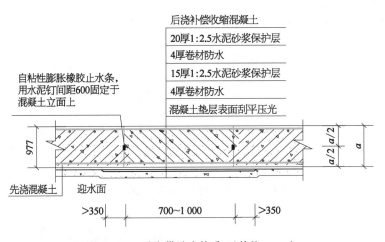

图 4 - 53　后浇带防水构造 5(单位: mm)

4.2.4　设置沉降后浇带的主裙楼沉降及地基反力分析

4.2.4.1　设置沉降后浇带后的分析方法

设置"施工后浇带"的大底盘厚筏基础的沉降计算过程中,必须按施工过程中的不同工况分别计算,具体来说,就是要按照沉降后浇带封闭前、后,考虑主体结构完成和装修完成、正常使用几种不同工况分别进行计算。

沉降后浇带的设置旨在通过沉降后浇带封闭前,主楼沉降可以大部分独立完成,以降低主裙楼之间的沉降差,使主裙楼之间的差异沉降控制在可以接受的程度。

沉降后浇带封闭前,应根据后浇带封闭前的实际荷载和沉降后浇带设置位置,分块独立分析,并考虑其相互影响,按《建筑地基基础设计规范》GB 50007—2011 的方法计算其变形;沉降后浇带封闭后,根据沉降后浇带封闭至竣工后正常使用增加的荷载,按大底盘结构-基础-地基共同作用进行沉降分析。两阶段沉降分析结果互相叠加得最终沉降。

沉降后浇带封闭时间主要取决于后浇带封闭后主裙楼的差异沉降及主楼的整体挠曲值、最大沉降量。通过试算,当主楼的整体挠曲值不大于 0.05%,主楼与相邻的裙房柱的差异沉降不大于 0.1% 时,可以封闭后浇带。

4.2.4.2 设置沉降后浇带后的沉降分析

设置沉降后浇带主要涉及两个问题,一是设置后浇带的位置,二是后浇带的浇筑时间。其中后浇带的设置位置主要有两种,一种是设置在与主楼相邻裙房的第 1 跨,另一种是设置在距主楼边柱的第 2 跨。后浇带的浇筑时间,考虑到主楼结构刚度形成的滞后性及主楼刚度贡献的有限性,对于高层建筑,建议在主楼施工至地上 10 层以后。下面通过简化模型来具体说明设置沉降后浇带后的沉降分析方法,并针对不同的后浇带设置位置、后浇带浇筑时间,分析不同的后浇带设置位置、后浇带浇筑时间的沉降及反力分布。

计算模型取主楼 20 层,裙房地下两层,主楼 3 跨×5 跨,裙房均为主楼四周挑出 3 跨,柱距均为 8 m×8 m。根据后浇带设置在与主楼相邻裙房的第 1 跨处及距主楼边柱第 2 跨处分为两种模型,如图 4 - 54、图 4 - 55 所示。

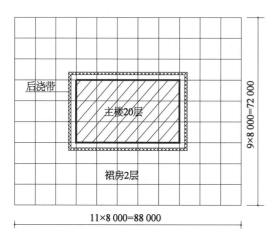

图 4 - 54 沉降后浇带设置在与主楼相邻裙房的第 1 跨处计算简图

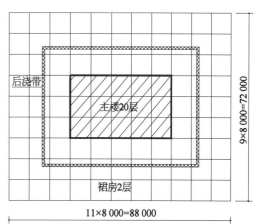

图 4 - 55 沉降后浇带设置在距主楼边柱第 2 跨处计算简图

构件尺寸采用实际工程常用的尺寸,筏板厚度为 1 600 mm,筏板边端外挑 800 mm。框架柱距为 8 000 mm×8 000 mm,框架梁尺寸为 500 mm×750 mm,框架柱尺寸为 1 000 mm×1 000 mm。带有两层地下室,地下一层楼板厚度为 200 mm,顶板厚度为

350 mm,层高取 3.6 m。地面以上 20 层主楼,每层荷载标准值按 16 kN/m² 。地基土为天然地基,土性为中低压缩性土,压缩模量取 18 MPa,回弹再压缩模量取 36 MPa。

1) 后浇带设置在与主楼相邻裙房的第 1 跨处时的沉降分析

分别试算结构主体施工至 10 层、15 层及主楼结构封顶时封闭沉降后浇带的情况下,不同施工阶段的沉降。

主体结构施工至 10 层时封闭沉降后浇带,不同施工阶段沉降如图 4-56~图 4-59 所示。主体结构施工至 15 层时封闭沉降后浇带,不同施工阶段沉降如图 4-60~图 4-63 所示。主体结构施工至 20 层(结构封顶)时封闭沉降后浇带,不同施工阶段沉降如图 4-64~图 4-67 所示。

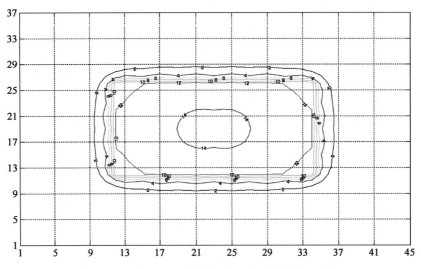

图 4-56 施工至 10 层后浇带封闭前沉降等值线图

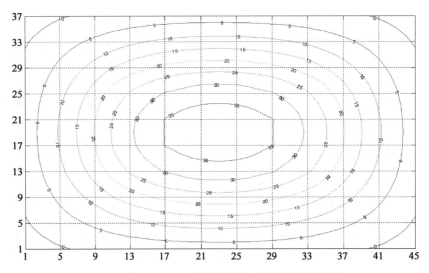

图 4-57 施工至 10 层后浇带封闭后新增沉降等值线图

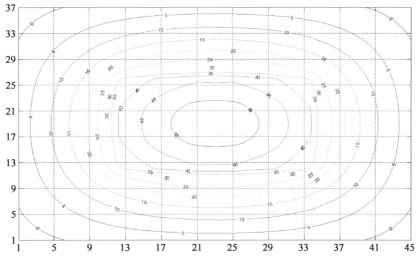

图 4 - 58　施工至 10 层后浇带封闭最终沉降等值线图

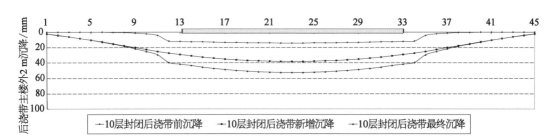

图 4 - 59　施工至 10 层封闭后浇带横向不同阶段沉降曲线图

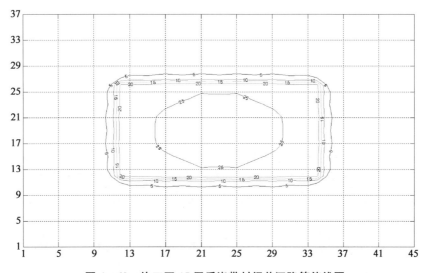

图 4 - 60　施工至 15 层后浇带封闭前沉降等值线图

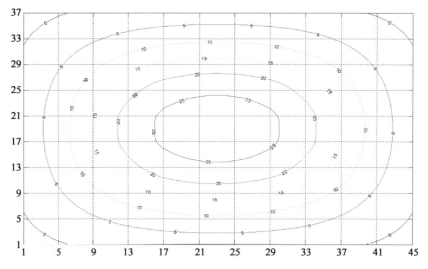

图 4‑61　施工至 15 层后浇带封闭后新增沉降等值线图

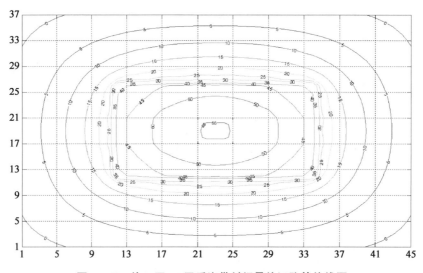

图 4‑62　施工至 15 层后浇带封闭最终沉降等值线图

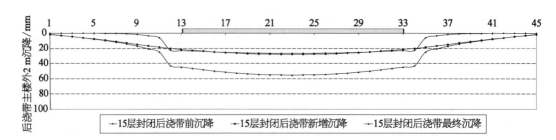

图 4‑63　施工至 15 层封闭后浇带横向不同阶段沉降曲线图

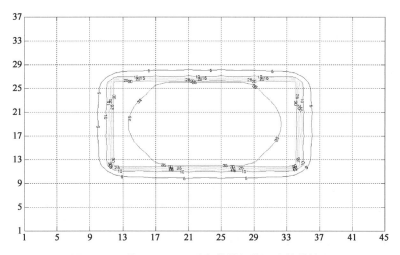

图 4‑64　施工至 20 层后浇带封闭前沉降等值线图

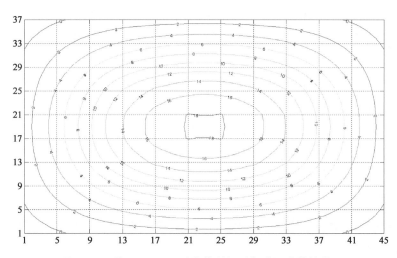

图 4‑65　施工至 20 层后浇带封闭后新增沉降等值线图

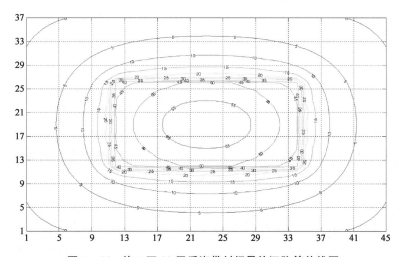

图 4‑66　施工至 20 层后浇带封闭最终沉降等值线图

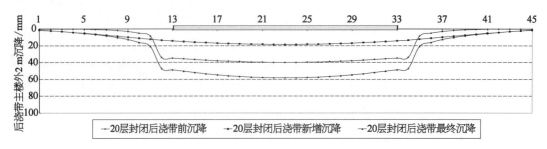

图 4-67 施工至 20 层封闭后浇带横向不同阶段沉降曲线图

　　根据以上计算结果可知,当沉降后浇带设置在与主楼相邻裙房的第 1 跨时,后浇带浇筑前,主楼沉降曲线呈中间大两端小,也就是通常所说的"盆形"沉降,沉降后浇带分别在主楼施工至 10 层、15 层、20 层(结构封顶)封闭时,主楼的平均沉降分别为 13.6 mm、25.6 mm、37.6 mm,主楼的挠曲度分别为 0.05‰、0.09‰、0.13‰,主裙楼的差异沉降分别为 10.9 mm、21.3 mm、31.7 mm。后浇带浇筑后,主裙楼形成整体大底盘结构,新增的变形呈现出缓变形的特征。沉降后浇带分别在主楼施工至 10 层、15 层、20 层(结构封顶)封闭后,主楼的总平均沉降分别为 48.6 mm、51.5 mm、54.3 mm,主楼最大沉降分别为 52.7 mm、55.3 mm、57.9 mm,主楼的挠曲度分别为 0.28‰、0.26‰、0.24‰,主裙楼连接处在后浇带封闭后产生的差异沉降分别为 8.9 mm、6.6 mm、4.3 mm,分别为跨度的 1.1‰、0.8‰、0.5‰,因此可在主体结构施工至第 15 层时封闭沉降后浇带。由以上分析可知,后浇带封闭时间越晚,主裙楼连接处在封闭后产生的差异沉降越小,主楼挠曲减小,但主楼沉降会增加。

　　2) 后浇带设置在距主楼边柱第 2 跨处时的沉降分析

　　分别试算结构主体施工至 10 层、15 层及主楼结构封顶时封闭沉降后浇带的情况下,不同施工阶段的沉降。

　　主体结构施工至 10 层时封闭沉降后浇带,不同施工阶段沉降如图 4-68~图 4-71 所示。主体结构施工至 15 层时封闭沉降后浇带,不同施工阶段沉降如图 4-72~图 4-75 所示。主体结构施工至 20 层(结构封顶)时封闭沉降后浇带,不同施工阶段沉降如图 4-76~图 4-79 所示。

　　根据以上计算结果可知,当沉降后浇带设置在距主楼边柱第 2 跨时,后浇带浇筑前,主楼沉降曲线呈中间大两端小,也就是通常所说的"盆形"沉降,沉降后浇带分别在主楼施工至 10 层、15 层、20 层(结构封顶)封闭时,主楼的平均沉降分别为 10.8 mm、16.3 mm、25.8 mm,主楼的挠曲度分别为 0.09‰、0.13‰、0.19‰,主裙楼相连跨的差异沉降分别为 3.4 mm、5.1 mm、7.3 mm,后浇带所在跨(主楼外第 2 跨)的差异沉降分别为 5.1 mm、7.6 mm、12.2 mm。后浇带浇筑后,主裙楼形成整体大底盘结构,新增的变形呈现出缓变形的特征。沉降后浇带分别在主楼施工至 10 层、15 层、20 层(结构封顶)封闭后,主楼的总平均沉降分别为 38.8 mm、40.8 mm、42.5 mm,主楼最大沉降分别为 42.8 mm、

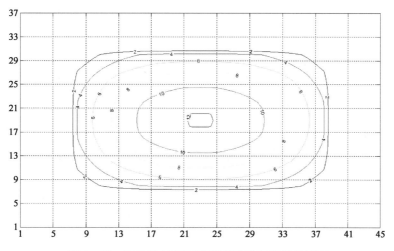

图 4-68　施工至 10 层后浇带封闭前沉降等值线图

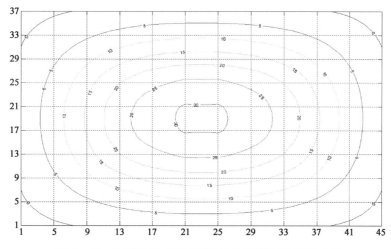

图 4-69　施工至 10 层后浇带封闭后新增沉降等值线图

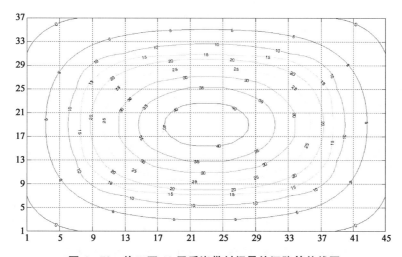

图 4-70　施工至 10 层后浇带封闭最终沉降等值线图

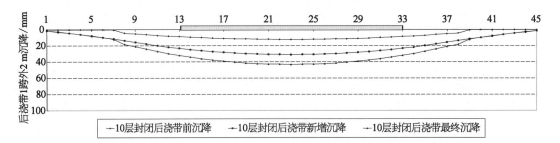

图 4-71 施工至 10 层封闭后浇带横向不同阶段沉降曲线图

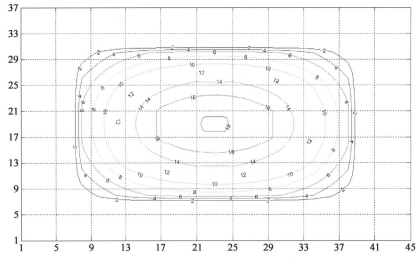

图 4-72 施工至 15 层后浇带封闭前沉降等值线图

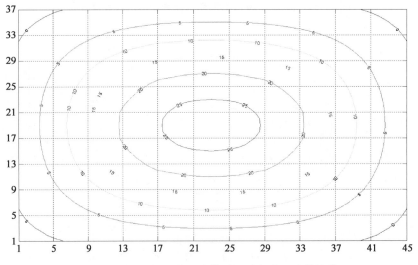

图 4-73 施工至 15 层后浇带封闭后新增沉降等值线图

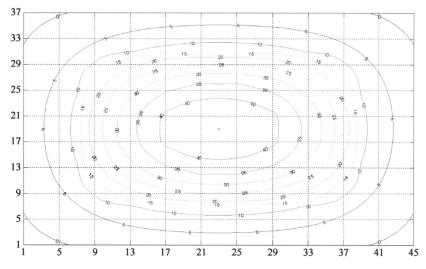

图 4-74　施工至 15 层后浇带封闭最终沉降等值线图

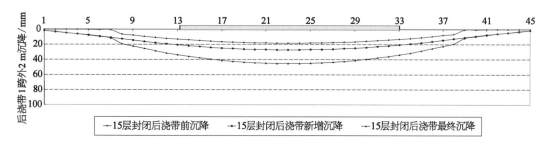

图 4-75　施工至 15 层封闭后浇带横向不同阶段沉降曲线图

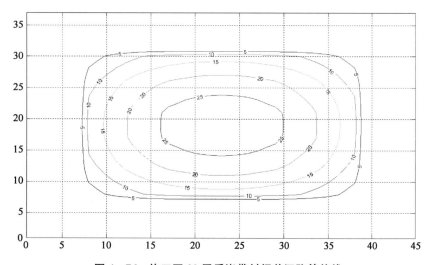

图 4-76　施工至 20 层后浇带封闭前沉降等值线

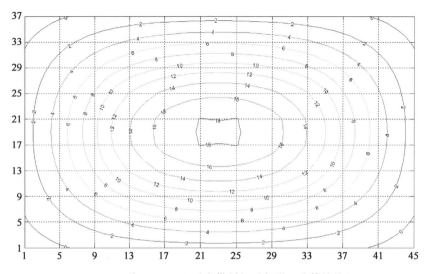

图 4‑77　施工至 20 层后浇带封闭后新增沉降等值线图

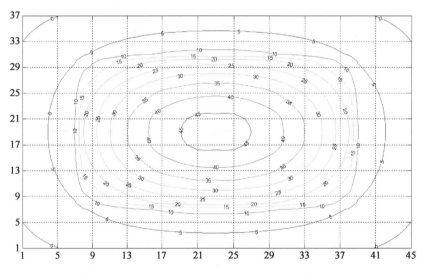

图 4‑78　施工至 20 层后浇带封闭最终沉降等值线图

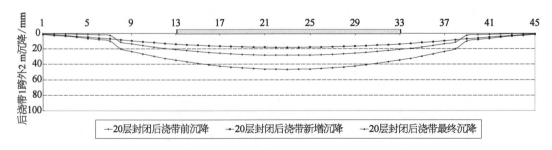

图 4‑79　施工至 20 层封闭后浇带横向不同阶段沉降曲线图

45.0 mm、46.8 mm,主楼的挠曲度分别为 0.28‰、0.29‰、0.30‰,主裙楼相连跨在后浇带封闭后产生的差异沉降分别为 7.4 mm、6.3 mm、4.2 mm,分别为跨度的 0.9‰、0.8‰、0.5‰;后浇带所在跨(主楼外第 2 跨)在后浇带封闭后的差异沉降分别为 7.9 mm、6.9 mm、4.7 mm,分别为跨度的 0.99‰、0.86‰、0.59‰,因此可在主体结构施工至第 10 层时封闭沉降后浇带。由以上分析可知,后浇带封闭时间越晚,主裙楼连接处在封闭后产生的差异沉降越小,但主楼最大沉降和挠曲会增加。与后浇带设置在主楼与裙房相邻第 1 跨处相比较,后浇带封闭时间提前;主裙楼连接处在后浇带封闭后的差异沉降减小,主楼最大沉降减少。

以上分析还可以看出,"主楼与相邻的裙房柱的差异沉降不大于 0.1‰"这一变形控制标准更加严格,当主裙楼相连处的差异沉降满足要求时,主楼外第 2 跨(后浇带所在跨)的差异沉降很容易满足。

4.2.4.3　沉降后浇带设置的位置

在结构设计中,地下室底板的结构形式通常有整版式、梁板式、箱形基础等,沉降后浇带位置的确定应遵循下列原则:

(1) 沉降后浇带与沉降缝类似,应上下层对齐,并设在主楼外的裙房内。

(2) 应预先对设置沉降后浇带处所应采用的结构型式作合理考虑。从受力角度考虑,由于设后浇带后,结构局部在重力荷载作用下变为悬挑结构,因此该部位的基础应具有较大的抗弯刚度。从方便施工角度考虑,选择顺序应该是:整板式基础——箱形基础——上翻式梁板基础——下翻式梁板基础。

(3) 从沉降后浇带受力性能合理考虑,应选择在剪力较小的位置设置沉降后浇带。

在工程实践中,常见的后浇带设置位置有两种:一种是设置在与主楼相邻裙房的第 1 跨处,另一种是设置在距主楼边柱的第 2 跨处。后浇带设置在上述两个部位时,其受力特点、变形特征以及变形控制标准各不相同。

当主楼基础面积满足地基承载力要求、不满足主裙楼差异沉降要求时,可将沉降后浇带设置在与主楼相邻裙房的第 1 跨内。当后浇带设置在与主楼相邻裙房的第 1 跨时,在后浇带浇筑之前,主楼与裙房是相互分离的,其基底反力与沉降反映出与单体建筑相同的特征,主楼的荷载无法扩散,主楼的沉降较大、主裙楼的差异沉降较大,与后浇带设置在距主楼边柱的第 2 跨处相比较,后浇带的封闭时间相对滞后。根据《建筑地基基础设计规范》GB 50007—2011,其变形控制指标为:"带裙房的高层建筑下的整体筏形基础,其主楼下筏板的整体挠曲值不宜大于 0.05‰,主楼与相邻的裙房柱的差异沉降不应大于其跨度的 0.1‰。"

当需要满足主楼地基承载力、降低主楼沉降量、减小主裙楼差异沉降而增大主楼基础面积时,可将沉降后浇带设置在距主楼边柱的第 2 跨内。当后浇带设置在距主楼边柱的第 2 跨时,在后浇带浇筑之前,主楼与相连的裙房组成大底盘结构,裙房可以起到扩散主楼荷载的作用。由于荷载扩散有效减少了主楼的平均附加应力,从而使主楼在施工期间的沉降值大大减少,主裙楼间的沉降差减少,因而加快了后浇带的封闭时间。这时主楼与后浇带间的裙楼基础应采用整体基础,裙房筏板的刚度应与主楼保持一致,使与主楼相连的裙楼基础可以有效地分担主楼荷载。另外当后浇带设置在距主楼边柱的第 2 跨时,主楼与相邻的裙房柱的差异沉降不应大于其跨度的 0.1%;后浇带所在的第 2 跨,其变形控制标准应满足《建筑地基基础设计规范》GB 50007—2011 第 5.3.4 条的要求,对于中、低压缩性土地基上的框架结构,相邻柱基的沉降差不应大于其跨度的 0.2%。

4.2.4.4 沉降后浇带浇筑前后的沉降分析

沉降计算过程中,应按施工过程中的不同工况分别计算,具体来说,就是要按照沉降后浇带封闭前、后不同阶段分别进行计算。

沉降后浇带封闭前,应根据后浇带封闭时的实际荷载和沉降后浇带设置位置,按几个分块独立建筑,考虑其相互影响,按《建筑地基基础设计规范》GB 50007—2011 的方法计算其变形;沉降后浇带封闭后,根据沉降后浇带封闭至竣工后正常使用增加的荷载,按大底盘结构-基础-地基共同作用进行沉降分析。两阶段沉降分析结果互相叠加。

4.2.4.5 设置沉降后浇带后的地基反力分析

1) 后浇带设置在距主楼与裙房相邻第 1 跨处时的地基反力分析

分别试算结构主体施工至 10 层、15 层及主楼结构封顶时封闭沉降后浇带的情况下,不同施工阶段的地基反力。

主体结构施工至 10 层时封闭沉降后浇带,不同施工阶段的地基反力如图 4-80～图 4-83 所示。主体结构施工至 15 层时封闭沉降后浇带,不同施工阶段的地基反力如图 4-84～图 4-87 所示。主体结构施工至 20 层(结构封顶)时封闭沉降后浇带,不同施工阶段的地基反力如图 4-88～图 4-91 所示。

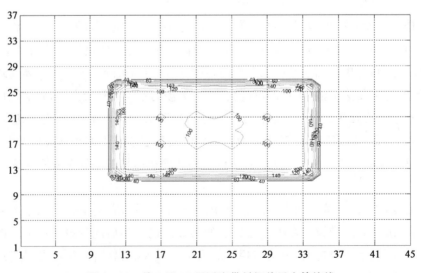

图 4-80 施工至 10 层后浇带封闭前反力等值线

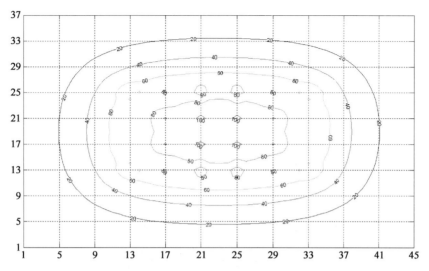

图 4‑81　施工至 10 层后浇带封闭后新增反力等值线图

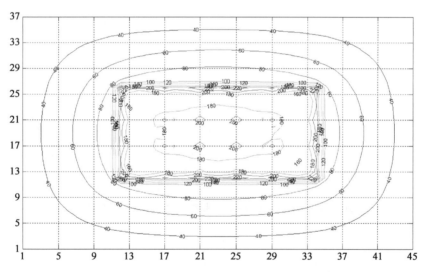

图 4‑82　施工至 10 层后浇带封闭最终反力等值线图

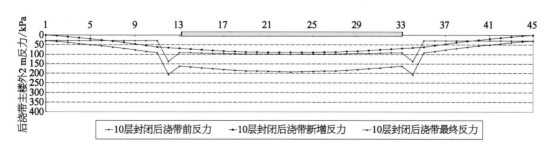

图 4‑83　施工至 10 层封闭后浇带横向不同阶段反力曲线图

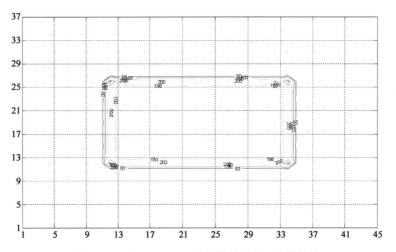

图 4‑84　施工至 15 层后浇带封闭前反力等值线

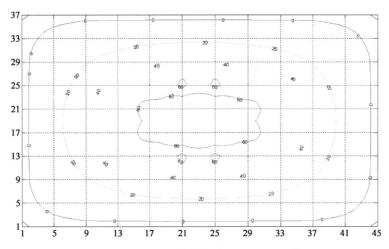

图 4‑85　施工至 15 层后浇带封闭后新增反力等值线图

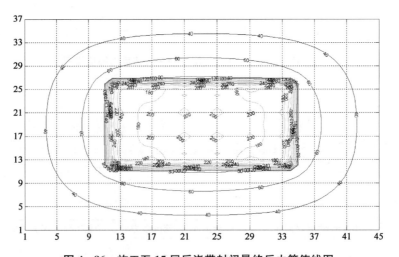

图 4‑86　施工至 15 层后浇带封闭最终反力等值线图

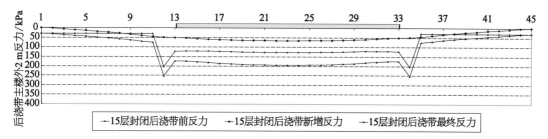

图 4‑87　施工至 15 层封闭后浇带横向不同阶段反力曲线图

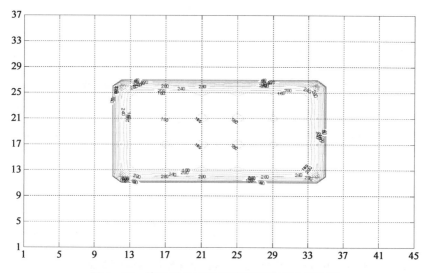

图 4‑88　施工至 20 层后浇带封闭前反力等值线

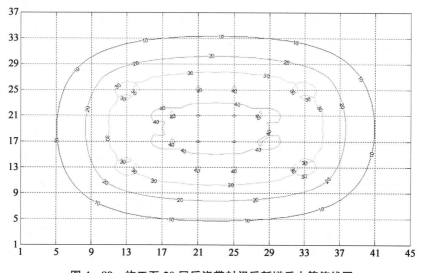

图 4‑89　施工至 20 层后浇带封闭后新增反力等值线图

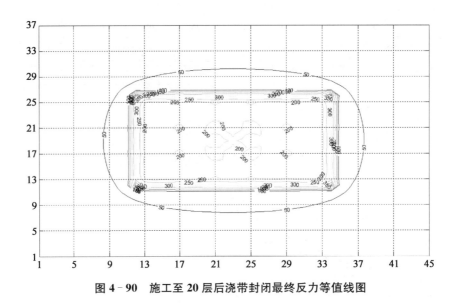

图 4-90 施工至 20 层后浇带封闭最终反力等值线图

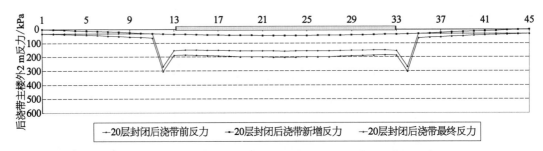

图 4-91 施工至 20 层封闭后浇带横向不同阶段反力曲线图

根据以上计算结果可知,当沉降后浇带设置在与主楼相邻裙房的第 1 跨时,由于计算时后浇带取主楼外 2 m 处,沉降后浇带浇筑前,主楼基底反力与单体建筑的基底反力基本一致,基底反力呈鞍形分布,边端反力集中,约为主楼平均反力的 1.2 倍;后浇带浇筑后,新增基底反力曲线较平缓,说明主裙楼连成一体后整体刚度加强、裙房可以起到一定的扩散主楼荷载的作用。主楼施工至 10 层、15 层、20 层封闭后浇带情况下,最终主楼下平均地基反力分别为 181.8 kPa、189.7 kPa、197.6 kPa,后浇带封闭越晚,则主楼向裙房扩散的荷载越小,主楼下的地基反力越大。

2)后浇带设置在距主楼边柱第 2 跨处时的地基反力分析

分别试算结构主体施工至 10 层、15 层及主楼结构封顶时封闭沉降后浇带的情况下,不同施工阶段的地基反力。

主体结构施工至 10 层时封闭沉降后浇带,不同施工阶段的地基反力如图 4-92～图 4-95 所示。主体结构施工至 15 层时封闭沉降后浇带,不同施工阶段的地基反力如图 4-96～图 4-99 所示。主体结构施工至 20 层(结构封顶)时封闭沉降后浇带,不同施工阶段的地基反力如图 4-100～图 4-103 所示。

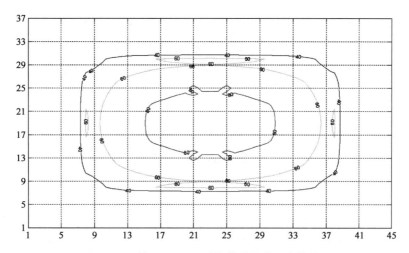

图 4 - 92　施工至 10 层后浇带封闭前反力等值线

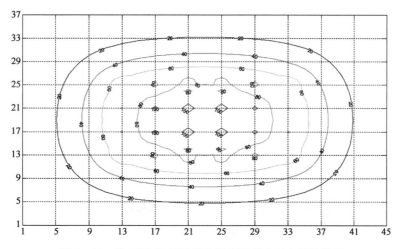

图 4 - 93　施工至 10 层后浇带封闭后新增反力等值线图

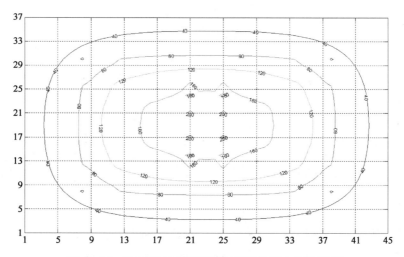

图 4 - 94　施工至 10 层后浇带封闭最终反力等值线图

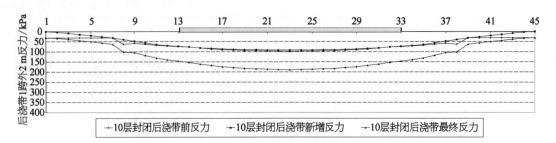

图 4‑95 施工至 10 层封闭后浇带横向不同阶段反力曲线图

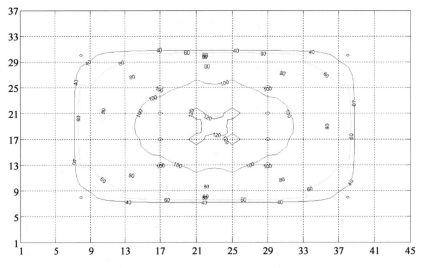

图 4‑96 施工至 15 层后浇带封闭前反力等值线

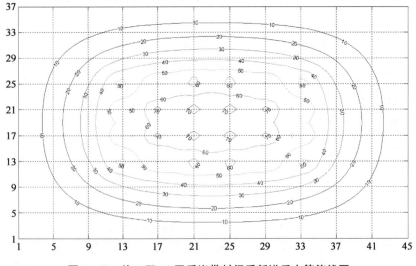

图 4‑97 施工至 15 层后浇带封闭后新增反力等值线图

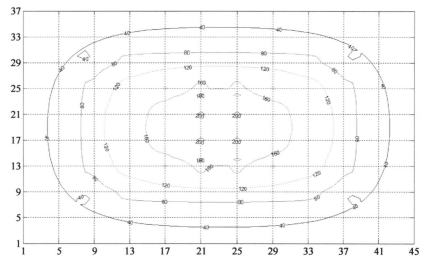

图 4‑98　施工至 15 层后浇带封闭最终反力等值线图

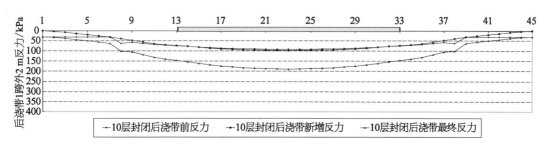

图 4‑99　施工至 15 层封闭后浇带横向不同阶段反力曲线图

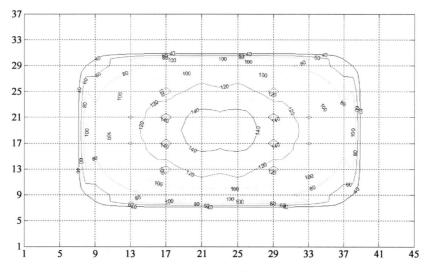

图 4‑100　施工至 20 层后浇带封闭前反力等值线

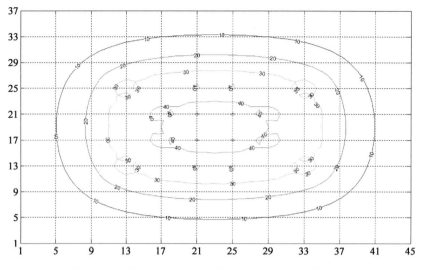

图 4-101　施工至 20 层后浇带封闭后新增反力等值线图

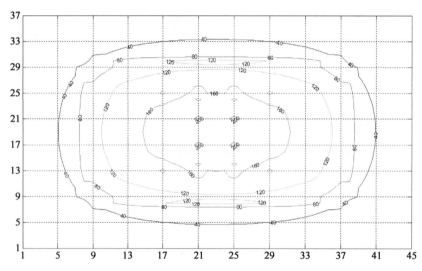

图 4-102　施工至 20 层后浇带封闭最终反力等值线图

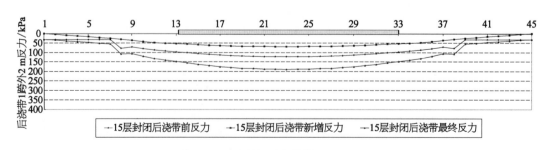

图 4-103　施工至 20 层封闭后浇带横向不同阶段反力曲线图

根据以上计算结果可知,当沉降后浇带设置在距主楼边柱第 2 跨时,沉降后浇带浇筑前,与沉降后浇带设置在与主楼相邻第 1 跨相比,主楼基底反力呈碟形分布,但是主楼中部的基底反力值二者基本一致;后浇带浇筑后,新增基底反力分布形态与后浇带设置在与主楼相邻第 1 跨时的新增反力分布基本一致,曲线较平缓,说明裙房可以起到一定的扩散主楼荷载的作用。主楼施工至 10 层、15 层、20 层封闭后浇带情况下,最终主楼下平均地基反力分别为 170.0 kPa、171.5 kPa、172.1 kPa,后浇带设在主楼外第 2 跨时,后浇带封闭时间对主楼地基反力影响不大。与后浇带设在主楼外第 1 跨相比较,主楼下平均地基反力降低。

4.2.4.6　设置施工后浇带的主裙楼沉降及地基反力分布特征

(1)当沉降后浇带设置在与主楼相邻裙房的第 1 跨时,后浇带浇筑前,主楼沉降曲线呈中间大两端小,也就是通常所说的“盆形”沉降;后浇带浇筑后,主裙楼形成整体大底盘结构,新增的变形呈现出缓变形的特征。后浇带封闭时间越晚,主裙楼连接处在封闭后产生的差异沉降越小,但主楼最大沉降会增加;沉降后浇带浇筑后主裙楼整体沉降,后浇带两侧的变形差略有增加。

(2)当沉降后浇带设置在距主楼边柱第 2 跨时,后浇带浇筑前,主楼沉降曲线呈中间大两端小,也就是通常所说的“盆形”沉降;后浇带浇筑后,主裙楼形成整体大底盘结构,新增的变形呈现出缓变形的特征。后浇带封闭时间越晚,主裙楼连接处在封闭后产生的差异沉降越小,但主楼最大沉降会增加;沉降后浇带浇筑后主裙楼整体沉降,后浇带两侧的变形差略有增加。与后浇带设置在主楼与裙房相邻第 1 跨处相比较,主楼最大沉降减少,主裙楼连接处的差异沉降减小,因此后浇带封闭时间可以提前。

(3)当沉降后浇带设置在与主楼相邻裙房的第 1 跨时,沉降后浇带浇筑前,主楼基底反力与单体建筑的基底反力基本一致,基底反力呈鞍形分布;后浇带浇筑后,新增基底反力曲线较平缓。后浇带封闭越晚,主楼向裙房扩散的荷载越小,则主楼下的地基反力越大。

(4)当沉降后浇带设置在距主楼边柱第 2 跨时,沉降后浇带浇筑前,与沉降后浇带设置在与主楼相邻第 1 跨相比,主楼基底反力呈碟形分布,但是主楼中部的基底反力值二者基本一致;后浇带浇筑后,新增基底反力分布曲线较平缓。后浇带设在主楼外第 2 跨时,后浇带封闭时间对主楼地基反力影响不大。与后浇带设在主楼外第 1 跨相比较,主楼下平均地基反力降低。

4.3　既有建筑地基承载力评价

建筑物的荷载由其下面的地层来承担,受建筑物影响的那一部分地层称为地基。组成地层的土或岩石是自然的产物,其形成过程、物质成分、工程特性及其所处的自然环境极为复杂多变。一般情况下,地基在长期荷载的作用下承载力有所提高,因此地基的这种特性有利于其长期承担荷载,其耐久性较好。但是我国地域辽阔,从沿海到内陆,由山区到平原,分布着多种多样的土类。某些土类,由于不同的地理环境、气候条件、地质成因、历史过程、物质成分和次生变化等原因,具有与一般土显然不同的特殊性质,这些具有特殊工程性质的土类叫作特殊土,如湿陷性土、膨胀土、冻土等。当其作为建筑物地基时,如果不注意其特性,就会造成事故。

4.3.1　既有建筑天然地基的承载力评价

建筑物建成使用后,地基土的性状会发生一系列变化,中国建筑科学研究院地基所采用模型试验对既有建筑地基的工程性状进行了研究。

上部结构采用柱下独立基础模拟。模型试验分模型(a)、模型(c)两台试验,模型(a)与模型(c)的基础板尺寸为 1 600 mm×1 600 mm×300 mm,采用钢筋混凝土预制基础板。

试验中地基采用天然地基土-粉质黏土模拟,其物理性能按天然地基指标控制。地基换土厚 2 500 mm。在地基土分层回填过程中,回填土的含水量按照最优含水量控制的方法来控制。回填完成后取原状土样进行土工试验,土的主要物理力学指标见表 4 – 7。

表 4 – 7　试验土的主要物理力学指标

取土深度/(m)	w/%	γ/(kN/m³)	d_s	e	w_L/%	w_P/%	I_P	α_{1-2}/MPa⁻¹	E_s/MPa
0～0.6	15.68	17.80	2.70	0.76	28.30	18.50	9.80	0.20	8.73
0.6～1.2	16.91	18.88	2.70	0.68	28.77	16.00	12.77	0.19	8.87
1.2～1.8	16.79	20.44	2.70	0.56	28.53	16.93	11.60	0.17	9.64
1.8～2.4	15.49	20.18	2.70	0.55	28.03	15.70	12.33	0.14	9.80
2.4～3.0	17.09	20.74	2.70	0.53	28.23	15.57	12.67	0.17	9.22

模型(a)模拟直接在天然地基上建造房屋的过程。按《建筑地基基础设计规范》GB 50007 中载荷板试验加载的标准,最大加载量不小于设计要求的 2 倍,然后按规范方法确定地基承载力特征值 f_a。

模型(c)先按地基规范要求加载到 f_a〔通过模型(a)$p\sim s$ 曲线得到的承载力特征值〕,接着维持荷载不变(模拟既有建筑使用阶段,地基土受上部荷载长期作用),按沉降速率小于 0.1 mm/24 h 的标准控制持载,持载第 47 天以后,按地基规范加载到破坏,模型(c)试验结束。

　　模型(a)的加载过程按地基规范中浅层平板载荷试验的要求进行,承压板面积是
1 600 mm×1 600 mm。模型(a)的 p~s 曲线如图 4-104 所示。从图可见,地基承载力特
征值取 110 kPa(图中◆所示)。

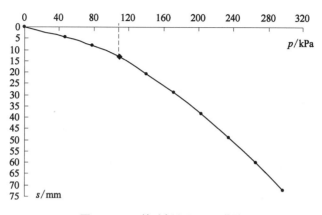

图 4-104　基础板(a)p~s 曲线

　　由于模型(c)其相对于模型(a)是增加了持载阶段,因此,模型(c)与模型(a)位移曲线
的不同是由于持载的影响。由图 4-105 可知,对于模型(c)其地基承载力特征值可达到
140~150 kPa,比模型(a)的地基承载力特征值可以提高约 30%。

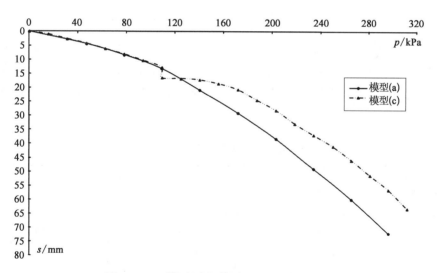

图 4-105　模型(a)和模型(c)p~s 曲线对比

　　本次模型试验前后,针对试验部位分别进行了轻便触探试验,试验结果见表 4-8。
从表 4-8 中可以看出,基础板底下与试验前的回填土轻便触探锤击数的比较,在 0~
180 cm 范围内,回填土轻便触探锤击数平均为 26.4 击,基础板底下平均为 32.7 击,提
高了 23.9%。说明长期荷载对地基土有明显的压密作用,地基土的承载力有一定程度
的增长。

表 4‑8　试验前后钎探锤击数对比

深度/cm	测　点			
	试验前 1#	试验前 2#	试验前 3#	基础板(c)下
0～30	24	23	23	30
30～60	29	27	27	35
60～90	27	26	26	32
90～120	25	24	24	34
120～150	25	27	26	37
150～180	32	29	31	27
180～210	31	32	31	24
210～240	29	27	32	29
240～270	22	25	31	25
270～300	43	36	36	64
300～330	43	43	49	45

　　试验后对基础下的土再次取样做土工试验,土的主要物理力学指标分别见表 4‑9。与试验前(参数见表 4‑8)相比,对应土层的孔隙比 e 降低、压缩模量 E_s 提高、抗剪强度指标有所提高。说明在长期持载的作用下,随着土的压密效应,地基土的物理力学性能逐渐得到改善。

表 4‑9　试验后土基础下的主要物理力学指标

取土深度/m	w /%	γ /(kN/m³)	d_s	e	α_{1-2} /MPa⁻¹	E_s /MPa	c	φ
0～0.6	14.06	17.35	2.70	0.75	0.18	10.75	28	34
0.6～1.2	14.68	19.90	2.70	0.56	0.14	12.00	32.5	28.7
1.2～1.8	15.88	20.48	2.70	0.53	0.17	10.34	31.7	33.2
1.8～2.4	15.42	20.50	2.70	0.52	0.16	10.09	27.7	33.8
2.4～3.0	16.70	20.58	2.70	0.53	0.16	10.18	—	—

　　通过以上模型试验可知,地基土在长期荷载作用下会产生明显的压密效应,物理力学指标有所提高,地基承载力有所提高。工程经验表明,在地基土比较均匀时,上部结构刚

度较好的情况下既有建筑地基的承载力特征值一般可以提高 20%～30%。

4.3.2　既有建筑桩基础的承载力评价

既有建筑桩基础在长期荷载作用下,桩周土、桩端土和承台下地基土的性状都发生了很大变化,中国建筑科学研究院地基所采用大比例模型试验,对既有建筑桩基础在建造过程、使用期间的地基基础性状进行了研究。

试验场地位于北京市顺义区北小营中国建筑科学研究院地基基础研究所试验基地。试验前进行了地质钻探勘察。试验场地的物理力学性质指标见表 4-10。

表 4-10　试验场地的物理力学性质指标

土层编号	土层厚度/m	土性描述	γ /(kN/m³)	w /%	e	w_L /%	w_P /%	I_P	α_{1-2} /MPa⁻¹	E_s /MPa
1	1.4	褐黄色粉土	19.1	24.0	0.753	28.9	20.5	8.4	0.23	7.43
2	1.4	褐灰色粉砂	19.2	23.5	0.737	27.4	18.7	8.7	0.2	8.44
3	1.3	浅灰色砂质粉土	19.3	23.4	0.72	29.6	22.4	7.2	0.19	8.92
4	1.7	灰色粉质黏土	18.7	25.7	0.808	26.1	14.4	11.7	0.17	9.45

试验模拟建筑物柱下独立基础以及树根桩群桩基础。模型试验分为模型Ⅲ、模型Ⅴ,其基础承台尺寸为 1 600 mm×1 600 mm×400 mm,为群桩基础,如图 4-106 所示。桩的参数均为:桩径 150 mm,桩长 5 000 mm。

模型Ⅲ模拟在群桩基础上建造房屋的过程,按地基规范加载的标准,加载到破坏,得到群桩基础的线性比例段荷载(使用荷载)。

模型Ⅴ按地基规范加载到群桩线性比例段荷载,接着维持荷载不变(模拟既有建筑桩基础使用阶段,桩周土、桩端土和承台下地基土受上部荷载长期作用),持载到第 30 天按地基规范加载到破坏。

模型Ⅲ和模型Ⅴ的 p-s 曲线如图 4-107 所示。从图中 p-s 曲线可以看出,模型Ⅲ群桩基础的线性比例段荷载为 385 kN,极限荷载为 605 kN。

模型Ⅴ的试验在模型Ⅲ的基础上进行的。模型Ⅴ在荷载加到 385 kN 时进行持载,模拟既有建筑桩基础在使用期间的工作状况。从图 4-107 可以看出在荷载达到 385 kN 前模型Ⅲ和模型Ⅴ的 p-s 曲线基本一致,说明场地土质均匀。持载完成后模型Ⅴ继续加载直至破坏,通过模型Ⅴ的 p-s 曲线确定模型Ⅴ的极限承载力 715 kN,

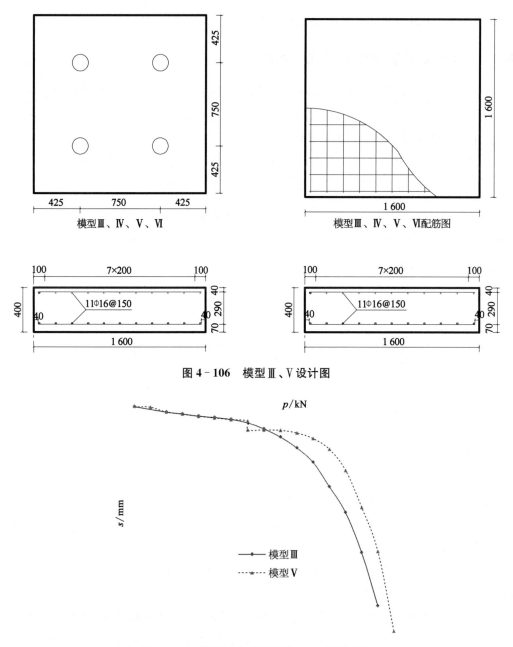

图 4‑106　模型Ⅲ、Ⅴ设计图

图 4‑107　模型Ⅲ和模型Ⅴ的 p‑s 曲线对比

群桩效率为 1.70。

　　模型Ⅴ在 385 kN 荷载长期作用下其极限承载力与模型Ⅲ相比提高了 18.2%。

　　通过以上试验可知,既有建筑桩基础在长期荷载作用下,土的性状发生了很大变化,承台下地基土、桩周土和桩周土产生压密效应,土性有所增强,继续加载时 p‑s 曲线明显平缓,承载能力有所提高。工程经验表明,在场地地质条件良好,上部结构刚度和群桩基础结构较好的情况下,既有建筑桩基础承载力可以提高 20% 左右。

4.3.3　建构筑物纠倾技术

建(构)筑物在建设或使用过程中,由于自然灾害或人为因素,产生不均匀沉降或倾斜的情况时有发生。部分建(构)筑物在发生不均匀沉降或倾斜的同时,上部结构也发生了严重的破坏,由于不适合继续承载而被拆除。还有相当一部分建(构)筑物尽管发生了不均匀沉降或倾斜,但不影响正常使用,或虽影响使用但尚未危及建(构)筑物的安全,如果此类建构筑物一律拆除重建,将会带来严重的经济损失和社会问题。随着工程技术的发展,建(构)筑物纠倾技术不断发展完善,成功的纠倾工程也越来越多,取得了良好的经济效益和社会效益。

对于发生倾斜的建构筑物,应在充分掌握相关资料和信息、全面考虑各种因素的基础上,进行建筑物的纠倾设计。纠倾设计前应对建构筑物倾斜的原因进行准确的分析和判断,根据倾斜的原因有针对性地选择纠倾的方法,并进行方案比选,确定最佳纠倾方案,进行纠倾设计,必要时应根据施工过程中的监测结果进行动态设计,同时还应重视防复倾的加固措施。纠倾设计还应充分考虑施工过程的各种不利因素,确保建构筑的安全,避免建筑物发生稳定性破坏、避免或减小对结构的损伤,且应避免产生过量的附加沉降。

4.3.3.1　倾斜原因分析

引起建构筑物倾斜的主要原因包括以下几方面的问题:建筑规划的问题、工程勘察深度不足或工作不细致、建筑结构设计失误、施工质量的问题、建设管理不当、建构筑物使用不当、人为干扰、自然灾害等。

根据调查统计(图 4-108),由于建设规划问题造成建筑物倾斜事故约占 4%,勘察工作失误造成的建筑物倾斜事故约占 4%,建筑设计问题造成建筑物倾斜事故约占 43%,建筑施工问题造成建筑物倾斜事故约占 20%,建设管理问题造成建筑物倾斜事故约占 6%,建筑物使用过程中的问题造成建筑物倾斜约占 10%,人为干扰和自然灾害影响造成建筑物倾斜约占 10%,其他原因造成建筑物倾斜事故约占 3%。

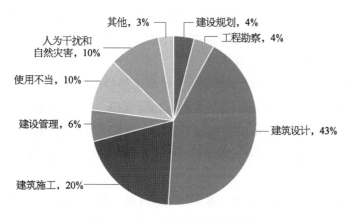

图 4-108　建筑物倾斜原因统计

建筑物纠倾前,应在充分掌握相关资料和信息的基础上,对可能引起建筑物倾斜的各种原因进行全面准确的分析和判断,找到真正的病因,以便在后续的纠偏工作中有针对性地对症下药,确保纠倾工作顺利完成。

4.3.3.2 纠倾设计

建筑物纠倾设计是在确定倾斜原因的基础上,有针对性地选择纠倾方法,并进行方案比选,确定最佳纠倾方案和防复倾的加固措施,必要时应根据施工过程中的监测结果进行动态优化,做到信息化设计。

建筑物纠倾方法主要分迫降法、抬升法、预留法、横向加载法和综合法五大类。其中较常使用的主要有迫降法和抬升法,迫降法和抬升法又有若干子类,见表4-11。

表 4-11 主要纠倾方法分类

大　类	子　类
迫降法	掏挖法
	软化法
	降水法
	加压法
	振捣法
	桩顶卸载法
抬升法	结构抬升法
	地基抬升法

1) 迫降纠倾设计要点

迫降纠倾就是采取有效的技术措施使得建筑物沉降较小的一侧产生新的沉降、将建筑物的差异沉降调整到设计允许的范围内,达到建筑物纠倾的目的(图4-109)。迫降纠倾的主要方法有掏挖法、软化法、降水法、加压法等。

掏挖法是指从建筑物沉降较小的一侧掏挖出适量的浅层或深层的地基土、垫层或基础材料,引起建筑物产生新的沉降,有效调整其差异沉降,达到纠倾的目的,又分为浅层掏挖法和深层掏挖法,具体实施可以采用掏土、射水、地基应力解除、掏垫层等方法,其中掏土和射水的方法可以适用于各种土质条件,地基应力解除法主要适用于淤泥为代表的饱和软黏土地基。

软化法是指在建筑物沉降小的一侧采用浸水或扰动等方法,使该侧地基土强度降低,产生新的沉降,从而达到纠倾的目的。其中,浸水法主要适用于有湿陷性的土,扰动法主

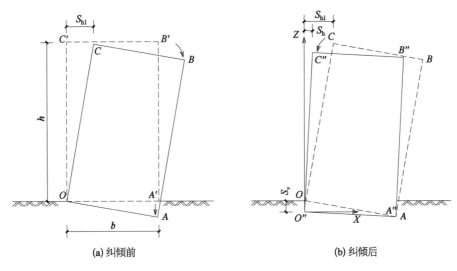

(a) 纠倾前　　　　　　　　　(b) 纠倾后

图 4‑109　迫降纠倾示意图

要适用于饱和软黏土地基。

降水法是通过降低建筑物沉降小的一侧的地下水位，使地基土产生固结沉降，达到纠倾的目的，主要适用于地下水位较高、可发生固结沉降的砂性土、粉土以及渗透性较好的黏性土地基。当降水深度范围内有承压水或降水可能引起相邻建（构）筑物沉降时，不得采用该方法。

加压法是通过降低建筑物沉降小的一层增加荷载，使地基土产生沉降，达到纠倾的目的，该方法适用于各种土质条件。

迫降纠倾设计的内容主要包括确定纠倾沉降量和预留沉降量、确定迫降位置、范围及迫降顺序，确保建筑物整体回倾和变形协调，并应视工程地质条件和建筑物的具体情况，进行必要的防复倾加固设计。

迫降纠倾的纠倾沉降量可采用下式计算：

$$S_{v} = \frac{(S_{hl} - S_{h})b}{h} \qquad (4\text{-}4)$$

$$S'_{v} = S_{v} - a \qquad (4\text{-}5)$$

式中　S_{v}——建筑物设计迫降量；

　　　S'_{v}——建筑物纠倾施工需要调整的迫降量；

　　　S_{hl}——建筑物水平偏移量；

　　　S_{h}——建筑物纠倾水平变位设计控制值；

　　　h——建筑物高度；

　　　b——纠倾方向的建筑物宽度；

　　　a——预留沉降量。

迫降纠倾设计应根据建筑物的结构类型、整体刚度、工程地基条件以及建筑物的倾斜现状等情况,确定迫降位置、范围及迫降顺序,以及回倾速率,降低建筑物在回倾过程中结构产生次应力的水平,避免建筑物在回倾过程中发生开裂破坏,必要时应对结构进行加固。

2)抬升纠倾设计要点

抬升纠倾是在建筑物沉降较大的一侧基础下或结构的适当部位,利用机械工具将建筑物局部抬升,有效调整建筑物的沉降差,达到建筑物纠倾的目的(图4-110)。抬升纠倾法通常适用于重量相对较轻的建(构)筑物,包括结构抬升法和地基抬升法。

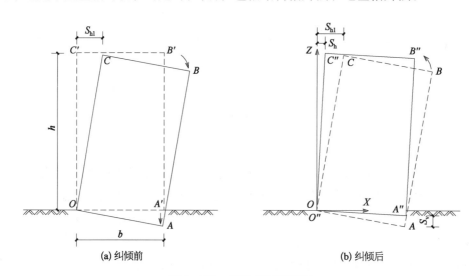

图4-110 抬升纠倾示意图

结构抬升法是指根据建构筑物的荷载传力体系、通过设置托换结构、将建筑物荷载转换到托换结构与千斤顶等形成的新的传力体系,对沉降较大的部位进行顶升,沉降较小的一侧仅作分离及同步转动,达到建筑物纠倾的目的。具体实施可以根据建构筑物的传力体系,采用上部结构托梁顶升法、地圈梁顶升法、墩式顶升法等。结构抬升纠倾设计的关键在于托换体系的设计、顶升荷载和顶升点的确定,保证在顶升过程中整体结构的安全。该方法适用于上部结构荷载较小、不均匀沉降较大,尤其是标高不宜再降低的建筑物纠倾。

地基抬升法是在建筑物沉降较大一侧地基土中根据设计布置若干注浆管,有计划地诸如规定的浆液,使其在地基土中发生膨胀反应,起到抬升作用,从而达到建筑物纠倾的目的。由于对注浆引起的膨胀量的定量研究以及地基膨胀的控制技术还不成熟,该方法一般应用在一些小型建筑物纠倾工程实践中。

4.3.3.3 纠偏施工要点

建构筑物纠倾施工是纠倾工程的实质性操作阶段,纠倾施工人员应深入理解纠倾设计思想,正确领会工艺要求,进行信息化施工。同时,施工人员应根据现场监测资料及时反馈信息,通过设计单位修改纠倾设计,调整施工顺序,保证建构筑物协调、平稳、安全、可控地回倾。

1）施工方法的选择

纠倾工程是高难度、高风险、高技术含量的特种工程，由于建筑物倾斜原因复杂多样、纠倾施工方案的多选性，具体纠倾工程的施工必须具有针对性，根据纠倾设计方案的技术要求，在施工先后顺序、步骤及安全等方面都要有针对性，且要有针对意外情况的安全保护措施和应急预案。

以迫降纠倾的掏挖法为例，掏挖法分浅层掏挖法和深层掏挖法，其中浅层掏挖法按取土部位又可分为基底成孔掏土法、基底垫层掏土法，按取土方式可分为人工掏土法、冲水掏土法和机械掏土法等；深层掏挖法可分为地基应力解除法、斜孔掏土法、斜孔射水法、辐射井射水法等。以上每种方法都有其特点、适用范围和注意事项，具体施工时应根据实际工程的具体情况有针对性地选取最适合的施工方法。

2）信息化施工

建筑物纠倾是一项技术难度大、影响因素多的复杂性工作，在目前的技术水平下进行精确的力学计算存在一定的困难，建筑物纠倾过程中建筑物的位移和受力都是在不断调整的，通过现场监测实现信息化施工，不仅可以直观地反映上一阶段纠倾成果，而且可以对阶段性的纠倾成果进行分析，从而对纠倾设计和施工的合理性进行验证，为下一阶段纠倾工作提供依据，必要时还要对设计方案和施工方案进行调整，使建筑物在安全可控的状态下回倾，最大限度地避免事故的发生。

纠倾工程监测内容包括：纠倾建筑物及相邻建筑物的倾斜、沉降、裂缝、地面沉降与隆起、地下水位、地下管线等。监测点应设置在建筑物的主要受力部位，使监测数据能客观真实地反映建筑物的受力状态和回倾情况，监测频率应与纠倾施工想协调，纠倾施工过程中应每天监测，施工间歇期可适当减少监测频率。

监测成果应及时分析与评价，以便于准确判断建筑物的位移情况和受力状态，指导下一阶段的纠倾工作。同时应特别关注纠倾沉降量或抬升量与回倾量的协调性，如果变形不协调，可能对结构产生损伤和破坏，应立即停止纠倾，查明原因，及时修改纠倾设计和施工方案。

3）防复倾加固措施

倾斜建筑物的防复倾加固是纠倾工程的重要步骤，包括上部结构加固和地基加固。建筑物在纠倾前和纠倾后都可能产生结构裂缝，需要进行加固补强。地基在纠倾后会产生扰动，建筑物回倾后的防复倾加固是保证建筑物能否安全使用的关键，防复倾加固的安全性和可靠性直接影响建筑物的正常使用。

4.3.3.4　工程案例

1）迫降纠倾工程案例

某住宅楼地上 28 层、地下 1 层，剪力墙结构，筏形基础，采用 CFG 桩复合地基，建筑物的平面图及剖面图如图 4 - 111 所示。

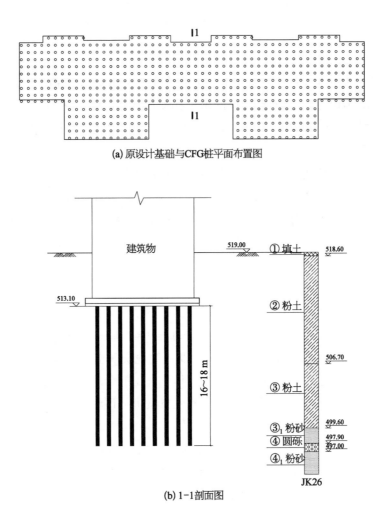

(a) 原设计基础与CFG桩平面布置图

(b) 1-1剖面图

图 4-111 建筑物基础平面图及剖面示意图

建筑物竣工后尚未投入使用就发生了倾斜,最大倾斜达到 6‰,为保证建筑物的正常使用,必须对其进行纠倾,本工程采用迫降法进行纠倾处理。

(1) 纠倾方法的选择 本工程采用的 CFG 桩复合地基,且纠倾前其沉降速率已接近沉降稳定标准,软化法、降水法、加压法等对本工程不适用,经综合分析采用掏挖法进行纠倾。掏挖法又分为浅层掏挖法和深层掏挖法,如果采用深层掏挖法,对基底以下深层土体进行掏挖,而本工程又采用的是 CFG 桩复合地基,通过掏挖深层土体掏挖从而调整 CFG 桩的桩土应力比,进而反映到建筑物的沉降调整,纠倾的周期将会比较长。复合地基增强体与基础之间为褥垫层,本工程褥垫层厚度为 30 cm,因此采用浅层掏挖法,在复合地基的褥垫层中进行掏土,可以有效地缩短纠倾的时间。

(2) 纠倾设计及施工顺序 掏土孔平面布置如图 4-112 所示。为了使得建筑物回倾满足规范允许值,掏土体积需与回倾变形协调,即南侧边缘掏土量最大,回倾轴附近掏土量为零,掏土空间南北截面剖面成三角形,经计算掏出土量体积约为 61 m³。

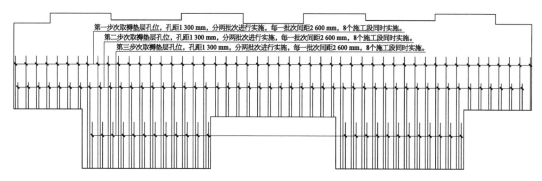

图 4-112　掏土孔平面布置图

防复倾加固措施：本工程纠倾加固后，为避免建筑物后期发生不均匀沉降，在建筑物北侧增大基础面积，基础加固平面图如图 4-113 所示。

新增筏板

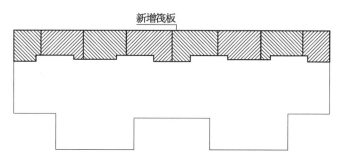

图 4-113　地基基础新增筏板加固平面布置图

施工顺序是本项目实施成功的关键，具体施工顺如下：① 施工开始前应完成信息化施工所有监测点的布置，并应完成初始值的测定；② 紧邻抗震缝两侧范围内的结构加固应完成，避免纠倾过程中同一底板上的两塔产生相对位移；③ 降水并开挖作业槽以满足南侧掏土作业条件；④ 掏除预估掏除褥垫层土总量的 30% 约 15 m^3 后，停止作业，及时分析信息化监测数据；⑤ 数据分析如满足本工序要求，分段去除北侧已实施加固筏板上的覆土，同时分段进行筏板上加肋施工；⑥ 待加肋施工完成且结构强度达到要求后，完成北侧新增 CFG 桩的施工、褥垫层铺设、新增筏板及加肋的施工；⑦ 南侧继续掏褥垫层土作业，待建筑物纠倾达到验收标准后，完成南侧新增筏板及加肋的施工；⑧ 全过程信息化施工，每一工序最终实施的程度均由前一工序实施后的效果来确定。

在建筑物沉降较小的一侧开挖工作坑，在复合地基的褥垫层中进行掏土，掏土施工采用机械作业，掏土采用分批次进行，每批次按平面分区采用 8 台设备同步作业，掏土作业进行的过程中及掏土完成后都要进行建筑物的沉降观测，掏土作业过程中，每天对建筑物的沉降及倾斜进行两次观测，掏土作业完成后每天进行一次观测，每批次掏土作业完成后，根据建筑物沉降观测的变化情况对下一轮的掏土方案进行调整。本工程每批次掏土过程中，建筑物发生明显的沉降，因此要对掏土的速度进行控制，避免建筑物短时间内发生过大变形,保证建筑物平稳回倾,每批次掏土完成后建筑物的沉降仍会延续,大约一周后,建筑物的沉降就会收敛。本工程采用这种施工方法,经过多批次的掏土,最终将建筑物倾斜平稳纠至2‰以内,满足建筑物正常使用的要求,沉降观测表明纠倾完成三个月后建筑物达到沉降稳定标准。建筑物的变形观测如图4-114所示。

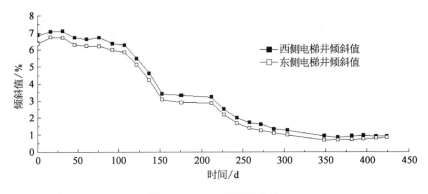

图4-114 变形观测曲线

2) 抬升纠倾工程案例

某厂区构筑物为3×4跨、4层钢结构(重约1 000 t),每层均安装有设备(空载重约300 t),总重约1 300 t。南北、东西每跨间距均为6 m,构筑物总高度29 m。该厂区为填土场地(图4-115),尽管进行了强夯地基处理,该构筑物仍产生较大不均匀沉降,最大倾斜

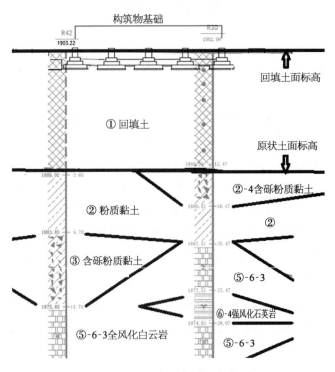

图4-115 工程地质剖面图

达到 5.7‰。场地在回填后和设备投入使用前先后共进行两次勘察,土层物理力学指标变化详见表 4 - 12。

表 4 - 12　构筑物地层及其物理力学参数(详勘/补勘)

土　层　名	含水率/%	孔隙比	承载力特征值/kPa	压缩模量/MPa
①回填土	29.4/36.9	0.87/1.06	200/130	10/4.8
②粉质黏土	31.7/35.7	0.932/1.01	160/150	6/5.5
②-4 含砾粉质黏土	29.9/—	0.847/—	180/180	7/7
③含砾粉质黏土	27.1/28.1	0.768/0.78	200/200	8/8
⑤-6-3 全风化白云岩	38.4/19.6	0.905/0.56	210/220	9/9
⑥-4 强风化石英岩	—	—	500/—	20/—

(1) 倾斜原因分析　该构筑物下回填土的填料不均匀,且填料中含有红黏土,浸水后强度急剧降低,有明显软化特性。构筑物基础采用天然地基上浅基础设计。该厂区完成建设后地区降水量明显增加,使回填土层含水率、孔隙比、压缩模量和承载力都发生了显著的变化(表 4 - 12),导致了高填方区都发生了较大的沉降及不均匀沉降,该构筑物基础工后累积沉降最大超过 200 mm,不均匀沉降分布如图 4 - 116 所示。

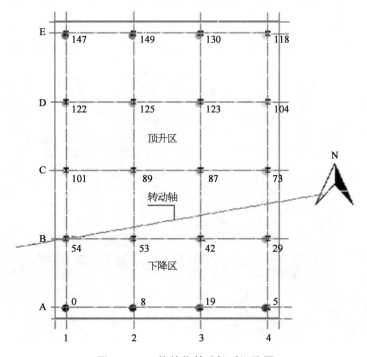

图 4 - 116　构筑物基础相对沉降图

（2）本次纠偏前曾实施的地基加固　针对该构筑物的地基沉降过大，业主曾组织过一次地基加固。主要方案是为旋喷桩和锚杆静压桩，加固深度都要求进入原状土中。其中，锚杆静压桩直径 194 mm，加固深度 17 m。旋喷桩预钻孔孔径 80 mm，桩径为600 mm，加固深度 17 m。旋喷桩和锚杆静压桩施工期间，由于对地基土的扰动，北侧和西侧沉降有所加大，构筑物倾斜率有所增大。经过此次加固后经过近一年的沉降观测，该构筑的沉降速率已经趋于稳定。但该构筑物仍然保持倾斜状态，倾斜率 5‰～6‰，方向北略偏西，北边沉降较大，西边次之，H 型钢柱在 4 层扭转角度达 3°～4°，该结构不满足规范要求，严重影响了该构筑物安全和使用，需要进行纠偏。

（3）纠倾方法的选择　经过之前的加固措施，沉降趋于稳定。因此，该构筑物的主要问题，就是建筑纠偏，并将构筑物的倾斜纠至 1‰ 以内。为了充分利用原有柱脚螺栓，采取以 B 轴做基本轴不升降，A 轴下降，C 松开柱脚螺栓抬升，D、E 轴断柱抬升的顶升纠偏方案（图 4 - 116、图 4 - 120）。

整体顶升纠偏到位后，再将临时加固解除，逐步微调各柱子标高差，使各柱子因不均匀沉降增加的内力下降，满足规范要求。

（4）纠倾设计

① 构筑物的临时加固：为了保证顶升时构筑物尽量保持整体转动，减少相对位移产生内部次应力，设计顶升平台和增加斜撑。

② 荷载的托换：钢结构在柱脚灌浆层破除和切割柱底后构筑物荷载将通过千斤顶传递到临时钢基础（顶升承压台）。承压台上层由 3 根 HM500×300 型钢焊接成一个整体，下面铺设 I_{20a} 工字钢 18 根与上层 H 型钢连接，再在其下铺设 10 mm 厚 4 600 mm×3 600 mm 钢板（图 4 - 117 和图 4 - 118），就可以将钢结构荷载安全有效地传递到基础承压台上。

图 4 - 117　承压台组装图

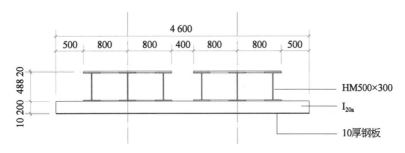

图 4‑118　承压台组装剖面图

③ 构筑物的升降调平：A～E 轴柱间千斤顶按照设计位移逐步完成同步顶升及迫降。为减少施工过程对构筑物损伤，采用二十点 PLC 同步顶升液压系统，分别为一台油泵 4 个点(实际控制 6 台千斤顶)，总的是 5 台油泵。控制方式每台可以并联控制和单独控制，并联控制就是 5 台油泵合在一起形成 20 点(30 台千斤顶)的同步顶升，单独控制是一台油泵 4 点(6 台千斤顶)同步顶升，具体的设备分布如图 4‑119 所示。

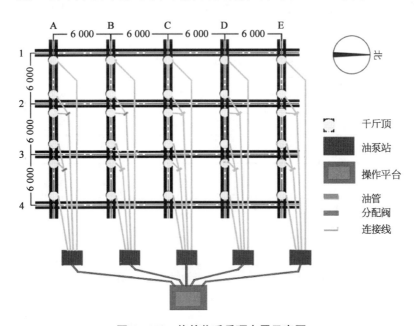

图 4‑119　构筑物千斤顶布置示意图

④ 分级顶升：本构筑物南北倾斜很大，东西倾斜很小，先顶升南北方向大致到位，再调整东西方向。具体顶升步骤如下：分五次顶升，每次顶升设定南北方向 5 个轴的各自最小顶升量，采用二十点 PLC 同步顶升液压系统，同时达到各自设定的顶升量。再从南到北依次调整各轴上柱子的顶升量。

顶升共分 5 步，每次按各点原沉降量 1/5 顶升(每次各点按比例抬升)，每次最大顶升20 mm。

⑤ 内力监测和信息化施工：纠偏工程风险极大，除了合理的设计和周密的施工组织

外,实时监测也是必不可少的。采用全桥应变片对顶升过程内力进行实时监测,并与模型计算结构进行对比分析,来指导顶升施工。

⑥ 微调和结构恢复:整体顶升到位后,拆除临时斜支撑,微调各点沉降差,满足规范小于1‰的要求。各柱子高差大致调平后,将柱底地脚螺栓拧紧,用C60灌浆料重新浇筑柱脚灌浆层,或焊接柱底。

⑦ 纠倾效果:根据顶升前测量各柱子倾斜值,减去实际纠偏值,得到柱子的纠偏后倾斜值。

从表4-13和图4-120可以看出,该构筑物整体倾斜已经小于1‰,个别柱子较大值是由于该柱子弯曲造成的。

表 4-13 各柱偏移量

	顶升前偏移量/mm		顶升测量纠偏量/mm		顶升后偏移量/mm	
	偏西	偏北	向东	向南	偏西	偏北
A1	54.2	131.2	32.6	124.8	21.6	6.4
C1	15.3	133.6	33.5	152.3	−18.2	−18.7
E1	29	96.4	22.6	141.9	6.4	−45.5
A4	20.5	140.7	36.3	125.7	−15.8	15
C4	37.8	147.2	12.6	143.5	25.2	3.7
E4	96.4	151.8	50.5	152.2	45.9	−0.4

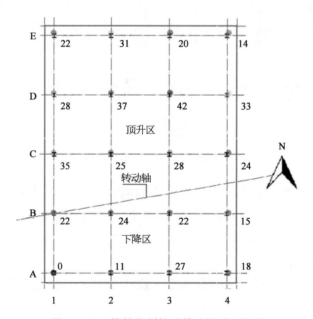

图 4-120 构筑物纠偏后基础相对沉降图

参考文献

［1］ 中国建筑科学研究院. 城市地下空间建设对周边环境的影响与控制技术研究［R］.
2010：12.

［2］ 刘建航，侯学渊. 基坑工程手册［M］. 北京：中国建筑工业出版社，1997.

［3］ Clough G W, O'Rourke T D. Construction induced movement of in situ walls：
Proceedings of ASCE conference on design and performance of earth retaining
structures［C］. New York，1990：439－470.

［4］ 欧章煜. 深开挖工程分析设计理论与实务［M］. 台北：科技图书股份有限公司，
2004.

［5］ 滕延京，等. 既有建筑地基基础改造加固技术［M］. 北京：中国建筑工业出版社，
2012.

［6］ 王卫东，王浩然，徐中华，等. 基坑开挖数值分析中土体硬化模型参数的试验研究
［J］. 岩土力学，2012，33(8)：2283－2290.

［7］ Bjerrum L. Allowable settlements of structures. Proceedings of the European
Conference on Soil Mechanics and Foundation Engineering［C］. Vol. 2,
Weisbaden，1963：135－137.

［8］ Peck R B. Deep excavation and tunneling in soft ground：Proceedings of the
international conference on soil mechanics and foundation engineering［C］. state-
of-the-art-volume，Mexico City，1969：225－290.

［9］ Hsieh P G, Ou C Y. Shape of ground surface settlement profiles caused by
excavation［J］. Canadian Geotechnical Journal，1998，35(6)：1004－1017.

［10］ Mana A I, Clough G W. Prediction of movements for braced cuts in clay［J］.
Journal of the Geotechnical Engineering Division，1981，107(6)：759－777.

［11］ Clough G W, Duncan J M. Finite element analysis of retaining wall behavior［J］.
Journal of the Soil Mechanics and Foundation Division，1971，97(12)：1657－
1673.

［12］ Gaba A R, Simpson B, Beadman D R, et al. Embedded retaining walls：guidance
for economic design［R］. CIRIA Report(C580)，Landon，2003.

[13] 滕延京,等. 建筑地基基础设计规范理解与应用[M]. 2 版. 北京：中国建筑工业出版社,2012.

[14] 罗成恒,魏建华. 减少软土深基坑周边环境初始位移的方法探讨[J]. 岩土工程学报,2012,34 增刊：49-53.

[15] 费纬. 隔离桩在紧邻浅基础建筑的深基坑工程变形控制中的应用[J]. 岩土工程学报,2010,32 增刊 1：265-270.

[16] Schanz T, Vermeer P A, Bonnier P G. The hardening soil model：formulation and verification[C]. Beyond 2000 in Computational Geotechnics - 10 years of PLAXIS, Amsterdam：[s. n.], 1999：281-296.

[17] Kondner R L. Hyperbolic stress-strain response of cohesive soil[J]. Journal of the Soil Mechanics and Foundation Division, 1963, 89(1)：115-143.

[18] Duncan J M, Chang C Y. Nonlinear analysis of stress and strain in soils[J]. Journal of the Soil Mechanics and Foundations Division, 1970, 96(SM5)：1629-1653.

[19] 黄绍铭,高大钊. 软土地基与地下工程 [M]. 2 版. 北京：中国建筑工业出版社,2005.

[20] Gao D Z, Wei D D, Hu Z X. Geotechnical properties of Shanghai soils and engineering applications [M]. Marine geotechnology and nearshore/offshore structures. Philadelphia：ASTM, 1986：161-178.

[21] Janbu J. Soil compressibility as determined by oedometer and triaxial tests[C]. Proceedings of the 3rd european conference on soil mechanics and foundation engineering, Wiesbaden：[s. n.], 1963.

[22] Brinkgreve R B J, Broere W. Plaxis material models manual[M]. Delft：[s. n.], 2006.

[23] Bolton M D. The strength and dilatancy of sands[J]. Géotechnique, 1986, 36(1)：65-78.

[24] 武亚军,栾茂田,杨敏. 深基坑土钉支护的弹塑性数值模拟[J]. 岩石力学与工程学报,2005,24(9)：1550.

[25] 华南理工大学,等. 地基与基础[M]. 北京：中国建筑工业出版社,1991.

[26] 顾晓鲁,钱鸿缙,刘惠珊,等. 地基与基础[M]. 2 版. 北京：中国建筑工业出版社,1993.

[27] 李钦锐. 既有建筑增层改造时地基基础的再设计试验研究[D]. 北京：中国建筑科学研究院硕士学位论文,2008.

[28] 李勇. 既有建筑增层改造桩基础的再设计试验研究[D]. 北京：中国建筑科学研究院硕士学位论文,2010.

［29］　滕延京,李建民,李荣年.建筑地基基础耐久性设计的新理念[J].建筑科学,2012.

［30］　唐业清.建筑特种工程新技术[M].北京：中国建筑工业出版社,2013.

［31］　李启民,何新东,王桢,等.建筑物纠倾工程设计与施工[M].北京：中国建筑工业出版社,2012.